JN327263

理工系基礎

# 線形代数学

渡邊芳英
齋藤誠慈
共著

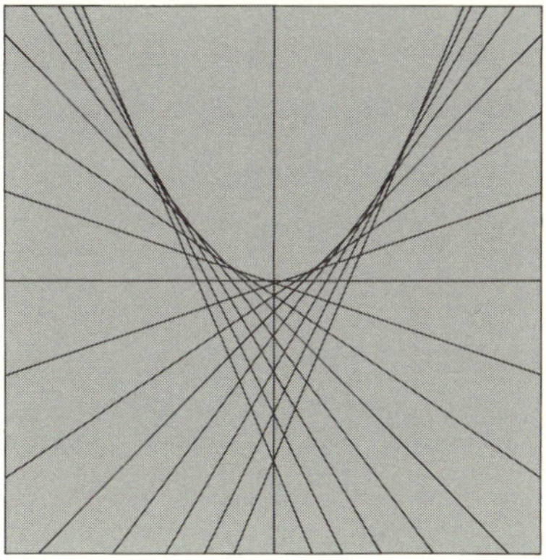

培風館

本書の無断複写は，著作権法上での例外を除き，禁じられています。
本書を複写される場合は，その都度当社の許諾を得てください。

# はじめに

「線形代数」という科目が理工系の1年次生の基礎教養として教えられるようになったのは，並行で教えられることが多い微分積分学に比べると，比較的新しい．大学理工系初年次で教えられる線形代数という科目は，(I) 物理学や工学で必須となる固有値問題を含む行列計算に習熟させるという側面と，(II) 代数系の最初の基本的な例として「ベクトル空間」を取り上げ，現代数学の特徴である公理的な数学の理論構成になじませるという側面を合わせてもつ．

著者の大学入学時には，定評のある線形代数の教科書がいくつかあり，それらは今読んでみてもそれぞれに興味深い内容を含み，名著の名にふさわしいものだが，現在の一般的な理工系の学生に読みこなすことは難しい．本書は，理工系の初年次の学生のための教科書であり，(I) の側面を重視した形で書かれている．悩ましいのは，現代の数理科学においては，線形代数は重要で基礎的な素養であり，量子力学，誤り訂正符号理論などを学ぼうとすれば，ベクトル空間について抽象的な理解が必要であり，行列の計算ができるだけでは不十分である．さらに講義する立場からの勝手な理屈かもしれないが，線形代数の内容を包括的に順序立てて説明するには，少し抽象的な立場で内容を整理して講義するほうが講義しやすいことも事実である．

本書，特にその前半部では，初学者に線形代数に慣れてもらうことを主眼として，計算のアルゴリズムを重視し，多くの例題を取り上げ，その類題としての練習問題を多く収録した．後半では少し抽象的な書き方をした部分もあるが，記述は繰り返しを厭わず丁寧に行った．

まず，第1章において，現行の指導要領では高校で行列を習わないことに鑑み，低次元 (2次元と3次元) の線形代数について，幾何学的な背景を重視して述べた．第2章と第3章では，行列に関わるさまざまな計算を行基本変形に重点をおいて丁寧に説明した．第4章は行列式についての章である．一般の行列式を多重交代線形形式で定義したが，この定義は置換の符号を用いて定義する方法と比べると一長一短でありどちらが良いかは読者の判断を待つしかない．第5章の「抽象ベクトル空間」からは少しずつ (II) の側面が強くなる．ただ，類書に比べると多くの例とそれに関する具体的な計算を取り上げ，理解しやすいように心がけた．第6章は固有値問題，第7章は対称変換の固有値問題である．第7章では一般の実内積空間における対称変換とその固有値問題を議論した．単なる対称行列の固有値問題としなかったのは，力学系などへの応用を考えてのことである．第8章では半単純行列のスペクトル分解と一般行列のジョルダン分解について述べたが，ほとんどの定理に証明をつけることはできなかった．しかしなるべく多くの計算例を挙げ，スペクトル分解やジョルダン分解がどのようなもので，どのように計算できるかは十分に説明した．ジョルダンの標準形についての記述は，原稿段階では準備していたが，残念ながら省略した．その理由は，記述のテクニカルな煩わしさと，線形代数においての重要性を天秤にかけての判断である．

最後に，本書を執筆するにあたり，原稿の段階で内容について様々な助言とコメントをいただいた同志社大学理工学部助手の渡邉扇之介氏に感謝する．また原稿の一部を読んで誤りなどを指摘いただいた同志社大学数理システム学科離散数理研究室の大学院生諸君にも感謝する．最後に，完成が遅れてご迷惑をおかけした培風館の松本和宣氏にお詫びのことばを述べたいと思う．

2015年3月

著　者

# 目　　次

# 1 ベクトルと線形写像

## 1.1 空間における平面と直線

### 1.1.1 平面のベクトルと直線の方程式

本章では，平面および空間のベクトルについての学習を通じて，低次元の線形代数に関する基礎的な事項を学ぶことにする．数の集合としては実数を考える．実数全体の集合を $\mathbb{R}$ で表すことにする．高校では，ベクトルを矢線を用いて $\vec{a}, \vec{b}$ など表したが，大学では，このような表示を用いることは少なく，太字で $\boldsymbol{a}, \boldsymbol{b}$ などと表すことが多い．

平面のベクトル $\boldsymbol{a}, \boldsymbol{b}$ (ともに零ベクトルではないとする) に対して，$\boldsymbol{b} = k\boldsymbol{a}$ となる実数 $k$ が存在するとき，$\boldsymbol{a}, \boldsymbol{b}$ は **1 次従属**であるという．さらに，$\boldsymbol{a}, \boldsymbol{b}$ の内どちらか一方が零ベクトルであるときは，1 次従属であると約束する．平面のベクトル $\boldsymbol{a}, \boldsymbol{b}$ は，1 次従属でなければ，**1 次独立**であると呼ばれる．2 つのベクトルが 1 次従属であるのは，それらを位置ベクトルとみなしたとき，ベクトルの終点が同じ直線上にあるときである．また，2 つのベクトルが 1 次独立であるのは，対応する位置ベクトルの終点が 1 つの直線上にないときである．

平面内の 1 次独立なベクトル $\boldsymbol{a}, \boldsymbol{b}$ を与えるとき，平面内の任意のベクトル $\boldsymbol{p}$ は $\boldsymbol{a}, \boldsymbol{b}$ と実数 $k, \ell$ を用いて

$$\boldsymbol{p} = k\boldsymbol{a} + \ell\boldsymbol{b} \tag{1.1}$$

と一意的に表すことができる．

次に，平面内の直線をベクトルを用いて考える．平面内の定点 $\mathrm{C}(c, d)$ を通り，方向ベクトルが $\boldsymbol{\ell} = (\ell, m)$ であるような直線上の任意の点を $\mathrm{P}(x, y)$ とすれば，

$$\overrightarrow{\mathrm{OP}} = \overrightarrow{\mathrm{OC}} + t\boldsymbol{\ell} \quad (t \in \mathbb{R}) \tag{1.2}$$

となる．すなわち，$x = c + \ell t$, $y = d + mt$ となる．ここで $\ell m \neq 0$ ならば，パラメータ $t$ を消去して

$$\frac{x-c}{\ell} = \frac{y-d}{m} \tag{1.3}$$

を得る．

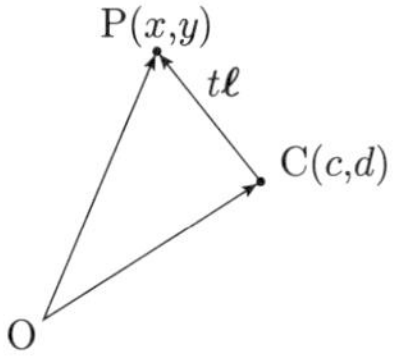


次に，$\ell, m$ のうちどちらかが 0 のときを考える．$\ell = 0$ なら，直線は $y$ 軸に平行になるから，直線の方程式は $x - c = 0$ であり，(1.3) の右辺は意味をもたない．また $m = 0$ のときも同様である．その意味で，(1.3) は $\ell = 0$ または $m = 0$ の場合には，分母が 0 のときには分子も 0 になるものとして少し解釈を広げれば成り立つことがわかる．

(1.3) を平面における直線の方程式と呼ぶ．(1.3) を書き直すと

$$ax + by = \delta \tag{1.4}$$

となる．ここで

$$a = -\frac{1}{\ell}, \quad b = \frac{1}{m}, \quad \delta = -\frac{c}{\ell} + \frac{d}{m} = ac + bd$$

である．通常は，(1.4) が平面内の直線の方程式とよばれるものである．(1.4) の $x, y$ の係数を成分とするベクトル $(a, b) = (-1/\ell, 1/m)$ は直線の方向ベクトルと垂直であることに注意してほしい．これにより，(1.4) は $(a, b)$ を法線とする直線を表すことがわかる．

次に，原点と (1.4) で与えられる直線の距離を求めてみよう．これも公式として知っているかもしれないが，改めて自分で導いてみることが大切である．原点から直線へ降ろした垂線の足を H とする．そのとき，ある実数 $s, t$ に対して

$$\overrightarrow{\mathrm{OH}} = s(a, b) = \overrightarrow{\mathrm{OC}} + t\boldsymbol{\ell} = (c, d) + t(-1/a, 1/b)$$

が成り立つ．これを $s, t$ に関する連立方程式と考えて，$s$ を求めると

$$s = \frac{ac + bd}{a^2 + b^2} = \frac{\delta}{a^2 + b^2}$$

が得られる．これより，

$$|\overrightarrow{\mathrm{OH}}| = \frac{|\delta|}{\sqrt{a^2+b^2}} \tag{1.5}$$

を得る．これが，原点と (1.4) で与えられた直線の距離の公式である．

以上により，原点からの距離が $d$ であるような直線 $L$ の方程式は，直線 $L$ の法線ベクトル $(a, b)$ が $x$ 軸の正の方向となす角を $\alpha$ として

$$x\cos\alpha + y\sin\alpha = d$$

と表すことができる．ここで，$(\cos\alpha, \sin\alpha)$ は原点から，直線 $L$ 方向に向かう $L$ の単位法線ベクトルである．これを直線の**ヘッセの標準形**ということがある．

●**練習 1.** 点 $\mathrm{P} = (p, q)$ から (1.4) で表される直線への距離 $d$ は

$$d = \frac{|ap + bq - \delta|}{\sqrt{a^2+b^2}}$$

で与えられることを示せ．

### 1.1.2 空間ベクトルと 1 次独立性

まず，ベクトルの 1 次独立性と 1 次従属性について一般的な定義を述べる．少し述べ方が抽象的であるように感じるかもしれないが，この概念は線形代数では極めて重要である．

$m$ 個の (空間) ベクトル $\boldsymbol{a}_1, \ldots, \boldsymbol{a}_m$ に対して $c_1, \ldots, c_m$ を実数として

$$c_1\boldsymbol{a}_1 + \cdots + c_m\boldsymbol{a}_m \tag{1.6}$$

をベクトル $\boldsymbol{a}_1, \ldots, \boldsymbol{a}_m$ の **1 次結合**と呼ぶ．ベクトルの 1 次結合 (1.6) が零ベクトルとなるのは $c_1 = c_2 = \cdots = c_m = 0$ であるときに限るとき，ベクトル $\boldsymbol{a}_1, \ldots, \boldsymbol{a}_m$ は **1 次独立**であるという．$\boldsymbol{a}_1, \ldots, \boldsymbol{a}_m$ は 1 次独立でないとき，**1 次従属**であると呼ばれる．

たとえば，空間ベクトル $\boldsymbol{a}, \boldsymbol{b}, \boldsymbol{c}$ が 1 次従属であるなら，すべては 0 でない実定数 $r, s, t$ があって

$$r\boldsymbol{a} + s\boldsymbol{b} + t\boldsymbol{c} = \boldsymbol{0}$$

が成り立つ．今 $r \neq 0$ と仮定すれば，$\boldsymbol{a} = -(s/r)\boldsymbol{b} - (t/r)\boldsymbol{c}$ となり，$\boldsymbol{a}$ は $\boldsymbol{b}, \boldsymbol{c}$ の 1 次結合として表すことができる．すなわち，ベクトルの集合が 1 次従属であるとは，そのうちの 1 つが他のベクトルの 1 次結合として表すことができることをいうのである．

平面では，1次独立なベクトルを2つ選ぶと他の全てのベクトルはそれらの1次結合として表されるから，3つ以上のベクトルは必ず1次従属になる．空間では，1次独立なベクトルは3つしかとれず，4つ以上のベクトルは必ず1次従属になる．

●**練習 2.** 次で与えられるベクトル $\boldsymbol{a}, \boldsymbol{b}, \boldsymbol{c}$ が1次独立か1次従属かを判定せよ．1次従属な場合は，どれか1つのベクトルを他のベクトルの1次結合として表せ．
(1) $\boldsymbol{a} = (1, 0, 0)$, $\boldsymbol{b} = (1, 1, 0)$, $\boldsymbol{c} = (1, 1, 1)$
(2) $\boldsymbol{a} = (1, -1, 0)$, $\boldsymbol{b} = (0, 1, -1)$, $\boldsymbol{c} = (-1, 0, 1)$

### 1.1.3 空間内の直線と平面の方程式

$xyz$ 座標空間内で定点 $\mathrm{A} = (a, b, c)$ を通り，ベクトル $\boldsymbol{\ell} = (\ell, m, n)$ に平行な直線 $L$ について考える．このような直線上の任意の点を $\mathrm{P}(x, y, z)$ とすると

$$\overrightarrow{\mathrm{OP}} = \overrightarrow{\mathrm{OA}} + t\boldsymbol{\ell} \quad (t \in \mathbb{R}) \tag{1.7}$$

と表すことができる．これを**直線のベクトル方程式**という．直線のベクトル方程式を成分で表すと

$$x = a + \ell t, \quad y = b + mt, \quad z = c + nt$$

となる．$\ell mn \neq 0$ のとき，これらからパラメータ $t$ を消去すれば

$$\frac{x-a}{\ell} = \frac{y-b}{m} = \frac{z-c}{n} \tag{1.8}$$

が得られる．(1.8) が**空間における直線 $L$ の方程式**である．

ここで分母が0になる場合は，分子も0になると約束しておけば，方向ベクトル $(\ell, m, n)$ の成分のうち1つまたは2つが0になる場合も定義に含ませることができる．たとえば $\ell = 0$ であるなら，方向ベクトルは $yz$ 平面に平行となり，$x$ 座標は一定になる．したがって，$x = a$ となり，分子も0となる．したがってこの約束には正当性がある．

直線 $L$ と $x, y, z$ の座標軸の正の方向とのなす角度を，それぞれ $\alpha, \beta, \gamma$ とすれば，直線の方向の単位ベクトルは $\boldsymbol{e} = (\cos\alpha, \cos\beta, \cos\gamma)$ となり，そのとき，

$$\cos^2\alpha + \cos^2\beta + \cos^2\gamma = 1$$

が成り立つ．$\cos\alpha, \cos\beta, \cos\gamma$ は直線 $L$ の**方向余弦**と呼ばれる．直線の方向ベクトル $(\ell, m, n)$ が与えられた場合，方向余弦は次で与えられる．

$$\cos\alpha = \frac{\ell}{\sqrt{\ell^2+m^2+n^2}}$$
$$\cos\beta = \frac{m}{\sqrt{\ell^2+m^2+n^2}}$$
$$\cos\gamma = \frac{n}{\sqrt{\ell^2+m^2+n^2}}$$

●**練習 3.** 2 点 $(1,1,1)$ と $(3,4,5)$ を通る直線の方程式を求めよ．また，この直線と $xy$ 平面との交点，および $zx$ 平面との交点を求めよ．

次に，$xyz$ 座標空間内の平面の方程式について考える．直線の方程式は，直線のベクトル方程式から導いたが，それと同じ方針なら，平面のベクトル方程式を作り，そこからパラメータを消去すれば平面の方程式が得られる．しかし平面のベクトル方程式は 2 つのパラメータを含み，そこから 2 つのパラメータを消去するのは少し面倒なので，他の方法で平面の方程式を導く．3 次元において平面は，法線方向と通過する点を 1 つ決めることにより完全に定まることに注意する．

いま，法線ベクトルを $(a,b,c)$ として，$\mathrm{P}_0(x_0,y_0,z_0)$ を通る平面 $\pi$ を考える．平面上の任意の点を $\mathrm{P}(x,y,z)$ とおくと，$\overrightarrow{\mathrm{P}_0\mathrm{P}} \perp (a,b,c)$ であるから，

$$a(x-x_0)+b(y-y_0)+c(z-z_0)=0$$

が成り立つ．ここで $d=ax_0+by_0+cz_0$ とおくと，

$$ax+by+cz=d \tag{1.9}$$

が得られる．(1.9) を**空間における平面の方程式**という．方程式 (1.9) で表される平面は $(a,b,c)$ を法線ベクトルとしてもつ平面である．また，この平面と原点 O との距離 $D$ は

$$D=\frac{|d|}{\sqrt{a^2+b^2+c^2}} \tag{1.10}$$

で与えられる．

次に，交わる 2 つの平面

$$\pi_1: \quad a_1x+b_1y+c_1z=d_1, \qquad \pi_2: \quad a_2x+b_2y+c_2z=d_2$$

のなす角について考える．それぞれの平面の法線ベクトルを $\boldsymbol{n}_1,\boldsymbol{n}_2$ とするとき，2 つの平面 $\pi_1,\pi_2$ のなす角を法線ベクトルのなす角 $\theta$ で定義する．そのとき，法線ベクトルの内積を計算すると，

$$\boldsymbol{n}_1\cdot\boldsymbol{n}_2=|\boldsymbol{n}_1||\boldsymbol{n}_2|\cos\theta$$

であり，法線ベクトルとして，

$$\boldsymbol{n}_1 = (a_1, b_1, c_1), \quad \boldsymbol{n}_2 = (a_2, b_2, c_2)$$

を選べば，

$$\cos\theta = \frac{a_1a_2 + b_1b_2 + c_1c_2}{\sqrt{a_1^2 + b_1^2 + c_1^2}\sqrt{a_2^2 + b_2^2 + c_2^2}} \tag{1.11}$$

となることがわかる．2 つの平面のなす角を鋭角になるように選びたい場合は，必要に応じて $\boldsymbol{n}_1$ または $\boldsymbol{n}_2$ の向きを反転させればよい．

●**練習 4.** 公式 (1.10) を示せ．また，それを用いて (1.9) で表される平面と空間内の定点 $(p, q, r)$ との距離を求める公式を導け．

●**練習 5.** (1) 空間内の 3 点 $(1, 2, 1), (3, 0, 0), (0, 2, 2)$ を通る平面 $\pi_1$ の方程式を求めよ．

(2) $(1, 2, 1)$ と原点を通り，平面 $\pi_1$ に垂直な平面 $\pi_2$ の方程式を求めよ．

(3) 空間内の 1 点 $(1, 0, -3)$ を通って，平面 $\pi_1$ に平行な平面 $\pi_3$ の方程式を求めよ．

(4) 2 つの平面 $\pi_1, \pi_3$ の間の距離を求めよ．

●**練習 6.** (1) 練習 5 (1) で定義した平面 $\pi_1$ に垂直で，点 $(1, 2, 3)$ を通る直線 $L_1$ の方程式を求めよ．

(2) 直線 $L_1$ と練習 5 (1),(3) で定義した平面 $\pi_1, \pi_3$ との交点 $\mathrm{P}_1, \mathrm{P}_3$ を求めよ．また線分 $\mathrm{P}_1\mathrm{P}_3$ の長さを求めて，それが練習問題 5 (4) で求めた距離に一致することを確かめよ．

(3) 原点から直線 $L_1$ に降ろした垂線の足 $\mathrm{H}_1$ の座標を求めることにより，原点から直線 $L_1$ への距離を求めよ．

## 1.2 行列と線形写像

### 1.2.1 2 次元平面から 2 次元平面への線形写像と行列

2 次元平面上の点 (またはその位置ベクトル) は 2 つの実数の組で表すことができる．すなわち $x, y \in \mathbb{R}$ を用いて $(x, y)$ と表すことができる．よって，平面上の点全体を $\mathbb{R}^2 = \{(x, y) | x, y \in \mathbb{R}\}$ で表す．$\mathbb{R}^2$ から $\mathbb{R}^2$ への写像であって，$2 \times 2$ 行列 $A$ を用いて

$$\begin{pmatrix} x \\ y \end{pmatrix} \mapsto \begin{pmatrix} \overline{x} \\ \overline{y} \end{pmatrix} = A \begin{pmatrix} x \\ y \end{pmatrix} \tag{1.12}$$

と表されるものを，$\mathbb{R}^2$ から $\mathbb{R}^2$ への**線形写像**または $\mathbb{R}^2$ の**線形変換**と呼ぶ．いま

$$A = \begin{pmatrix} a & b \\ c & d \end{pmatrix} \tag{1.13}$$

とおくと，

$$\overline{x} = ax + by$$
$$\overline{y} = cx + dy$$

である．

**◆例 1 (拡大・縮小).** $\lambda_1, \lambda_2$ を正の定数として

$$A = \begin{pmatrix} \lambda_1 & 0 \\ 0 & \lambda_2 \end{pmatrix}$$

で表される線形変換は，$x$ 軸の方向へ $\lambda_1$ 倍，$y$ 軸の方向へ $\lambda_2$ 倍の拡大（縮小）する線形変換を表す．

**◆例 2 (回転).** 原点の回りの，回転角 $\theta$ の反時計回りの回転は

$$A = \begin{pmatrix} \cos\theta & -\sin\theta \\ \sin\theta & \cos\theta \end{pmatrix} \tag{1.14}$$

で表される．

**◆例 3 (原点を通る直線上への正射影).** 原点を通る直線を $L : y = mx$ とする．点 $\mathrm{P}(x, y)$ から直線 $L$ に降ろした垂線の足を $\mathrm{Q}(\overline{x}, (\overline{y}))$ とする．点 Q を，点 P の直線 $L$ 上への正射影と呼ぶ．このような正射影を表す行列 $P_L$ は

$$P_L = \begin{pmatrix} \dfrac{1}{1+m^2} & \dfrac{m}{1+m^2} \\ \dfrac{m}{1+m^2} & \dfrac{m^2}{1+m^2} \end{pmatrix} \tag{1.15}$$

となる．

**●練習 7.** 直線 $L$ への正射影が (1.15) で表されることを示せ．

さらに，(1.15) で $m = \tan\theta$ とおく．ここで，$\theta$ は直線 $L$ が $x$ 軸の正の方向とのなす角である．そのとき

$$P_L = \begin{pmatrix} \cos^2\theta & \sin\theta\cos\theta \\ \sin\theta\cos\theta & \sin^2\theta \end{pmatrix} \tag{1.16}$$

と表すこともできる．

**●練習 8.** (1.15) から，(1.16) を計算によって導け．

**◆例 4 (原点を通る直線に関する鏡映).** 直線 $L : y = mx$ に関する鏡映 (対称移動) $M_L$ を表す線形写像は

$$M_L = \begin{pmatrix} \dfrac{1-m^2}{1+m^2} & \dfrac{2m}{1+m^2} \\ \dfrac{2m}{1+m^2} & -\dfrac{1-m^2}{1+m^2} \end{pmatrix} \tag{1.17}$$

となる．ここで $m = \tan\theta$ とおくと，

$$M_L = \begin{pmatrix} \cos 2\theta & \sin 2\theta \\ \sin 2\theta & -\cos 2\theta \end{pmatrix} \tag{1.18}$$

と表すこともできる．

**●練習 9.**　鏡映 (1.17) を導け．また (1.17) から (1.18) を導け．(1.18) の幾何学的な意味を考えてみよ．(ヒント：回転の行列を考えよ)

### 1.2.2　3 次元空間から 3 次元空間への線形写像と行列

3 次元空間の点全体は 3 つの実数の組で表すことができるので，3 次元空間全体を $\mathbb{R}^3$ で表す．今後は，縦ベクトル (列ベクトル) と横ベクトル (行ベクトル) を区別し，$\mathbb{R}^2$ または $\mathbb{R}^3$ のベクトルは特に断らなければ縦ベクトルで表すこととする．すなわち 3 次元の空間 $\mathbb{R}^3$ の縦ベクトルは

$$\boldsymbol{x} = \begin{pmatrix} x_1 \\ x_2 \\ x_3 \end{pmatrix} \quad (x_1, x_2, x_3 \in \mathbb{R}) \tag{1.19}$$

からなるものとする．

縦ベクトル $\boldsymbol{x}$ を横ベクトルとみたものは ${}^t\boldsymbol{x}$ と表す．すなわち，

$${}^t\boldsymbol{x} = (x_1, x_2, x_3)$$

である．${}^t\boldsymbol{x}$ はベクトルの横と縦を逆にする操作を表し，**転置**と呼ばれる．横ベクトルを再び転置すると，元の $\boldsymbol{x}$ になると約束する．すなわち ${}^t({}^t\boldsymbol{x}) = \boldsymbol{x}$ である．スペースを節約するため，(1.19) をしばしば

$$\boldsymbol{x} = {}^t(x_1, x_2, x_3)$$

と表すが，その意味は理解できるであろう．

3 次元空間 $\mathbb{R}^3 = \{{}^t(x_1, x_2, x_3) | x_1, x_2, x_3 \in \mathbb{R}\}$ から $\mathbb{R}^3$ への写像であって，$3 \times 3$ 行列

$$A = \begin{pmatrix} a_{11} & a_{12} & a_{13} \\ a_{21} & a_{22} & a_{23} \\ a_{31} & a_{32} & a_{33} \end{pmatrix} \tag{1.20}$$

を用いて

$$\begin{pmatrix} x_1 \\ x_2 \\ x_3 \end{pmatrix} \longmapsto \begin{pmatrix} \overline{x}_1 \\ \overline{x}_2 \\ \overline{x}_3 \end{pmatrix} = A \begin{pmatrix} x_1 \\ x_2 \\ x_3 \end{pmatrix} \tag{1.21}$$

と表されるものを，$\mathbb{R}^3$ から $\mathbb{R}^3$ への**線形写像**または $\mathbb{R}^3$ の**線形変換**と呼ぶ．そのとき，

$$\begin{aligned} \overline{x}_1 &= a_{11}x_1 + a_{12}x_2 + a_{13}x_3 \\ \overline{x}_2 &= a_{21}x_1 + a_{22}x_2 + a_{23}x_3 \\ \overline{x}_3 &= a_{31}x_1 + a_{32}x_2 + a_{33}x_3 \end{aligned}$$

となる．$\mathbb{R}^3$ の間の線形写像を具体的に取り扱うことは，$\mathbb{R}^2$ の間の線形写像を取り扱うことに比べて格段に難しくなる．しかし，このような線形写像の具体例を考えることは，実用上極めて大切であるので，ここでは，いくつかの重要な例を述べる．

**◆例 5 (拡大・縮小)．** $\lambda_1, \lambda_2, \lambda_3$ を正の定数として，$x, y, z$ 各軸方向に，$\lambda_1, \lambda_2, \lambda_3$ 倍だけ拡大（縮小）する線形変換を表す行列は

$$A = \begin{pmatrix} \lambda_1 & 0 & 0 \\ 0 & \lambda_2 & 0 \\ 0 & 0 & \lambda_3 \end{pmatrix}$$

となる．

**◆例 6 (回転)．** 3 次元の回転は 2 次元に比べてかなり難しく，3 次元の回転を表す行列は 1 種類だけではない．しかし，力学等の物理学では非常に重要である．

(1) $z$ 軸の回りの，回転角 $\theta$ の反時計回りの回転は $z$ 成分を不変にし，$x, y$ 成分に対しては，(1.14) と同じになるから，

$$R(z, \theta) = \begin{pmatrix} \cos\theta & -\sin\theta & 0 \\ \sin\theta & \cos\theta & 0 \\ 0 & 0 & 1 \end{pmatrix} \tag{1.22}$$

で与えられる．

(2) $y$ 軸の回りの，回転角 $\theta$ の反時計回りの回転は

$$R(y, \theta) = \begin{pmatrix} \cos\theta & 0 & \sin\theta \\ 0 & 1 & 0 \\ -\sin\theta & 0 & \cos\theta \end{pmatrix} \tag{1.23}$$

で表される．

(3) $x$ 軸の回りの，回転角 $\theta$ の反時計回りの回転は

$$R(x,\theta)=\begin{pmatrix}1 & 0 & 0\\ 0 & \cos\theta & -\sin\theta\\ 0 & \sin\theta & \cos\theta\end{pmatrix} \tag{1.24}$$

で表される．

以上 3 つの回転を合成することにより，任意の軸の回りの回転を表す行列を作ることができる．一般論は省略するが，章末の補充問題で (問題 6)，そのような構成法の具体例を学んでほしい．

**◆例 7 (原点を通る直線への正射影).** 3 次元ベクトル $\boldsymbol{a}={}^t(a_1,a_2,a_3), \boldsymbol{b}={}^t(b_1, b_2,b_3)\in\mathbb{R}^3$ の内積を $\boldsymbol{a}\cdot\boldsymbol{b}$ で表す．そのとき

$$\boldsymbol{a}\cdot\boldsymbol{b}=a_1b_1+a_2b_2+a_3b_3=|\boldsymbol{a}||\boldsymbol{b}|\cos\theta$$

である．ここで，$\theta$ は $\boldsymbol{a},\boldsymbol{b}$ のなす角である．$\mathbb{R}^3$ 内の原点を通る直線を $L$ とし，その方向余弦を $\cos\alpha,\cos\beta,\cos\gamma$ とすれば，直線の方向の単位ベクトルは $\boldsymbol{e}={}^t(\cos\alpha,\cos\beta,\cos\gamma)$ となる．

平面内の直線上への正射影と同様に，空間内の直線 $L$ 上への正射影を定義することができる．すなわち $\mathrm{P}(x_1,x_2,x_3)$ から直線 $L$ に降ろした垂線の足を $\mathrm{Q}(\overline{x}_1,\overline{x}_2,\overline{x}_3)$ とする．そのとき点 Q を点 P の直線 $L$ 上への**正射影**という．

直線 $L$ 上への正射影 Q の位置ベクトルは $\overrightarrow{\mathrm{OQ}}=k\boldsymbol{e}$ と表すことができる．ここで，$|k|=|\overrightarrow{\mathrm{OQ}}|$ である．$k>0$ であるのは，$\overrightarrow{\mathrm{OP}}$ と $\boldsymbol{e}$ のなす角 $\theta$ が $\pi/2$ より小さいときであり，$k<0$ となるのは $\theta$ が $\pi/2$ より大きいときである．$\boldsymbol{x}=\overrightarrow{\mathrm{OP}}$ と $\boldsymbol{e}$ との内積をとると $|\boldsymbol{e}|=1$ であるから，$\boldsymbol{x}\cdot\boldsymbol{e}=|\boldsymbol{x}|\cos\theta$ であるから，$k=\boldsymbol{x}\cdot\boldsymbol{e}$ が成り立つ．よってベクトル $\boldsymbol{x}={}^t(x_1,x_2,x_3)$ の直線 $L$ への正射影は，$P_L\boldsymbol{x}=(\boldsymbol{x}\cdot\boldsymbol{e})\boldsymbol{e}$ で与えられる．

これを具体的に書いてみると

$$\begin{aligned}&(x_1\cos\alpha+x_2\cos\beta+x_3\cos\gamma)\begin{pmatrix}\cos\alpha\\ \cos\beta\\ \cos\gamma\end{pmatrix}\\ &\qquad=\begin{pmatrix}x_1\cos^2\alpha+x_2\cos\alpha\cos\beta+x_3\cos\alpha\cos\gamma\\ x_1\cos\alpha\cos\beta+x_2\cos^2\beta+x_3\cos\beta\cos\gamma\\ x_1\cos\alpha\cos\gamma+x_2\cos\beta\cos\gamma+x_3\cos^2\gamma\end{pmatrix}\end{aligned}$$

これより，直線 $L$ 上への正射影 $P_L$ を表す行列は

$$P_L=P(\alpha,\beta,\gamma)=\begin{pmatrix}\cos^2\alpha & \cos\alpha\cos\beta & \cos\alpha\cos\gamma\\ \cos\alpha\cos\beta & \cos^2\beta & \cos\beta\cos\gamma\\ \cos\alpha\cos\gamma & \cos\beta\cos\gamma & \cos^2\gamma\end{pmatrix} \tag{1.25}$$

となる．ここで，縦ベクトル $\boldsymbol{a}={}^t(a_1,a_2,a_3)$ と横ベクトル $\boldsymbol{b}=(b_1,b_2,b_3)$ に対し

て積を

$$\boldsymbol{a}\boldsymbol{b} = \begin{pmatrix} a_1 \\ a_2 \\ a_3 \end{pmatrix} (b_1, b_2, b_3) = \begin{pmatrix} a_1b_1 & a_1b_2 & a_1b_3 \\ a_2b_1 & a_2b_2 & a_2b_3 \\ a_3b_1 & a_3b_2 & a_3b_3 \end{pmatrix}$$

で定義すると $P_L = \boldsymbol{e}{}^t\boldsymbol{e}$ と表すことができる．

**◆例 8 (原点を通る平面への正射影).** 次に，原点を通る平面への正射影を表す行列を求めてみよう．2 通りの方法で平面を定義し，各々の場合について射影を表す行列の求め方を考える．

まず，平面 $\pi$ が 2 つの 1 次独立なベクトルの 1 次結合で表される場合を考える．すなわち，平面上の任意の点の位置ベクトルが $\boldsymbol{r} = s\boldsymbol{a} + t\boldsymbol{b}$ と一意的に表される場合を考える．さらに，2 つのベクトル $\boldsymbol{a}, \boldsymbol{b}$ は単位ベクトルで，互いに直交すると仮定すれば，平面 $\pi$ への正射影は $\boldsymbol{a}, \boldsymbol{b}$ 方向の正射影を加えることにより，$P_\pi \boldsymbol{x} = (\boldsymbol{a}{}^t\boldsymbol{a} + \boldsymbol{b}{}^t\boldsymbol{b})\boldsymbol{x}$ で与えられる．すなわち，平面 $\pi$ への正射影を表す行列は $P_\pi = \boldsymbol{a}{}^t\boldsymbol{a} + \boldsymbol{b}{}^t\boldsymbol{b}$ となる．

次に，平面 $\pi$ が方程式 $ax + by + cz = 0$ で与えられる場合を考える．その場合は ${}^t(a, b, c)$ は平面の法線方向を表すので，平面の単位法線ベクトルは

$$\boldsymbol{n} = {}^t\left(\frac{a}{\sqrt{a^2+b^2+c^2}}, \frac{b}{\sqrt{a^2+b^2+c^2}}, \frac{c}{\sqrt{a^2+b^2+c^2}}\right) \tag{1.26}$$

となる．$\boldsymbol{x}$ の平面 $\pi$ への正射影は，$\boldsymbol{x}$ から平面の法線方向への正射影 $(\boldsymbol{x}\cdot\boldsymbol{n})\boldsymbol{n} = (\boldsymbol{n}{}^t\boldsymbol{n})\boldsymbol{x}$ を引くことにより得られるので，行列

$$P_\pi = E - \boldsymbol{n}{}^t\boldsymbol{n} \tag{1.27}$$

で表される．ここで $E = E_3$ は 3 次の単位行列であり，

$$E = E_3 = \begin{pmatrix} 1 & 0 & 0 \\ 0 & 1 & 0 \\ 0 & 0 & 1 \end{pmatrix}$$

で定義される．

**◆例 9 (原点を通る平面に関する鏡映).** ベクトル $\boldsymbol{x}$ の原点を通る平面 $\pi : ax + by + cz = 0$ に関する鏡映 (対称移動) を表す線形写像 $M_\pi$ を求めるには，$\boldsymbol{x}$ から，単位法線方向への正射影の 2 倍を引けばよいので，$M_\pi$ は

$$M_\pi = E - 2\boldsymbol{n}{}^t\boldsymbol{n} \tag{1.28}$$

で与えられる．

**●練習 10.** 法線ベクトルが $\boldsymbol{c}$ で与えられる，原点を通る平面 $\pi$ に関するベクトル $\boldsymbol{x}$ の鏡映は

$$\boldsymbol{x} - 2\frac{\boldsymbol{x}\cdot\boldsymbol{c}}{\boldsymbol{c}\cdot\boldsymbol{c}}\boldsymbol{c} = \left(E - \frac{2}{\boldsymbol{c}\cdot\boldsymbol{c}}\boldsymbol{c}{}^t\boldsymbol{c}\right)\boldsymbol{x} \tag{1.29}$$

で表されることを示せ.

●**練習 11.** $2x-2y-z=0$ で定義される原点を通る平面 $\pi$ について次の問いに答えよ.

(1) 平面の単位法線ベクトル $\boldsymbol{n}$ を求めよ.

(2) 法線方向への射影を表す行列を求めよ.

(3) 平面 $\pi$ への射影を表す行列を求めよ.

(4) 平面 $\pi$ に関する鏡映を表す行列を求めよ.

## 第1章 補充問題

**問題 1.** $\boldsymbol{a}, \boldsymbol{b} \in \mathbb{R}^2$ を1次独立なベクトルとする. そのとき次の問いに答えよ.

(1) 原点を通り, $\boldsymbol{a}, \boldsymbol{b}$ を方向ベクトルとする直線をそれぞれ $L_1, L_2$ とする. 原点と直線 $L_1, L_2$ で作られる角の2等分線を $L$ とするとき, $L$ 上の点の位置ベクトル $\overrightarrow{\mathrm{OP}}$ は

$$\overrightarrow{\mathrm{OP}} = t\left(\frac{\boldsymbol{a}}{|\boldsymbol{a}|} + \frac{\boldsymbol{b}}{|\boldsymbol{b}|}\right) \quad (t \in \mathbb{R})$$

と表すことができることを示せ.

(2) 直線 $L$ の方程式は

$$\left(\frac{\boldsymbol{a}}{|\boldsymbol{a}|} - \frac{\boldsymbol{b}}{|\boldsymbol{b}|}\right) \cdot \boldsymbol{x} = 0$$

と表すことができることを示せ. ここで, $\boldsymbol{x} = {}^t(x, y)$ である.

(3) $\boldsymbol{a} = (3, 4), \boldsymbol{b} = (5, 12)$ のとき, $L$ の方程式を具体的に書き下せ.

**問題 2.** 原点と点 $(2, -1, 2)$ を通る直線を $L_1$ とし, 点 $(1, 1, 1)$ と点 $(1, -1, 0)$ を通る直線を $L_2$ とおく. 次の問いに答えよ.

(1) 2つの直線 $L_1, L_2$ の方程式を求めよ.

(2) $L_1$ 上の任意の点を P, $L_2$ 上の任意の点を Q とする. 線分 PQ の長さの最小値と, 最小をとる点 $\mathrm{P}_0, \mathrm{Q}_0$ を求めよ.

(3) 直線 $\mathrm{P}_0\mathrm{Q}_0$ は $L_1, L_2$ の方向ベクトルに直交することを確かめよ.

**問題 3.** 直線 $L$ を方程式 $x-1 = 2(y+2) = 3(z+1)$ で定義する. 次の問いに答えよ.

(1) 直線 $L$ を含み, 原点を通る平面 $\pi$ の方程式を求めよ.

(2) この直線 $L$ に垂直で, 原点を通る直線の方程式を求めよ.

**問題 4.** 次の問いに答えよ.

(1) 平行な2直線

$$L_1 :\ \frac{x-1}{2} = \frac{y-2}{2} = z-1, \quad L_2 :\ \frac{x-2}{2} = \frac{y-1}{2} = z$$

を含む平面の方程式を求めよ.

(2) 交わる2直線

$$L_3: \ \frac{x-1}{2} = \frac{y-2}{2} = z-3, \quad L_4: \ \frac{x-1}{-3} = \frac{y-2}{2} = \frac{z-3}{2}$$

を含む平面の方程式を求めよ．

**問題 5.** 2 つの平面 $\pi_1 : 2x - y + z = 0$, $\pi_2 : x + 2y - 4z = 0$ について次の問いに答えよ．

(1) $\pi_1, \pi_2$ が交わってできる直線 $L$ の方程式を求めよ．

(2) $\pi_1$ 上にあって，原点を通り，$L$ と直交する直線 $L_1$ の方程式を求めよ．

(3) $\pi_2$ 上にあって，原点を通り，$L$ と直交する直線 $L_2$ の方程式を求めよ．

(4) $L_1$ と $L_2$ のなす角 (鋭角) の余弦を求めよ．

(5) (4) で計算した余弦の値が，公式 (1.11) で計算されるものと一致することを確かめよ．

**問題 6.** 単位ベクトル $\boldsymbol{\omega} = {}^t(0, 1/\sqrt{2}, 1/\sqrt{2})$ を回転軸とする $\theta$ の回転を表す行列 $R(\boldsymbol{\omega}, \theta)$ を以下の手続きで構成せよ．

(1) $z$ 軸上の単位ベクトルを $\boldsymbol{\omega}$ に写す線形写像として，$x$ 軸の回りの $-\pi/4$ の回転 $R(x, -\pi/4)$ をとることができることを示せ．

(2) $\boldsymbol{\omega}$ 軸の回りに反時計回りに $\theta$ だけ回転する行列 $R(\boldsymbol{\omega}, \theta)$ は

$$R(\boldsymbol{\omega}, \theta) = R(x, -\pi/4) R(z, \theta) R(x, \pi/4)$$

で表されることを示せ．

(3) (2) の計算を実際に実行して $R(\boldsymbol{\omega}, \theta)$ が次のようになることを示せ．

$$R(\boldsymbol{\omega}, \theta) = \begin{pmatrix} \cos\theta & -\sin\theta/\sqrt{2} & \sin\theta/\sqrt{2} \\ \sin\theta/\sqrt{2} & (1+\cos\theta)/2 & (1-\cos\theta)/2 \\ -\sin\theta/\sqrt{2} & (1-\cos\theta)/2 & (1+\cos\theta)/2 \end{pmatrix}$$

# 2 数ベクトル空間と行列

## 2.1 数ベクトル空間

### 2.1.1 列ベクトルと行ベクトル

$n$ 個の実数 $a_1, \ldots, a_n \in \mathbb{R}$ を縦に並べてつくった

$$\boldsymbol{a} = \begin{pmatrix} a_1 \\ \vdots \\ a_n \end{pmatrix} \tag{2.1}$$

を $n$ 次元の **(実) 列ベクトル** (または **(実) 縦ベクトル**) とよび，$a_1, \ldots, a_n$ を列ベクトル $\boldsymbol{a}$ の**成分** (components) または**要素** (entries) と呼ぶ．$n$ 次元の実列ベクトルの全体を $\mathbb{R}^n$ と表す．特にすべての成分が 0 であるベクトルを $\mathbf{0}$ で表し，**零ベクトル**と呼ぶ．

列ベクトル $\boldsymbol{a}, \boldsymbol{b} \in \mathbb{R}^n$ と $c \in \mathbb{R}$ に対して**和** $\boldsymbol{a} + \boldsymbol{b} \in \mathbb{R}^n$ と，**スカラー倍** $c\boldsymbol{a} \in \mathbb{R}^n$ を次のように定義する：

$$\boldsymbol{a} + \boldsymbol{b} = \begin{pmatrix} a_1 \\ \vdots \\ a_n \end{pmatrix} + \begin{pmatrix} b_1 \\ \vdots \\ b_n \end{pmatrix} = \begin{pmatrix} a_1 + b_1 \\ \vdots \\ a_n + b_n \end{pmatrix}, \quad c\boldsymbol{a} = \begin{pmatrix} ca_1 \\ \vdots \\ ca_n \end{pmatrix} \tag{2.2}$$

特に零ベクトル $\mathbf{0}$ は，任意の $\boldsymbol{a} \in \mathbb{R}^n$ に対して，$\boldsymbol{a} + \mathbf{0} = \mathbf{0} + \boldsymbol{a} = \boldsymbol{a}$ を満たす．和とスカラー倍という 2 つの内部演算をもつ実数ベクトルの全体 $\mathbb{R}^n$ を **(実) 数ベクトル空間**と呼ぶ．

本書では，数ベクトルとして主に列ベクトルを考えるが，それだけでは不便なことも多々ある．そこで，(2.1) で与えられる $\boldsymbol{a}$ に対して，${}^t\boldsymbol{a}$ を

$${}^t\boldsymbol{a} = (a_1, \ldots, a_n) \tag{2.3}$$

で定義する．ここで，${}^t : \boldsymbol{a} \mapsto {}^t\boldsymbol{a}$ は**転置**と呼ばれる操作を表す．転置とは，数

の縦の並びを横の並びにし，数の横の並びを縦の並びにする操作である．ベクトルの転置 ${}^t\boldsymbol{a}$ を $\boldsymbol{a}^T$ と表す場合もある．(2.3) の形の数の並びを，**(実) 行ベクトル**または **(実) 横ベクトル**と呼ぶ．

列ベクトルを (2.1) の形で表記するとかなりスペースを使ってしまうので，列ベクトルをしばしば行ベクトルの転置として，$\boldsymbol{a} = {}^t(a_1, \ldots, a_n)$ と表す．$n$ 個の成分からなる行ベクトル全体を $(\mathbb{R}^n)^*$ で表す．

行ベクトルに対しても，列ベクトルの場合と全く同様にして和とスカラー倍を定義することができる．したがって，行ベクトルの全体 $(\mathbb{R}^n)^*$ も**数ベクトル空間**と呼ぶことにする．区別が必要なときは，特に，行ベクトルのなす数ベクトル空間と呼ぶことにする．

ここまでは，ベクトルの要素はすべて実数としてきたが，たとえばベクトルの要素が有理数 $\mathbb{Q}$ であっても複素数 $\mathbb{C}$ であっても並行な議論ができることは理解できるであろう．そこで有理数を要素とする列ベクトルの全体を $\mathbb{Q}^n$ と表し，複素数を要素とする列ベクトル全体を $\mathbb{C}^n$ で表すことにする．すなわち，$\mathbb{Q}^n$ は列ベクトル

$$\begin{pmatrix} a_1 \\ \vdots \\ a_n \end{pmatrix} \quad (a_1, \ldots, a_n \in \mathbb{Q})$$

全体からなる集合であり，$\mathbb{C}^n$ は列ベクトル

$$\begin{pmatrix} a_1 \\ \vdots \\ a_n \end{pmatrix} \quad (a_1, \ldots, a_n \in \mathbb{C})$$

全体からなる集合である．$\mathbb{Q}^n$, $\mathbb{C}^n$ においても，演算として，実数ベクトル空間においてと同様に，和とスカラー倍が定義される．ただし，$\mathbb{Q}^n$ におけるスカラーは有理数であり，$\mathbb{C}^n$ におけるスカラーは複素数である．$\mathbb{Q}^n$ を**有理数ベクトル空間**，$\mathbb{C}^n$ を**複素数ベクトル空間**と呼ぶ．

### 2.1.2　1 次独立と 1 次従属

本項において，前章 1.1.2 項における議論の拡張として，数ベクトルの 1 次独立性と 1 次従属性を定義する．主として列ベクトルについて議論を行うが，行ベクトルについても全く同様である．

$\boldsymbol{a}_1, \ldots, \boldsymbol{a}_m \in \mathbb{R}^n$ に対して $c_1, \ldots, c_m \in \mathbb{R}$ として，

$$c_1\boldsymbol{a}_1 + \cdots + c_m\boldsymbol{a}_m \tag{2.4}$$

を $\boldsymbol{a}_1, \ldots, \boldsymbol{a}_m$ の **1 次結合**と呼ぶ．1 次結合が零ベクトルとなる，すなわち

$$c_1\boldsymbol{a}_1 + \cdots + c_m\boldsymbol{a}_m = \boldsymbol{0} \tag{2.5}$$

となるとき，式 (2.5) を **1 次従属関係式**と呼ぶ．ベクトル $\boldsymbol{a}_1, \ldots, \boldsymbol{a}_m \in \mathbb{R}^n$ と $c_1, \ldots, c_m \in \mathbb{R}$ に対して (2.5) が成り立つのは，$c_1 = \cdots = c_m = 0$ となる場合に限られるとき，ベクトル $\boldsymbol{a}_1, \ldots, \boldsymbol{a}_m \in \mathbb{R}^n$ は **1 次独立**であると呼ばれる．1 次独立でないベクトルは **1 次従属**であると呼ばれる．すなわち，ベクトル $\boldsymbol{a}_1, \ldots, \boldsymbol{a}_m$ が 1 次従属となるのは，すべては 0 でない $c_1, \ldots, c_m \in \mathbb{R}$ に対して，1 次従属関係式 (2.5) が成り立つときであり，このような 1 次従属関係式を自明でない 1 次従属関係式という．

◆**例 1.**　数ベクトル $\boldsymbol{e}_i \in \mathbb{R}^n (i = 1, \ldots, n)$ を $i$ 成分だけが 1 で他はすべて 0 であるものとして定義する．すなわち，

$$\boldsymbol{e}_1 = \begin{pmatrix} 1 \\ 0 \\ 0 \\ \vdots \\ 0 \end{pmatrix}, \quad \boldsymbol{e}_2 = \begin{pmatrix} 0 \\ 1 \\ 0 \\ \vdots \\ 0 \end{pmatrix}, \quad \cdots \quad , \quad \boldsymbol{e}_n = \begin{pmatrix} 0 \\ 0 \\ 0 \\ \vdots \\ 1 \end{pmatrix}$$

とする．そのとき，$\boldsymbol{e}_1, \boldsymbol{e}_2, \ldots, \boldsymbol{e}_n$ は 1 次独立である．実際

$$c_1\boldsymbol{e}_1 + c_2\boldsymbol{e}_2 + \cdots + c_n\boldsymbol{e}_n = \begin{pmatrix} c_1 \\ \vdots \\ c_n \end{pmatrix} = \boldsymbol{0}$$

ならば，明らかに $c_1 = c_2 = \cdots = c_n = 0$ が従うからである．$\boldsymbol{e}_1, \boldsymbol{e}_2, \ldots, \boldsymbol{e}_n$ を $\mathbb{R}^n$ の**標準基底**という．基は基底の意味であるが，それが何を意味するかは後で述べることとする．$\boldsymbol{e}_i$ の転置 (行ベクトル)${}^t\boldsymbol{e}_i$ を $\boldsymbol{e}^i$ で表す．

---

**例題 1.**　ベクトル $\boldsymbol{a}_1, \ldots, \boldsymbol{a}_m$ は 1 次従属であるとする．そのとき次の事実は正しいか．正しければ証明し，間違っている場合は反例を挙げよ．

(1) $\boldsymbol{a}_m$ は $\boldsymbol{a}_1, \ldots, \boldsymbol{a}_{m-1}$ の 1 次結合で表すことができる．

(2) $\boldsymbol{a}_1, \ldots, \boldsymbol{a}_m$ の少なくともどれか 1 つのベクトルは他のベクトルの 1 次結合で表すことができる．

---

［解答］
(1) 正しくない：たとえば $m=3$ として

$$\boldsymbol{a}_1 = \begin{pmatrix} 1 \\ 2 \\ 2 \end{pmatrix}, \quad \boldsymbol{a}_2 = \begin{pmatrix} 3 \\ 6 \\ 6 \end{pmatrix}, \quad \boldsymbol{a}_3 = \begin{pmatrix} 1 \\ 1 \\ 1 \end{pmatrix}$$

とおく．$\boldsymbol{a}_2 = 3\boldsymbol{a}_1$ であるから，1 次従属関係式 $-3\boldsymbol{a}_1 + \boldsymbol{a}_2 + 0\boldsymbol{a}_3 = \boldsymbol{0}$ が成り立つので 1 次従属である．しかし，$\boldsymbol{a}_3$ を $\boldsymbol{a}_1, \boldsymbol{a}_2$ の 1 次結合で表すことはできない．
(2) 正しい：証明を行う．(自明でない)1 次従属関係式を

$$c_1\boldsymbol{a}_1 + \cdots + c_m\boldsymbol{a}_m = \boldsymbol{0}$$

とする．ここで，$c_1, \ldots, c_m$ のどれかは 0 でない．例えば $c_k \neq 0$ と仮定する．そのとき，1 次従属関係式から

$$\boldsymbol{a}_k = -\frac{c_1}{c_k}\boldsymbol{a}_1 - \cdots - \frac{c_{k-1}}{c_k}\boldsymbol{a}_{k-1} - \frac{c_{k+1}}{c_k}\boldsymbol{a}_{k+1} - \cdots - \frac{c_m}{c_k}\boldsymbol{a}_m$$

を得る．以上により，$\boldsymbol{a}_k$ が他のベクトルの 1 次結合で表されることが示された．■

●**練習 1.**　以下の主張は正しいか．正しければ証明し，間違っていれば反例を挙げよ．
(1) $\boldsymbol{a}, \boldsymbol{b}, \boldsymbol{c} \in \mathbb{R}^n$ に対して，任意の 2 つのベクトルが 1 次独立であるとき，$\boldsymbol{a}, \boldsymbol{b}, \boldsymbol{c}$ は 1 次独立である．
(2) $\boldsymbol{a}', \boldsymbol{b}', \boldsymbol{c}' \in \mathbb{R}^n$ のそれぞれが $\boldsymbol{a}, \boldsymbol{b}, \boldsymbol{c} \in \mathbb{R}^n$ の 1 次結合で表されるとき，$\boldsymbol{a}, \boldsymbol{b}, \boldsymbol{c} \in \mathbb{R}^n$ のそれぞれも $\boldsymbol{a}', \boldsymbol{b}', \boldsymbol{c}' \in \mathbb{R}^n$ の 1 次結合で表すことができる．
(3) 1 次独立なベクトル $\boldsymbol{a}', \boldsymbol{b}', \boldsymbol{c}' \in \mathbb{R}^n$ のそれぞれが 1 次独立なベクトル $\boldsymbol{a}, \boldsymbol{b}, \boldsymbol{c} \in \mathbb{R}^n$ の 1 次結合で表されるとき，$\boldsymbol{a}, \boldsymbol{b}, \boldsymbol{c} \in \mathbb{R}^n$ のそれぞれも $\boldsymbol{a}', \boldsymbol{b}', \boldsymbol{c}' \in \mathbb{R}^n$ の 1 次結合で表すことができる．

## 2.2　行列の基本演算と線形写像

### 2.2.1　行列と演算

$m, n$ を正の整数として，次のような $mn$ 個の実数 $a_{ij}$ $(i = 1, \ldots, m; j = 1, \ldots, n)$ の並びをまとめて，$A$ と表し，$(m, n)$ 行列または $m \times n$ 行列という．

$$A = \begin{pmatrix} a_{11} & \cdots & a_{1n} \\ \vdots & \ddots & \vdots \\ a_{m1} & \cdots & a_{mn} \end{pmatrix} \tag{2.6}$$

$(m,n)$ または $m\times n$ を行列 $A$ の**型**という．行列の並びに含まれる $a_{ij}$ を $A$ の**要素**または**成分**という．行列 $A$ の横の並びを $A$ の**行**といい，行列 $A$ の縦の並びを $A$ の**列**という．$A$ の第 $i$ 番目の行

$$\boldsymbol{a}^i=(a_{i1},\ldots,a_{in})\in(\mathbb{R}^n)^* \quad (i=1,\ldots,m)$$

を $A$ の $i$ 行の**行ベクトル**という．行ベクトル $\boldsymbol{a}^i$ を用いて $A$ を

$$A=\begin{pmatrix}\boldsymbol{a}^1\\ \vdots\\ \boldsymbol{a}^m\end{pmatrix} \tag{2.7}$$

と表すことができる．表現 (2.7) を $A$ の**行ベクトル表示**という．全く同様に，$A$ の $j$ 番目の列

$$\boldsymbol{a}_j=\begin{pmatrix}a_{1j}\\ \vdots\\ a_{mj}\end{pmatrix}\in\mathbb{R}^m \quad (j=1,\ldots,n)$$

を行列 $A$ の $j$ 列の**列ベクトル**という．列ベクトル $\boldsymbol{a}_j$ を用いて行列 $A$ を

$$A=(\boldsymbol{a}_1,\ldots,\boldsymbol{a}_n) \tag{2.8}$$

と表すことができる．表現 (2.8) を $A$ の**列ベクトル表示**という．(2.6) で与えられる行列は $m$ 個の行と $n$ 個の列をもつので，$m$ 行 $n$ 列の行列とも呼ばれる．列ベクトルは列の数が 1 個の行列であるとみなすことができるし，行ベクトルは行の数が 1 個の行列であるとみなすことができる．

$A$ の $i$ 行 $j$ 列の成分 $a_{ij}$ を $(i,j)$ 成分と呼び，(2.6) で与えられる行列を $A=(a_{ij})$ と略記することがある．成分が実数であるような $(m,n)$ 行列全体を $\mathrm{Mat}(m,n;\mathbb{R})$ で表す．特に，行の数と列の数がともに $n$ に等しい行列を **$n$ 次正方行列**という．成分が実数である $n$ 次正方行列の全体を $\mathrm{Mat}(n;\mathbb{R})$ と表す．Mat は matrix の意味である．

以上，成分が実数である行列についていくつかの定義を行ったが，全く同様にして，成分が有理数である行列，または複素数である行列を定義することができる．そのとき記号

$$\mathrm{Mat}(m,n;\mathbb{Q}),\mathrm{Mat}(m,n;\mathbb{C}) \text{ または，} \mathrm{Mat}(n;\mathbb{Q}),\mathrm{Mat}(n;\mathbb{C})$$

の意味は明らかであろう．

行列の基本的な演算は和とスカラー倍，および積である．

まず和とスカラー倍について述べる．$A=(a_{ij})$, $B=(b_{ij})\in\mathrm{Mat}(m,n;\mathbb{R})$ と $c\in\mathbb{R}$ に対して，**和**

$$A + B \in \mathrm{Mat}(m, n; \mathbb{R})$$

を $(i, j)$ 成分が $a_{ij} + b_{ij}$ である行列として定義する．すなわち

$$A + B = \begin{pmatrix} a_{11} & \cdots & a_{1n} \\ \vdots & \ddots & \vdots \\ a_{m1} & \cdots & a_{mn} \end{pmatrix} + \begin{pmatrix} b_{11} & \cdots & b_{1n} \\ \vdots & \ddots & \vdots \\ b_{m1} & \cdots & b_{mn} \end{pmatrix}$$
$$= \begin{pmatrix} a_{11} + b_{11} & \cdots & a_{1n} + b_{1n} \\ \vdots & \ddots & \vdots \\ a_{m1} + b_{m1} & \cdots & a_{mn} + b_{mn} \end{pmatrix}$$

である．また，**スカラー倍** $cA \in \mathrm{Mat}(m, n; \mathbb{R})$ を $(i, j)$ 成分が $ca_{ij}$ である行列として定義する．すなわち

$$cA = c \begin{pmatrix} a_{11} & \cdots & a_{1n} \\ \vdots & \ddots & \vdots \\ a_{m1} & \cdots & a_{mn} \end{pmatrix} = \begin{pmatrix} ca_{11} & \cdots & ca_{1n} \\ \vdots & \ddots & \vdots \\ ca_{m1} & \cdots & ca_{mn} \end{pmatrix}$$

である．

以上述べた和とスカラー倍の定義は，列ベクトルおよび行ベクトルに対する和とスカラー倍の定義の拡張になっている．特に，全ての成分が 0 である行列を**零行列**とよび $O$，または，行数と列数を明示して $O_{m,n}$ などと表す．そのとき，$A \in \mathrm{Mat}(m, n; \mathbb{R})$ に対して

$$A + O_{m,n} = O_{m,n} + A = A$$

が成り立つ．

次に行列の積を定義する．行列の積が定義されるためには，行列の型に関して制限がある：$A \in \mathrm{Mat}(m, n; \mathbb{R})$，$B \in \mathrm{Mat}(n, r; \mathbb{R})$ とする．そのとき行列の積 $C = AB$ は，$(m, r)$ 行列であって，$i = 1, \ldots, m$ および $j = 1, \ldots, r$ に対して $(i, j)$ 成分が

$$c_{ij} = a_{i1}b_{1j} + a_{i2}b_{2j} + \cdots + a_{in}b_{nj} = \sum_{k=1}^{n} a_{ik}b_{kj} \tag{2.9}$$

で与えられるものとして定義される．積 $AB$ が定義されていても積 $BA$ が定義されるわけではないし，$AB, BA$ が両方定義される場合でも，一般的には $AB \neq BA$ である (例題 2 参照)．

**▲問 1.** $A \in \mathrm{Mat}(m, n; \mathbb{R})$，$B \in \mathrm{Mat}(r, s; \mathbb{R})$ とする．積 $AB$ と積 $BA$ がともに計算できるためには，正の整数 $m, n, r, s$ はどのような条件を満たさなければならないか．

▲**問 2.** 行ベクトル $\boldsymbol{a} = (a_1, \ldots, a_n) \in (\mathbb{R}^n)^*$ を 1 行 $n$ 列の行列であるとみなし，列ベクトル $\boldsymbol{b} = {}^t(b_1, \ldots, b_n) \in \mathbb{R}^n$ を $n$ 行 1 列の行列であるとみなして，積 $\boldsymbol{ab}$ および $\boldsymbol{ba}$ が定義されることを示し，それらを具体的に求めよ．またそれらの積の型を述べよ．

▲**問 3.** 行列 $A \in \mathrm{Mat}(m, n; \mathbb{R})$, $B \in \mathrm{Mat}(n, r; \mathbb{R})$ について，$A$ に対しては行ベクトル表示を用いて，また $B$ に対しては列ベクトル表示を用いて，それぞれ

$$A = \begin{pmatrix} \boldsymbol{a}^1 \\ \vdots \\ \boldsymbol{a}^m \end{pmatrix}, \quad B = (\boldsymbol{b}_1, \ldots, \boldsymbol{b}_r)$$

と表す．ここで，$\boldsymbol{a}^i$ は $n$ 次元の行ベクトル，$\boldsymbol{b}_j$ は $n$ 次元の列ベクトルである．そのとき

$$AB = \begin{pmatrix} \boldsymbol{a}^1\boldsymbol{b}_1 & \cdots & \boldsymbol{a}^1\boldsymbol{b}_r \\ \vdots & \ddots & \vdots \\ \boldsymbol{a}^m\boldsymbol{b}_1 & \cdots & \boldsymbol{a}^m\boldsymbol{b}_r \end{pmatrix}$$

と表すことができることを示せ.

---

**例題 2.** 次の行列 $A, B, C, D$ の内で積が計算できる組合せをすべて挙げ，その積を実際に計算せよ．

$$A = \begin{pmatrix} 1 & 2 & 3 \\ 3 & -1 & 2 \end{pmatrix}, \ B = \begin{pmatrix} 4 & 1 \\ 2 & 1 \\ -2 & 3 \end{pmatrix}, \ C = \begin{pmatrix} 1 & 3 & 5 \end{pmatrix}, \ D = \begin{pmatrix} -4 & 7 \\ 5 & 3 \end{pmatrix}$$

---

[**解答**] まず積が定義できるのは，$AB, BA, BD, CB, DA$ である．具体的な計算結果は

$$AB = \begin{pmatrix} 2 & 12 \\ 6 & 8 \end{pmatrix}, \quad BA = \begin{pmatrix} 7 & 7 & 14 \\ 5 & 3 & 8 \\ 7 & -7 & 0 \end{pmatrix}, \quad BD = \begin{pmatrix} -11 & 31 \\ -3 & 17 \\ 23 & -5 \end{pmatrix}$$

$$CB = \begin{pmatrix} 0 & 19 \end{pmatrix}, \quad DA = \begin{pmatrix} 17 & -15 & 2 \\ 14 & 7 & 21 \end{pmatrix}$$

となる. ∎

●**練習 2.** 次の行列のうちで積が定義されるすべての組合せを挙げ，その積を具体的に計算せよ.

$$A = \begin{pmatrix} 1 \\ 2 \\ 3 \end{pmatrix},\ B = \begin{pmatrix} -1 & 2 \\ 2 & 1 \\ 3 & 1 \end{pmatrix},\ C = \begin{pmatrix} 0 & 2 & 3 \end{pmatrix},\ D = \begin{pmatrix} 1 & 2 & -1 \\ 2 & 0 & -3 \\ -1 & 3 & -2 \end{pmatrix}$$

**命題 2.2.1.**

(1) 行列 $A_1, A_2 \in \mathrm{Mat}(m,n;\mathbb{R})$ と $B \in \mathrm{Mat}(n,r;\mathbb{R})$ に対して**左分配法則**

$$(A_1 + A_2)B = A_1B + A_2B \tag{2.10}$$

が成り立ち，行列 $A \in \mathrm{Mat}(m,n;\mathbb{R}), B_1, B_2 \in \mathrm{Mat}(n,r;\mathbb{R})$ に対して**右分配法則**

$$A(B_1 + B_2) = AB_1 + AB_2 \tag{2.11}$$

が成り立つ．

(2) 行列 $A \in \mathrm{Mat}(m,n;\mathbb{R}), B \in \mathrm{Mat}(n,r;\mathbb{R}), C \in \mathrm{Mat}(r,s;\mathbb{R})$ について，積に関する結合法則

$$(AB)C = A(BC) \tag{2.12}$$

が成り立つ．

●**練習 3.**　例題 2 で定義された行列 $A, B, C, D$ について，$ABD$ のように，3 個の行列の積が定義できる場合をすべて示せ．

**例題 3.**　$A, B \in \mathrm{Mat}(n;\mathbb{R})$ が可換であるとき，すなわち，$AB = BA$ が成り立つとき，次を示せ．

(1) $(A+B)^2 = (A+B)(A+B) = A^2 + 2AB + B^2$ が成り立つ．

(2) $(A+B)^3 = A^3 + 3A^2B + 3AB^2 + B^3$ が成り立つ．

(3) 2 項定理 $(A+B)^n = \displaystyle\sum_{k=0}^{n} \binom{n}{k} A^{n-k}B^k$ が成り立つ．ここで

$$\binom{n}{k} = \frac{n!}{k!(n-k)!}$$

は 2 項係数である．

［解答］ (1) 左右の分配法則を用いて

$$(A+B)^2 = (A+B)(A+B)$$

$$
\begin{aligned}
&= (A+B)A + (A+B)B \\
&= A^2 + BA + AB + B^2
\end{aligned}
$$

ここで，$AB = BA$ を用いると，$BA + AB = 2AB$ であるから，結果が従う．

(2) (1) の結果と分配法則を用いると

$$
\begin{aligned}
(A+B)^3 &= (A+B)^2(A+B) \\
&= (A^2 + 2AB + B^2)(A+B) \\
&= A^3 + 2ABA + B^2A + A^2B + 2AB^2 + B^3
\end{aligned}
$$

ここで，$AB = BA$ により，$ABA = A^2B$, $B^2A = AB^2$ が成り立つことを用いると結果が従う．

(3) $AB = BA$ であるから，$A$ が $n-k$ 個，$B$ が $k$ 個含まれている積はすべて $A^{n-k}B^k$ とまとめることができる．したがって，スカラーに対する 2 項定理の証明と全く同じ手法で結果を示すことができる． ∎

$A \in \mathrm{Mat}(m,n;\mathbb{R})$ に対して，$A$ の**転置行列** ${}^tA \in \mathrm{Mat}(n,m;\mathbb{R})$ を，${}^tA = (a^*_{ij})$ として，$a^*_{ij} = a_{ji}$ で定義する．すなわち，${}^tA \in \mathrm{Mat}(n,m;\mathbb{R})$ は

$$
{}^tA = \begin{pmatrix} a_{11} & a_{21} & \cdots & a_{m1} \\ a_{12} & a_{22} & & a_{m2} \\ \vdots & \vdots & \ddots & \vdots \\ a_{1n} & a_{2n} & \cdots & a_{mn} \end{pmatrix} \tag{2.13}
$$

で定義される．行列 $A$ の転置 ${}^tA$ は，しばしば $A^T$ と表わされることもある．行列 $A$ の列ベクトル表示 $A = (\boldsymbol{a}_1, \ldots, \boldsymbol{a}_n)$ が与えられた場合は，

$$
{}^tA = \begin{pmatrix} {}^t\boldsymbol{a}_1 \\ \vdots \\ {}^t\boldsymbol{a}_n \end{pmatrix}
$$

となる．また，$A$ の行ベクトル表示

$$
A = \begin{pmatrix} \boldsymbol{a}^1 \\ \vdots \\ \boldsymbol{a}^m \end{pmatrix}
$$

が与えられた場合は ${}^tA = ({}^t\boldsymbol{a}^1, \ldots, {}^t\boldsymbol{a}^m)$ となる．

**命題 2.2.2.** 行列 $A \in \mathrm{Mat}(m,n;\mathbb{R})$, $B \in \mathrm{Mat}(n,r;\mathbb{R})$ に対して，${}^t(AB) \in \mathrm{Mat}(r,m;\mathbb{R})$ について次の式が成り立つ．

$$ {}^t(AB) = {}^tB\,{}^tA \tag{2.14}$$

▲**問 4.** 命題 2.2.2 を示せ．

### 2.2.2 単位行列と逆行列

$E_n \in \mathrm{Mat}(n;\mathbb{R})$ を $(i,i)$ 成分 $(i=1,\ldots,n)$ が 1 であって，他の成分がすべて 0 であるような $n$ 次正方行列とする：すなわち

$$E_n = \begin{pmatrix} 1 & 0 & \cdots & 0 \\ 0 & 1 & \cdots & 0 \\ \vdots & \vdots & \ddots & \vdots \\ 0 & 0 & \cdots & 1 \end{pmatrix} \tag{2.15}$$

とする．そのとき，$n=2,3$ のときと同様にして，任意の $n$ 次正方行列 $A \in \mathrm{Mat}(n;\mathbb{R})$ に対して

$$AE_n = E_nA = A \tag{2.16}$$

が成り立つことが示される．$E=E_n$ を $n$ 次**単位行列**という．単位行列 $E_n$ に対して，行ベクトル表示と列ベクトル表示を行うと，それぞれ，

$$E_n = \begin{pmatrix} \boldsymbol{e}^1 \\ \vdots \\ \boldsymbol{e}^n \end{pmatrix} = (\boldsymbol{e}_1,\ldots,\boldsymbol{e}_n)$$

となる．

▲**問 5.** $A \in \mathrm{Mat}(m,n;\mathbb{R})$ に対して，

$$E_mA = AE_n = A$$

であることを示せ．

$n$ 次正方行列 $A \in \mathrm{Mat}(n;\mathbb{R})$ について，

$$AB_r = E_n \tag{2.17}$$

を満たす $B_r \in \mathrm{Mat}(n;\mathbb{R})$ が存在するとき，$B_r$ を $A$ の**右逆行列**という．また

$$B_lA = E_n \tag{2.18}$$

を満たす $B_l \in \mathrm{Mat}(n;\mathbb{R})$ が存在するとき，$B_l$ を $A$ の**左逆行列**という．$A$ の右逆行列 $B_r$ と左逆行列 $B_l$ が存在して，一致するとき，$B=B_r=B_l$ を $A$ の

逆行列と呼ぶ．$A$ が逆行列をもつとき，$A$ は**正則行列**と呼ばれる．次の補題はきわめて基本的ではあるが，ここで証明を述べることはできない (5 章参照).

**補題 2.2.1.** $n$ 次正方行列 $A \in \mathrm{Mat}(n;\mathbb{R})$ に右逆行列，または左逆行列のどちらか一方が存在すれば，他の一方も存在する．

この補題 2.2.1 を用いて次の基本的な命題を示すことができる．

**命題 2.2.3.** $n$ 次正方行列 $A \in \mathrm{Mat}(n;\mathbb{R})$ に右逆行列，または左逆行列のどちらか一方が存在すれば，$A$ は正則であり，逆行列は一意的に定まる．

**証明:** 右逆行列 $B_r$ と左逆行列 $B_l$ のどちらか一方が存在するとき，補題 2.2.1 によりもう一方が存在する．$A$ の右逆行列と左逆行列をそれぞれ $B_r$, $B_l$ とおけば，

$$AB_r = E_n \tag{2.19}$$

が成り立つ．この式の両辺に左から $B_l$ をかけて，$B_lA = E$ を用いると $B_r = B_l$ を得る．

次に，$A$ の逆行列を $B, B'$ とおくと，$B$ を $A$ の右逆行列と考え，$B'$ を $A$ の左逆行列と考えれば，命題の前半の証明と全く同様にして $B = B'$ を得る．□

上記命題によれば，正則行列の逆行列を求めるには，右または左逆行列を求めれば十分であり，それによって計算された右または左逆行列が一意的な逆行列となる．正則行列 $A$ に対して一意的に定まる逆行列を $A^{-1}$ で表わす．

**命題 2.2.4.** 行列 $A, B \in \mathrm{Mat}(n;\mathbb{R})$ がともに正則行列であれば，その積 $AB$ も正則で，$(AB)^{-1} = B^{-1}A^{-1}$ である．

**証明:** 行列の積に関する結合法則を用いると

$$(AB)(B^{-1}A^{-1}) = A(BB^{-1})A^{-1} = AE_nA^{-1} = AA^{-1} = E_n$$

が成り立つ．よって $B^{-1}A^{-1}$ は $AB$ の右逆行列である．よって，命題 2.2.3 により $AB$ は正則で，その逆行列は $B^{-1}A^{-1}$ である．□

行列 $N \in \mathrm{Mat}(n;\mathbb{R})$ は，ある正の整数 $m$ に対して $N^m = O$ を満たすとき，**べき零** (nilpotent) であると呼ばれる．べき零行列 $N$ に対して，$N^{m-1} \neq O$ であるが，$N^m = O$ であるなら，$m$ をべき零行列 $N$ の**べき零指数**という．

●**練習 4.** べき零行列 $N$ は正則行列とはならないことを示せ．

行列 $D = (d_{ij}) \in \mathrm{Mat}(n;\mathbb{R})$ は，$i \geqq j$ のとき，$d_{ij} = 0$ を満たすなら **(狭義の) 上三角行列**と呼ばれる．全く同様に行列 $D' = (d'_{ij}) \in \mathrm{Mat}(n;\mathbb{R})$ は，$i \leqq j$ のとき，$d'_{ij} = 0$ を満たすなら **(狭義の) 下三角行列**と呼ばれる．狭義の上三角行列と狭義の下三角行列をまとめて，狭義の三角行列という．

◆**例 2.** 次の 4 つの行列はすべて三角行列であり，最初の 2 つが上三角行列，後の 2 つが下三角行列である．

$$\begin{pmatrix} 0 & 0 & 1 \\ 0 & 0 & 0 \\ 0 & 0 & 0 \end{pmatrix}, \quad \begin{pmatrix} 0 & 1 & 2 \\ 0 & 0 & 1 \\ 0 & 0 & 0 \end{pmatrix}, \quad \begin{pmatrix} 0 & 0 & 0 \\ 0 & 0 & 0 \\ 2 & 1 & 0 \end{pmatrix}, \quad \begin{pmatrix} 0 & 0 & 0 \\ 1 & 0 & 0 \\ 3 & 0 & 0 \end{pmatrix}$$

●**練習 5.** 上記の例 2 で与えられた，行列のそれぞれについて，それらのべき零指数を求めよ．

●**練習 6.** 狭義の三角行列 $D \in \mathrm{Mat}(n;\mathbb{R})$ はべき零であることを示せ．また，そのべき零指数は $n$ 以下であることを示せ．べき零指数がちょうど $n$ に等しいべき零行列はどのようなものか．例を挙げよ．

---

**例題 4.** $A$ が単位行列とべき零行列の和として $A = E_n + N$ と表されるとき，$A$ は正則で

$$A^{-1} = E_n - N + N^2 + \cdots + (-1)^{m-1} N^{m-1}$$

で与えられることを示せ．

---

[**解答**] まず，仮定より $N^m = \boldsymbol{O}$ である．単位行列 $E_n$ と $N$ は可換であるから通常のスカラーに関する展開公式を用いると

$$(E_n + N)(E_n - N + \cdots + (-1)^{m-1} N^{m-1}) = E_n + N^m = E_n$$

が得られる．よって，

$$(E_n + N)^{-1} = A^{-1} = E_n - N + \cdots + (-1)^{m-1} N^{m-1}$$

を得る． ∎

●**練習 7.**　次の行列 $A, B, C$ の逆行列を求めよ.

(1) $A=\begin{pmatrix}1&0&-2\\0&1&0\\0&0&1\end{pmatrix}$　(2) $B=\begin{pmatrix}1&2&3\\0&1&2\\0&0&1\end{pmatrix}$　(3) $C=\begin{pmatrix}1&2&2\\0&2&2\\0&0&3\end{pmatrix}$

$C$ の逆行列を求める際には,

$$C=\begin{pmatrix}1&0&0\\0&2&0\\0&0&3\end{pmatrix}\begin{pmatrix}1&2&2\\0&1&1\\0&0&1\end{pmatrix}$$

と表わされることを用いてもよい.

### 2.2.3 行列の積のブロック計算

本部分節では行列がいくつかのブロックに分かれている際の, 行列の積計算について述べる. 簡単な例題で調べてみよう.

---

**例題 5.**　$n$ 次正方行列 $A \in \mathrm{Mat}(n;\mathbb{R})$ が $A_1 \in \mathrm{Mat}(k;\mathbb{R})$, $A_2 \in \mathrm{Mat}(n-k;\mathbb{R})$ を用いて

$$A=\begin{pmatrix}A_1 & O_{k,n-k}\\ O_{n-k,k} & A_2\end{pmatrix}$$

と表されるとする. 次に $B \in \mathrm{Mat}(n;\mathbb{R})$ を, ブロックにわけて

$$B=\begin{pmatrix}B_1 & B_2\\ B_3 & B_4\end{pmatrix}$$

と分解する. ここで, $B_1 \in \mathrm{Mat}(k;\mathbb{R})$, $B_4 \in \mathrm{Mat}(n-k;\mathbb{R})$ であり, $B_2 \in \mathrm{Mat}(k, n-k;\mathbb{R}), B_3 \in \mathrm{Mat}(n-k, k;\mathbb{R})$ とする. そのとき,

(i) $AB=\begin{pmatrix}A_1B_1 & A_1B_2\\ A_2B_3 & A_2B_4\end{pmatrix}$

(ii) $BA=\begin{pmatrix}B_1A_1 & B_2A_2\\ B_3A_1 & B_4A_2\end{pmatrix}$

が成り立つことを示せ.

---

[**解答**]　前半部 (i) を示す. 後半部 (ii) の証明は全く同様である.
$A=(a_{ij})$, $B=(b_{ij})$ とおく. $C=AB \in \mathrm{Mat}(n;\mathbb{R})$ の $(i,j)$ 成分 $c_{ij}$ を計算すると

$$c_{ij}=\sum_{p=1}^{n} a_{ip}b_{pj}$$

である.

まず，$\underline{i=1,\ldots,k}$ のときを考える．仮定より，$p>k$ なら $a_{ip}=0$ であり，$p=1,\ldots,k$ なら $a_{ip}=(A_1)_{ip}$ であるから，

$$c_{ij}=\sum_{p=1}^{n}a_{ip}b_{pj}=\sum_{p=1}^{k}(A_1)_{ip}b_{pj}\quad(i=1,\ldots,k)\tag{2.20}$$

を得る．ここで，$(A_1)_{ip}$ は $A_1$ の $(i,p)$ 成分を表す．同様な記法を以下でも用いる．(2.20) は $j=1,\ldots,k$ である場合，または $j=k+1,\ldots,n$ の場合，それぞれに応じて

$$c_{ij}=\sum_{p=1}^{k}(A_1)_{ip}(B_1)_{pj}=(A_1B_1)_{ij}\quad(j=1,\ldots,k)$$
$$c_{ij}=\sum_{p=1}^{k}(A_1)_{ip}(B_2)_{p,j-k}=(A_1B_2)_{i,j-k}\quad(j=k+1,\ldots,n)$$

となる．

次に，$\underline{i=k+1,\ldots,n}$ の場合を考える．そのとき仮定より，$p=1,\ldots,k$ なら $a_{ip}=0$ であり，$p=k+1,\ldots,n$ なら $a_{ip}=(A_2)_{i-k,p-k}$ であるから

$$c_{ij}=\sum_{p=1}^{n}a_{ip}b_{pj}=\sum_{p=k+1}^{n}(A_2)_{i-k,p-k}b_{pj}\quad(i=k+1,\ldots,n)\tag{2.21}$$

となる．(2.21) は $j=1,\ldots,k$ の場合，または $j=k+1,\ldots,n$ の場合，それぞれに応じて，

$$c_{ij}=\sum_{p=k+1}^{n}(A_2)_{i-k,p-k}(B_3)_{p-k,j}=(A_2B_3)_{i-k,j}\quad(j=1,\ldots,k)$$
$$c_{ij}=\sum_{p=k+1}^{n}(A_2)_{i-k,p-k}(B_4)_{p-k,j-k}=(A_2B_4)_{i-k,j-k}\quad(j=k+1,\ldots,n)$$

となる．以上の結果をまとめれば (i) が示される．(ii) の証明は全く同様である． ∎

上記例題は，行列がブロックに分かれているとき，それらの積の計算において，各ブロックにある小さなサイズの行列を行列の成分とみなして，行列の積を計算してもよいことを示唆している．このことを一般的な命題の形で述べておこう．

**命題 2.2.5.** 行列 $A \in \mathrm{Mat}(m,n;\mathbb{R})$, $B \in \mathrm{Mat}(n,r;\mathbb{R})$ が次のようなブロック分割をもつとする：

$$A = \begin{array}{c} \\ m_1 \\ m_2 \\ \vdots \\ m_j \end{array} \begin{array}{c} \begin{array}{cccc} n_1 & n_2 & \cdots & n_k \end{array} \\ \begin{pmatrix} A_{11} & A_{12} & \cdots & A_{1k} \\ A_{21} & A_{22} & \cdots & A_{2k} \\ \vdots & \vdots & \ddots & \vdots \\ A_{j1} & A_{j2} & \cdots & A_{jk} \end{pmatrix} \end{array}$$

$$B = \begin{array}{c} \\ n_1 \\ n_2 \\ \vdots \\ n_k \end{array} \begin{array}{c} \begin{array}{cccc} r_1 & r_2 & \cdots & r_\ell \end{array} \\ \begin{pmatrix} B_{11} & B_{12} & \cdots & B_{1\ell} \\ B_{21} & B_{22} & \cdots & B_{2\ell} \\ \vdots & \vdots & \ddots & \vdots \\ B_{k1} & B_{k2} & \cdots & B_{k\ell} \end{pmatrix} \end{array} \tag{2.22}$$

ここで，$A_{pq} \in \mathrm{Mat}(m_p, n_q;\mathbb{R})$, $B_{st} \in \mathrm{Mat}(n_s, r_t;\mathbb{R})$ である．そのとき，積 $C = AB$ は次のようなブロック表示をもつ：

$$C = AB = \begin{array}{c} \\ m_1 \\ m_2 \\ \vdots \\ m_j \end{array} \begin{array}{c} \begin{array}{cccc} r_1 & r_2 & \cdots & r_\ell \end{array} \\ \begin{pmatrix} C_{11} & C_{12} & \cdots & C_{1\ell} \\ C_{21} & C_{22} & \cdots & C_{2\ell} \\ \vdots & \vdots & \ddots & \vdots \\ C_{j1} & C_{j2} & \cdots & C_{j\ell} \end{pmatrix} \end{array} \tag{2.23}$$

ここで，ブロック行列 $C_{pt}$ $(p = 1, \ldots, j;\ t = 1, \ldots, \ell)$ は次のように計算される．

$$C_{pt} = \sum_{q=1}^{k} A_{pq} B_{qt} \tag{2.24}$$

ここで，重要なのは，$A$ の列分割 $(n_1, \ldots, n_k)$ が，$B$ の行分割にもなっていることであり，行列の積がブロック単位で計算できるための条件は本質的にこれだけである．

---

**例題 6.** 次で与えられる 2 つの行列 $A, B$ の積を指定されたブロック分割を行い，ブロック計算を用いて求めよ．

$$A = \left(\begin{array}{rr|rr|rr} 1 & 0 & 1 & 2 & 0 & 0 \\ 0 & 1 & -1 & 3 & 0 & 0 \\ \hline 1 & 3 & 0 & 0 & -1 & 2 \\ -1 & 2 & 0 & 0 & 2 & 1 \\ 2 & 0 & 0 & 0 & 1 & 3 \end{array}\right) = \begin{pmatrix} E_2 & A_2 & \boldsymbol{O} \\ A_4 & \boldsymbol{O} & A_6 \end{pmatrix}$$

$$B = \left(\begin{array}{cc|cc} 0 & 0 & 1 & 0 \\ 0 & 0 & 0 & 1 \\ \hline 3 & 1 & 2 & 1 \\ 1 & 2 & 1 & 3 \\ \hline 2 & 0 & 0 & 0 \\ 0 & 2 & 0 & 0 \end{array}\right) = \begin{pmatrix} \boldsymbol{O} & E_2 \\ B_3 & B_4 \\ B_5 & \boldsymbol{O} \end{pmatrix}$$

---

［**解答**］ ブロック計算をすると，積 $AB$ のブロック表示は

$$AB = \begin{pmatrix} A_2B_3 & E_2 + A_2B_4 \\ A_6B_5 & A_4 \end{pmatrix}$$

となる．よって，容易な計算で

$$AB = \left(\begin{array}{rr|rr} 5 & 5 & 5 & 7 \\ 0 & 5 & 1 & 9 \\ \hline -2 & 4 & 1 & 3 \\ 4 & 2 & -1 & 2 \\ 2 & 6 & 2 & 0 \end{array}\right)$$

を得る． ∎

**●練習 8.**　次の行列の積を適当なブロック分割により求めよ．

$$\begin{pmatrix} 0 & 1 & 1 & 0 \\ 1 & 0 & 0 & 1 \\ 2 & 0 & 0 & 4 \\ 0 & 2 & 4 & 0 \end{pmatrix} \begin{pmatrix} -3 & 3 & 1 & 0 \\ 3 & -3 & 0 & 1 \\ 0 & 0 & 0 & -1 \\ 0 & 0 & -1 & 0 \end{pmatrix}$$

ブロック計算の特別な場合としての次の例は，以後頻繁に現れる．

**◆例 3.**　行列 $A, B$ は $A \in \mathrm{Mat}(m, n; \mathbb{R})$，$B \in \mathrm{Mat}(n, r; \mathbb{R})$ とする．まず，$B$ を列ベクトル表示を用いて

$$B = (\boldsymbol{b}_1, \boldsymbol{b}_2, \ldots, \boldsymbol{b}_r)$$

と表す．そのとき

$$AB = (A\boldsymbol{b}_1, A\boldsymbol{b}_2, \ldots, A\boldsymbol{b}_r) \tag{2.25}$$

である．これは，$A$ の列と $B$ の行についてどちらも分割を行わず，$B$ の列を 1 列ごとに分割して計算することにより得られる．全く同様に，$A$ の行ベクトル表示を

$$A = \begin{pmatrix} \boldsymbol{a}^1 \\ \vdots \\ \boldsymbol{a}^m \end{pmatrix}$$

とおけば,

$$AB = \begin{pmatrix} \boldsymbol{a}^1 B \\ \vdots \\ \boldsymbol{a}^m B \end{pmatrix} \tag{2.26}$$

であることがわかる.

### 2.2.4 行列と線形写像

写像の一般的な定義から始める. $X, Y$ を集合とする. 集合 $X$ の要素 $x \in X$ に対して, 集合 $Y$ の要素 $y \in Y$ を一意的に定める規則 $F$ を $X$ から $Y$ への**写像**と呼ぶ. $X$ から $Y$ への写像 $F$ を次のように表わすことが多い.

$$\begin{aligned} F :& X \longrightarrow Y \\ X \ni & x \longmapsto y = F(x) \in Y \end{aligned}$$

記号 $\longmapsto$ は写像において $x$ から $y = F(x)$ への元の対応を表す記号である.

写像 $F : X \to Y$ と写像 $G : Y \to Z$ が定義されているとき, 集合 $X$ から $Z$ への写像 $G \cdot F : X \to Z$ を $x \in X$ に対して, $G \cdot F(x) = G(F(x)) \in Z$ で定義する. この写像 $G \cdot F$ を写像 $G$ と $F$ の**合成**または**積**という.

写像の合成 (積) については結合法則が成り立つ. すなわち, 3 つの写像 $F : X \to Y,\ G : Y \to Z,\ H : Z \to W$

$$X \xrightarrow{F} Y \xrightarrow{G} Z \xrightarrow{H} W$$

に対して

$$(H \cdot G) \cdot F = H \cdot (G \cdot F) \tag{2.27}$$

が成り立つ.

次に, $m \times n$ 行列 $A \in \mathrm{Mat}(m, n; \mathbb{R})$ に対して, $\mathbb{R}^n$ から $\mathbb{R}^m$ への写像 $L_A : \mathbb{R}^n \to \mathbb{R}^m$ を次のように定義する.

$$\mathbb{R}^n \ni \boldsymbol{x} = \begin{pmatrix} x_1 \\ \vdots \\ x_n \end{pmatrix} \overset{L_A}{\longmapsto} \boldsymbol{y} = \begin{pmatrix} y_1 \\ \vdots \\ y_m \end{pmatrix} = L_A(\boldsymbol{x}) = A\boldsymbol{x} \in \mathbb{R}^m \tag{2.28}$$

ここで, $A\boldsymbol{x}$ は $m \times n$ 行列 $A$ と, $n \times 1$ 行列 $\boldsymbol{x}$(列ベクトル) との (行列としての) 積を表す. 具体的に線形写像 $L_A$ を書いてみると,

$$\begin{aligned} y_1 &= a_{11}x_1 + \cdots + a_{1n}x_n \\ &\vdots \\ y_m &= a_{m1}x_1 + \cdots + a_{mn}x_n \end{aligned} \tag{2.29}$$

となる．(2.28) または (2.29) で表される $\mathbb{R}^n$ から $\mathbb{R}^m$ への写像 $L_A$ を行列 $A$ により定義される $\mathbb{R}^n$ から $\mathbb{R}^m$ への**線形写像**と呼ぶ．

次の命題は，行列によって表される線形写像の合成と行列の積の間の自然な対応を与える．行列の積は，定義だけをみると自然に理解できるものではないが，この対応を保証するように定義されていると考えれば納得できる．

**命題 2.2.6.** 行列 $A, B$ の型を $A \in \mathrm{Mat}(m, n; \mathbb{R})$, $B \in \mathrm{Mat}(n, r; \mathbb{R})$ とする．そのとき，$A, B$ により定義される線形写像を $L_A : \mathbb{R}^n \to \mathbb{R}^m$ と $L_B : \mathbb{R}^r \to \mathbb{R}^n$ とするとき，線形写像の積 $L_A \cdot L_B$ は，行列の積 $AB$ によって定義される線形写像 $L_{AB} : \mathbb{R}^r \to \mathbb{R}^m$ に等しい．すなわち

$$L_A \cdot L_B = L_{AB}$$

が成り立つ．

**証明:** $\boldsymbol{x} \in \mathbb{R}^r$ に対して，$\boldsymbol{y} = L_B(\boldsymbol{x}) = B\boldsymbol{x} \in \mathbb{R}^n$, $\boldsymbol{z} = L_A(\boldsymbol{y}) = A\boldsymbol{y} \in \mathbb{R}^m$ とおく．そのとき，$\boldsymbol{z} = L_{AB}(\boldsymbol{x}) = AB\boldsymbol{x}$ であることを示す．定義より，$\boldsymbol{y} = {}^t(y_1, \ldots, y_n)$ の $k$ 成分 $y_k$ と，$\boldsymbol{z} = {}^t(z_1, \ldots, z_m)$ の $i$ 成分 $z_i$ についてそれぞれ

$$y_k = \sum_{j=1}^{r} b_{kj}x_j, \qquad z_i = \sum_{k=1}^{n} a_{ik}y_k$$

が成り立つ．ここで，前の式を後ろの式へ代入して和の順序を入れ換えると

$$z_i = \sum_{k=1}^{n} a_{ik} \left( \sum_{j=1}^{r} b_{kj}x_j \right) = \sum_{j=1}^{r} \left( \sum_{k=1}^{n} a_{ik}b_{kj} \right) x_j$$

が得られる．ここで，$\sum_{k=1}^{n} a_{ik}b_{kj}$ は積 $AB$ の $(i, j)$ 成分であることに注意すれば $\boldsymbol{z} = AB\boldsymbol{x} = L_{AB}(\boldsymbol{x})$ であることが示されたことになり．命題の証明が終わる． □

## 第2章 補充問題

**問題 1.** $A = \begin{pmatrix} 1 & 1 & 0 \\ 0 & 1 & 1 \\ 0 & 0 & 1 \end{pmatrix}$ および $A(x) = \begin{pmatrix} 1 & x & \frac{x(x-1)}{2} \\ 0 & 1 & x \\ 0 & 0 & 1 \end{pmatrix}$ とおくとき，次のことを示せ．

(1) $A(r)A(s) = A(r+s)$($r, s$ は任意の実数)．

(2) $A^n = A(n)$($n$ は整数)．

**問題 2.** 次の行列 $A$ について，$A^n$ の形を予想し，その結果を帰納法などを用いて示せ．

$$\text{(1)}\quad A = \begin{pmatrix} a & b \\ b & a \end{pmatrix} \qquad\qquad \text{(2)}\quad A = \begin{pmatrix} a & b & c \\ 0 & a & b \\ 0 & 0 & a \end{pmatrix},$$

**問題 3.** 次の問いに答えよ．

(1) 2次の正方行列 $X \in \mathrm{Mat}(2;\mathbb{R})$ であって，$X^2 = O$ となるものをすべて求めよ．

(2) $A \in \mathrm{Mat}(2;\mathbb{R})$ であって，$A^2 \neq O$ であるが，$A^k = O$ ($k \geqq 3$) となるものが存在するか否か調べよ．

**問題 4.** 2次の正方行列 $X \in \mathrm{Mat}(2;\mathbb{R})$ であって，$X^2 = E$ となるものをすべて求めよ．

**問題 5.** 正方行列 $A \in \mathrm{Mat}(n;\mathbb{R})$ が，ある自然数 $k \geqq 2$ について $A^k = E_n$ を満たすなら正則であることを示せ．

**問題 6.** 正方行列 $D = (d_{ij}) \in \mathrm{Mat}(n;\mathbb{R})$ は，$i \neq j$ のとき $d_{ij} = 0$ を満たすとき，**対角行列**と呼ばれる．対角行列 $D$ を対角成分 $d_{ii} = \lambda_i$ を用いて $D = \mathrm{diag}\,(\lambda_1, \ldots, \lambda_n)$ で表す．そのとき次の問いに答えよ．

(1) $D = \mathrm{diag}\,(\lambda, \mu) \in \mathrm{Mat}(2;\mathbb{R})(\lambda \neq \mu)$ と可換な行列を決定せよ．ただし，$\lambda \neq \mu$ であるとする．

(2) $D = \mathrm{diag}\,(\lambda, \mu, \nu) \in \mathrm{Mat}(3;\mathbb{R})$ と可換な行列の一般形を定めよ．また $D' = \mathrm{diag}\,(\lambda, \lambda, \mu)$ と可換な行列はどのようなものか．ただし，$\lambda, \mu, \nu$ は互いに異なる実数とする．

(3) $D = \mathrm{diag}\,(\lambda_1, \ldots, \lambda_n) \in \mathrm{Mat}(n;\mathbb{R})$ と可換な行列の形を定めよ．ただし，$\lambda_i (i = 1, \ldots, n)$ は互いに異なる実数とする．

**問題 7.** 次の行列 $A$ と可換な行列は，$B$ の形に限ることを示せ．

$$A = \begin{pmatrix} 0 & 1 & 0 & 0 \\ 0 & 0 & 1 & 0 \\ 0 & 0 & 0 & 1 \\ 0 & 0 & 0 & 0 \end{pmatrix}, \quad B = \begin{pmatrix} \alpha & \beta & \gamma & \delta \\ 0 & \alpha & \beta & \gamma \\ 0 & 0 & \alpha & \beta \\ 0 & 0 & 0 & \alpha \end{pmatrix}$$

**問題 8.** 次のような3つの4次の正方行列 $I, J, K$ を考える:

$$I = \begin{pmatrix} 0 & -1 & 0 & 0 \\ 1 & 0 & 0 & 0 \\ 0 & 0 & 0 & -1 \\ 0 & 0 & 1 & 0 \end{pmatrix}, \ J = \begin{pmatrix} 0 & 0 & -1 & 0 \\ 0 & 0 & 0 & 1 \\ 1 & 0 & 0 & 0 \\ 0 & -1 & 0 & 0 \end{pmatrix}, \ K = \begin{pmatrix} 0 & 0 & 0 & -1 \\ 0 & 0 & -1 & 0 \\ 0 & 1 & 0 & 0 \\ 1 & 0 & 0 & 0 \end{pmatrix}.$$

各行列をブロックにわけて，計算することにより，これらの行列の積 $I^2, J^2, K^2$ および $IJ, JI, KJ, JK, KI, IK$ を計算せよ．

**問題 9.** 次のような 4 次の正方行列 $A, B$ を考える:

$$A = \begin{pmatrix} a & 1 & 0 & 0 \\ 0 & a & 0 & 0 \\ 0 & 0 & b & 1 \\ 0 & 0 & 1 & b \end{pmatrix}, \ B = \begin{pmatrix} a & 0 & 0 & 0 \\ 1 & a & 0 & 0 \\ 0 & 0 & b & 1 \\ 0 & 0 & 1 & b \end{pmatrix}$$

各行列をブロックにわけて，計算することにより，積 $A^2, AB, B^2$ を計算せよ．

**問題 10.** $E_m, E_n$ をそれぞれ $m$ 次と $n$ 次の単位行列とし，$A \in \mathrm{Mat}(m, n; \mathbb{R})$ とするとき自然数 $N$ に対して

$$\begin{pmatrix} E_m & A \\ O_{n,m} & E_n \end{pmatrix}^N$$

を求めよ．

**問題 11.** 正方行列 $A$ の主対角成分の和を $A$ のトレースとよび，$\mathrm{tr}A$ と書く．以下の問に答えよ．

(1) $n$ 次正方行列 $A, B$ に対して，$\mathrm{tr}AB = \mathrm{tr}BA$ であることを示せ．

(2) $n$ 次正方行列 $A, B, C$ に対して，その積 $ABC, ACB, BAC, BCA, CAB, CBA$ のトレースはすべて等しいか．等しければそれを証明し，そうでなければ反例を挙げよ．

**問題 12.** 行列

$$A = \begin{pmatrix} -6 & 2 & 2 \\ -9 & 7 & -5 \\ -5 & 3 & -1 \end{pmatrix}$$

について以下の問いに答えよ．

(1) $A^2$ および $A^3$ を求めよ．

(2) $E$ を単位行列として $E - A$ は正則行列であることを示せ．

(3) 逆行列 $(E - A)^{-1}$ を $I + \alpha A + \beta A^2$ の形で求めよ．

**問題 13.** $A = \begin{pmatrix} i & 0 & 0 \\ 0 & i & 0 \\ 0 & 0 & i \end{pmatrix}$ および，$B = \begin{pmatrix} 0 & 0 & i \\ 0 & i & 0 \\ i & 0 & 0 \end{pmatrix}$ の逆行列を定義に従って求めよ．ここで，$i$ は虚数単位である．

# 3
# 行列の基本変形と連立1次方程式

## 3.1　行列と連立1次方程式

### 3.1.1　行列を用いた連立1次方程式の表現

本節では，連立1次方程式を行列を用いて解く方法について考察する．未知数が $x_1, \dots, x_n$ で，方程式の数が $m$ である，次のような連立1次方程式を考える．

$$\begin{cases} a_{11}x_1 + \cdots + a_{1n}x_n &= b_1 \\ \vdots \quad \cdots\cdots \quad \vdots & \vdots \\ a_{m1}x_1 + \cdots + a_{mn}x_n &= b_m \end{cases} \tag{3.1}$$

ここで，行列 $A \in \mathrm{Mat}(m, n; \mathbb{R})$ と列ベクトル $\boldsymbol{b}$ を

$$A = \begin{pmatrix} a_{11} & \cdots & a_{1n} \\ \vdots & \ddots & \vdots \\ a_{m1} & \cdots & a_{mn} \end{pmatrix}, \quad \boldsymbol{b} = \begin{pmatrix} b_1 \\ \vdots \\ b_m \end{pmatrix}$$

導入すれば，(3.1) は簡潔に

$$L_A(\boldsymbol{x}) = A\boldsymbol{x} = \boldsymbol{b} \tag{3.2}$$

と表すことができる．行列 $A$ を連立方程式 (3.1) の**係数行列**と呼び，さらに

$$(A|\boldsymbol{b}) = \left(\begin{array}{ccc|c} a_{11} & \cdots & a_{1n} & b_1 \\ \vdots & \ddots & \vdots & \vdots \\ a_{m1} & \cdots & a_{mn} & b_m \end{array}\right) \tag{3.3}$$

を連立方程式 (3.1) の**拡大係数行列**という．

方程式 (3.1) の解 $\boldsymbol{x}$ が表す線形写像的な意味は，$\boldsymbol{b} \in \mathbb{R}^m$ を取るとき，線形写像 $L_A$ により $\boldsymbol{b}$ に移されるベクトル $\boldsymbol{x} \in \mathbb{R}^n$ 全体であるということができ

る．いくつかの例題により，(3.1) または (3.2) の解法について考えてみよう．

◆**例 1.**　(1) 連立方程式

$$\begin{cases} x+y+z &= 6 \\ x+2y+2z &= 11 \\ 2x-y+3z &= 9 \end{cases} \tag{3.4}$$

を考える．この方程式を消去法で解いてみる．第 1 式を第 2 式から引き，第 1 式の 2 倍を第 3 式から引くことにより，(3.4) は次の方程式と同値である．

$$\begin{cases} x \quad +y \quad +z &= 6 \\ \quad\;\; +y \quad +z &= 5 \\ \quad -3y \quad +z &= -3 \end{cases} \tag{3.5}$$

次に，(3.5) において第 2 式を第 1 式から引き，第 2 式の 3 倍を第 3 式に加えると

$$\begin{cases} x &= 1 \\ \quad y \quad +z &= 5 \\ \qquad\quad 4z &= 12 \end{cases} \tag{3.6}$$

(3.6) の第 3 式を 4 で割って $z=3$ とし，これを 2 式から引けば

$$\begin{cases} x &= 1 \\ \quad y &= 2 \\ \qquad z &= 3 \end{cases} \tag{3.7}$$

が得られる．以上で与えられた方程式は完全に解けて，解 $x=1, y=2, z=3$ が得られた．これを拡大係数行列の変形により解いてみる．まず拡大係数行列は

$$\left(\begin{array}{ccc|c} 1 & 1 & 1 & 6 \\ 1 & 2 & 2 & 11 \\ 2 & -1 & 3 & 9 \end{array}\right)$$

で与えられる．上記の解法において，係数だけを拾って書いてみると，その手続きは次のようになる．

$$\left(\begin{array}{ccc|c} 1 & 1 & 1 & 6 \\ & 1 & 1 & 5 \\ & -3 & 1 & -3 \end{array}\right) \longrightarrow \left(\begin{array}{ccc|c} 1 & & & 1 \\ & 1 & 1 & 5 \\ & & 4 & 12 \end{array}\right) \longrightarrow \left(\begin{array}{ccc|c} 1 & & & 1 \\ & 1 & & 2 \\ & & 1 & 3 \end{array}\right)$$

拡大係数行列の変形で係数行列 $A$ の部分が単位行列 $E_3$ に変形されていることに注意する．

(2) 連立方程式

$$\begin{cases} x-2y+3z &= 6 \\ 2x+y+2z &= 10 \\ x-7y+7z &= 8 \end{cases} \tag{3.8}$$

を考える．方程式 (3.8) の拡大係数行列は

$$\left(\begin{array}{ccc|c} 1 & -2 & 3 & 6 \\ 2 & 1 & 2 & 10 \\ 1 & -7 & 7 & 8 \end{array}\right)$$

で与えられる．この拡大係数行列に対して方程式の同値変形を行う．

$$\left(\begin{array}{ccc|c} 1 & -2 & 3 & 6 \\ & 5 & -4 & -2 \\ & -5 & 4 & 2 \end{array}\right) \longrightarrow \left(\begin{array}{ccc|c} 1 & -2 & 3 & 6 \\ 0 & 1 & -4/5 & -2/5 \\ 0 & -5 & 4 & 2 \end{array}\right)$$
$$\longrightarrow \left(\begin{array}{ccc|c} 1 & 0 & 7/5 & 26/5 \\ 0 & 1 & -4/5 & -2/5 \\ 0 & 0 & 0 & 0 \end{array}\right)$$

となって計算が終了する．よって (3.8) は方程式

$$\begin{array}{cccl} x & & +7z/5 & = 26/5 \\ & y & -4z/5 & = -2/5 \end{array}$$

と同値であることがわかり，これで計算を終了する．計算を終了するための条件については，次の部分節で説明する．方程式の解の表現を得るには $z = c$(任意定数) とおくことにより，$x = 26/5 - 7c/5$, $y = -2/5 + 4c/5$, $z = c$ を得る．以上，方程式 (2) は無限個の解をもち，解全体は一つの任意定数を用いて書き表すことができることがわかった．

(3) 最後に (3.8) と同じ係数行列をもつ連立方程式

$$\begin{cases} x - 2y + 3z &= 6 \\ 2x + y + 2z &= 10 \\ x - 7y + 7z &= 10 \end{cases} \tag{3.9}$$

を考える．(3.9) の拡大係数行列は

$$\left(\begin{array}{ccc|c} 1 & -2 & 3 & 6 \\ 2 & 1 & 2 & 10 \\ 1 & -7 & 7 & 10 \end{array}\right)$$

で与えられる．この拡大係数行列に対して同値変形を行う．

$$\left(\begin{array}{ccc|c} 1 & -2 & 3 & 6 \\ & 5 & -4 & -2 \\ & -5 & 4 & 4 \end{array}\right) \longrightarrow \left(\begin{array}{ccc|c} 1 & -2 & 3 & 6 \\ 0 & 1 & -4/5 & -2/5 \\ 0 & -5 & 4 & 4 \end{array}\right)$$
$$\longrightarrow \left(\begin{array}{ccc|c} 1 & 0 & 7/5 & 26/5 \\ 0 & 1 & -4/5 & -2/5 \\ 0 & 0 & 0 & 2 \end{array}\right)$$

最後の結果の第 3 行が表す方程式は $0x+0y+0z=2$ となる．よって，この方程式には解が存在しない．

●**練習 1.** 次の連立方程式について，解が存在する場合はその一般形を求め，解が存在しない場合はその理由を述べよ．

$$(1)\begin{cases} x-y-z &= 1 \\ 2x-3y+z &= 3 \\ 3x-2y+2z &= 10 \end{cases} \quad (2)\begin{cases} x-y-z &= 1 \\ 2x-3y+z &= 3 \\ x-2y+2z &= 2 \end{cases} \quad (3)\begin{cases} x-y-z &= 1 \\ 2x-3y+z &= 3 \\ x-2y+2z &= 3 \end{cases}$$

### 3.1.2 行列の行基本変形と簡約化標準形

前の部分節において，連立 1 次方程式を，拡大係数行列の変形により解く方法について，例題を用いて説明した．ここでは，このような拡大係数行列の変形に用いられた行列の行基本変形について，組織的な議論を行う．まず，行列の行基本変形の数学的定義を与え，そのような計算の到達点として，行について簡約な行列の定義を行う．また，行基本変形による簡約化が一意的に定まることを述べる．

**定義 3.1.1 (行基本変形).** $A \in \mathrm{Mat}(m,n;\mathbb{R})$ に対して，$A$ の**行基本変形**とは，次の 3 つの操作のことであると定義する．

(1) $A$ のある行に 0 でない定数をかける．

(2) $A$ のある行と別の行を入れ換える．

(3) $A$ のある行を定数倍して，別のある行に加える．

定義 3.1.1 で述べた，行基本変形を連立 1 次方程式の拡大係数行列に当てはめたとき，それが与えられた連立 1 次方程式の同値な変形であることは容易にわかる．我々はこのような行基本変形により，行列 $A$ を簡約化することを考える．簡約化の目標を定めるため**行について簡約な行列**の定義を行う．

**定義 3.1.2.** 行列 $B$ が**行について簡約な行列**であるとは，次が成り立つときをいう．

(I) 零ベクトルである行ベクトルは，非零である行ベクトルよりも下の行にある．

(II) 行列 $B$ の非零行の一番左にある非零要素は 1 である．このような各行の一番左にある非零要素を**主成分**と呼ぶ．

(III) 2 つの行の主成分の位置を比較すると，行番号が大きい行の主成分が必ず右にある．具体的には $i<j$ として $i$ 行の主成分が $i_p$ 列にあり，$j$ 行の主成分が $j_p$ 列にあるなら，$i_p<j_p$ である．

(IV) 主成分を含む列において，その列の主成分 $(=1)$ 以外の成分はすべて 0 である．

◆**例 2.** 上記の定義だけでは，少し判りにくいと思われるので，行について簡約な行列の例をいくつか挙げておく．

(1) $\begin{pmatrix} 1 & 2 & 0 & 2 \\ 0 & 0 & 1 & -1 \\ 0 & 0 & 0 & 0 \end{pmatrix}$ (2) $\begin{pmatrix} 0 & 1 & 2 & 0 \\ 0 & 0 & 0 & 1 \\ 0 & 0 & 0 & 0 \end{pmatrix}$

(3) $\begin{pmatrix} 1 & 2 & -1 & 2 \\ 0 & 0 & 0 & 0 \\ 0 & 0 & 0 & 0 \end{pmatrix}$

(4) $\begin{pmatrix} 0 & 0 & 1 & 4 & 0 & 4 & 0 \\ 0 & 0 & 0 & 0 & 1 & -1 & 0 \\ 0 & 0 & 0 & 0 & 0 & 0 & 1 \end{pmatrix}$ (5) $\begin{pmatrix} 1 & 1 & 0 & 1 & 3 & 0 & 2 \\ 0 & 0 & 1 & 1 & 1 & 0 & 4 \\ 0 & 0 & 0 & 0 & 0 & 1 & 1 \\ 0 & 0 & 0 & 0 & 0 & 0 & 0 \end{pmatrix}$

一般に行列 $A$ が与えられたとき，$A$ に対して，行基本変形を有限回繰り返すことにより，行について簡約な行列 $B$ に変形することができる．それを具体的な例題で見てみよう．

**例題 1.** 次の行列 $A$ を，行基本変形により，行について簡約な行列 $B$ に変形せよ．

$$A=\begin{pmatrix} 1 & 2 & 1 & 1 & 4 \\ 2 & 4 & -2 & -6 & -4 \\ 3 & 6 & 1 & -1 & 6 \end{pmatrix}$$

［**解答**］ まず，第 2 行から第 1 行の 2 倍を引き，第 3 行から第 1 行の 3 倍を引けば

$$A \to A_1=\begin{pmatrix} 1 & 2 & 1 & 1 & 4 \\ 0 & 0 & -4 & -8 & -12 \\ 0 & 0 & -2 & -4 & -6 \end{pmatrix}$$

第 2 行を $-4$ で割り，第 3 行を $-2$ でわると

$$A_1 \to A_2 = \begin{pmatrix} 1 & 2 & 1 & 1 & 4 \\ 0 & 0 & 1 & 2 & 3 \\ 0 & 0 & 1 & 2 & 3 \end{pmatrix}$$

次に，第1行から第2行を引き，第3行から第2行を引けば

$$A_2 \to A_3 = \begin{pmatrix} 1 & 2 & 0 & -1 & 1 \\ 0 & 0 & 1 & 2 & 3 \\ 0 & 0 & 0 & 0 & 0 \end{pmatrix} = B$$

を得る．$B$ が行に関して簡約な行列であることは明らかである．主成分は $(1,1)$ 成分と $(2,3)$ 成分にある．■

一般に，次の定理が成り立つ．証明は部分節3.2.1において行う．

**定理 3.1.1 (簡約化標準形の存在と一意性定理).**　任意の行列 $A$ は有限回の行基本変形により，行について簡約な行列 $B$ に変形することができる．そのとき，$B$ の表現は一意的である．その意味で，$B$ を $A$ の**行簡約化標準形**という．

この定理によって次の定義が意味をもつ．

**定義 3.1.3 (行列の階数).**　行列 $A$ の行簡約化標準形 $B$ の「非零行ベクトルの数 = 主成分の数 = 主成分を含む列の数」を $A$ の**階数**と呼び，$\operatorname{rank}(A)$ と表す．

**◆例 3.**　例題1における行列 $A$ の行簡約化標準形 $B$ には2個の主成分があるので行列 $A$ の階数は2である．

次の命題は階数の定義から明らかである．

**命題 3.1.1.**　$A \in \mathrm{Mat}(m,n;\mathbb{R})$ の階数 $\operatorname{rank} A$ は，$\operatorname{rank} A \leqq m$, $\operatorname{rank} A \leqq n$ を満たす．

**●練習 2.**　次の行列 $A$ の行簡約化標準形を計算し，行列 $A$ の階数を求めよ．

(1)　$A = \begin{pmatrix} 1 & 1 & 1 \\ 2 & 1 & -1 \\ 1 & 2 & 4 \end{pmatrix}$　　(2)　$A = \begin{pmatrix} 1 & 2 & 1 \\ 2 & 5 & 2 \\ 1 & 3 & 2 \end{pmatrix}$

(3) $A = \begin{pmatrix} 1 & 2 & 1 & -2 \\ -1 & 1 & 2 & 2 \\ 0 & 1 & 3 & 2 \\ 1 & -1 & 0 & 2 \end{pmatrix}$ (4) $A = \begin{pmatrix} 1 & 0 & 2 & 2 & -1 \\ 1 & 2 & 0 & 2 & 1 \\ -1 & 1 & 1 & 0 & 0 \\ 1 & 5 & 1 & 4 & 2 \end{pmatrix}$

### 3.1.3 行基本変形の行列表現

本部分節では，行列 $A$ に対する行基本変形が，ある正則行列を左からかけることによって表されることを学ぶ．

$A \in \mathrm{Mat}(m,n;\mathbb{R})$ とする．$A$ を $m$ 個の行ベクトル $\boldsymbol{a}^i = (a_{i1}, a_{i2}, \ldots, a_{in})$, $i = 1, \ldots m$ を用いて

$$A = \begin{pmatrix} \vdots \\ \boldsymbol{a}^i \\ \vdots \\ \boldsymbol{a}^j \\ \vdots \end{pmatrix} \quad (i < j) \tag{3.10}$$

と表す（行ベクトル表示）．そのとき，定義 3.1.1 における (1),(2),(3) の操作は次のようになる：

(1) $i$ 行を $c(\neq 0)$ 倍する操作: 単位行列 $E_m$ において，$(i,i)$ 成分 1 を $c$ に置き換えた行列を

$$E_m(i,c) = \begin{array}{c} \\ \\ i \\ \\ \\ \end{array}\!\!\begin{array}{c} \qquad\qquad i \\ \begin{pmatrix} 1 & \cdots & 0 & \cdots & 0 \\ \vdots & \ddots & \vdots & \ddots & \vdots \\ 0 & \cdots & c & \cdots & 0 \\ \vdots & \ddots & \vdots & \ddots & \vdots \\ 0 & \cdots & 0 & \cdots & 1 \end{pmatrix} \end{array} \tag{3.11}$$

とおく．そのとき，左から $E_m(i,c)$ を $A$ にかければ

$$E_m(i,c) \begin{pmatrix} \vdots \\ \boldsymbol{a}^i \\ \vdots \end{pmatrix} \vdots = \begin{pmatrix} \vdots \\ c\boldsymbol{a}^i \\ \vdots \end{pmatrix} \vdots$$

となって，$A$ の $i$ 行を $c$ 倍する操作を実現できる．$E(i,c)$ は正則行列であり，$E^{-1}(i,c) = E(i,c^{-1})$ である．

(2)　$i < j$ として，単位行列 $E_m$ において，第 $i$ 行と第 $j$ 行を入れ換えた行列

$$E_m(i,j) = \begin{array}{c} \\ \\ i \\ \\ j \\ \\ \end{array} \overset{\begin{array}{ccccc} \phantom{\ddots} & i & \phantom{\cdots} & j & \phantom{\cdots} \end{array}}{\begin{pmatrix} \ddots & \vdots & & \vdots & \\ \cdots & 0 & \cdots & 1 & \cdots \\ & \vdots & \ddots & \vdots & \\ \cdots & 1 & \cdots & 0 & \cdots \\ & \vdots & & \vdots & \ddots \end{pmatrix}} \tag{3.12}$$

を考え，これを $A$ に左からかけると，

$$E_m(i,j) \begin{pmatrix} \vdots \\ \boldsymbol{a}^i \\ \vdots \\ \boldsymbol{a}^j \\ \vdots \end{pmatrix} = \begin{pmatrix} \vdots \\ \boldsymbol{a}^j \\ \vdots \\ \boldsymbol{a}^i \\ \vdots \end{pmatrix}$$

となって，$i < j$ に対して，次に $i$ 行と $j$ 行との入れ換え操作が実現できる．$E_m(i,j)^2 = E_m$ であり，$E_m^{-1}(i,j) = E_m(i,j)$ であるから，$E_m(i,j)$ は正則行列である．

(3)　$c \in \mathbb{R}$ として，行列

$$E_m(i,c;j) = \begin{array}{c} \\ \\ i \\ \\ j \\ \\ \end{array} \overset{\begin{array}{ccccc} \phantom{\ddots} & i & \phantom{\cdots} & j & \phantom{\cdots} \end{array}}{\begin{pmatrix} \ddots & \vdots & & \vdots & \\ \cdots & 1 & \cdots & 0 & \cdots \\ & \vdots & \ddots & \vdots & \\ \cdots & c & \cdots & 1 & \cdots \\ & \vdots & & \vdots & \ddots \end{pmatrix}} \tag{3.13}$$

を考え，これを左から $A$ にかけると

$$E_m(i,c;j) \begin{pmatrix} \vdots \\ \boldsymbol{a}^i \\ \vdots \\ \boldsymbol{a}^j \\ \vdots \end{pmatrix} = \begin{pmatrix} \vdots \\ \boldsymbol{a}^i \\ \vdots \\ \boldsymbol{a}^j + c\boldsymbol{a}^i \\ \vdots \end{pmatrix}$$

となり，$A$ の $i$ 行を $c$ 倍して，$j$ 行に加える操作が実現できる．$E_m^{-1}(i,c;j) = E_m(i,-c;j)$ であるから，$E_m(i,c;j)$ は正則である．

▲問 1. $E_m(i,c;j)E_m(i,-c;j)=E_m$ であることを確かめよ．

▲問 2. $i<j$ に対して

$$E_m(j,c;i) = \begin{array}{c} \\ \\ i \\ \\ j \\ \\ \end{array}\!\!\begin{pmatrix} \ddots & \vdots & & \vdots & \\ \cdots & 1 & \cdots & c & \cdots \\ & \vdots & \ddots & \vdots & \\ \cdots & 0 & \cdots & 1 & \cdots \\ & \vdots & & \vdots & \ddots \end{pmatrix} \quad (\text{columns } i, j) \tag{3.14}$$

とおくと，$E_m(j,c;i)$ を $A$ に左からかけることにより，$A$ の $i$ 行に $j$ 行の $c$ 倍を加える操作が実現できる．これを確かめよ．

### 3.1.4 行基本変形による連立 1 次方程式の解法

拡大係数行列の行基本変形によって一般の連立方程式を解く方法について，具体例を通して説明する．まず，**斉次（同次）方程式**の解法について考える．斉次方程式とは

$$A\boldsymbol{x} = \boldsymbol{0} \tag{3.15}$$

の形の方程式である．斉次方程式では拡大係数行列は $(A|\boldsymbol{0})$ の形になる．例題により解法アルゴリズムを説明しよう．

---

**例題 2.** 次の連立方程式を解け．

$$\begin{array}{rrrrrl} x_1 & & +2x_3 & -x_4 & +2x_5 & =0 \\ 2x_1 & +x_2 & +3x_3 & -x_4 & -x_5 & =0 \\ -x_1 & +3x_2 & -5x_3 & +4x_4 & +x_5 & =0 \\ x_1 & +2x_2 & & +x_4 & +x_5 & =0 \end{array}$$

---

［解答］ 拡大係数行列は

$$\left(\begin{array}{rrrrr|r} 1 & 0 & 2 & -1 & 2 & 0 \\ 2 & 1 & 3 & -1 & -1 & 0 \\ -1 & 3 & -5 & 4 & 1 & 0 \\ 1 & 2 & 0 & 1 & 1 & 0 \end{array}\right)$$

である．この拡大係数行列を，行基本変形により簡約化する．

(i) まず，第 1 列において，第 2 行，第 3 行および第 4 行の成分を 0 にするため，第 2 行から第 1 行の 2 倍を引き，第 3 行に第 1 行を加え，第 4 行から第 1 行を引くと，

$$\left(\begin{array}{ccccc|c} 1 & 0 & 2 & -1 & 2 & 0 \\ 0 & 1 & -1 & 1 & -5 & 0 \\ 0 & 3 & -3 & 3 & 3 & 0 \\ 0 & 2 & -2 & 2 & -1 & 0 \end{array}\right)$$

を得る．第 3 行を 3 で割ると (1/3 をかけると)

$$\left(\begin{array}{ccccc|c} 1 & 0 & 2 & -1 & 2 & 0 \\ 0 & 1 & -1 & 1 & -5 & 0 \\ 0 & 1 & -1 & 1 & 1 & 0 \\ 0 & 2 & -2 & 2 & -1 & 0 \end{array}\right)$$

となる．

(ii) 第 3 行から第 2 行を引き，第 4 行から第 2 行の 2 倍を引けば，

$$\left(\begin{array}{ccccc|c} 1 & 0 & 2 & -1 & 2 & 0 \\ 0 & 1 & -1 & 1 & -5 & 0 \\ 0 & 0 & 0 & 0 & 6 & 0 \\ 0 & 0 & 0 & 0 & 9 & 0 \end{array}\right)$$

となる．第 3 行を 6 で割り，第 4 行を 9 で割る．そのあとで，第 2 行に第 3 行の 5 倍を加え，第 1 行から第 3 行の 2 倍を引き，第 4 行から第 3 行を引くと

$$\left(\begin{array}{ccccc|c} 1 & 0 & 2 & -1 & 0 & 0 \\ 0 & 1 & -1 & 1 & 0 & 0 \\ 0 & 0 & 0 & 0 & 1 & 0 \\ 0 & 0 & 0 & 0 & 0 & 0 \end{array}\right)$$

を得る．これで拡大係数行列の簡約化が終了する．

上記の変形の手続きをみていると，斉次方程式の場合は拡大係数行列のうち，$\boldsymbol{b}$ の部分は，簡約化の手続きにおいて零ベクトルのまま推移する．したがって，簡約化の計算では，係数行列 $A$ だけを簡約化すればよいこともわかる．主成分の数は 3 であり，拡大係数行列の階数は係数行列 $A$ の階数 3 であり，これは係数行列の階数に等しい．拡大係数行列の行基本変形は，連立方程式の同値変形になっているから，簡約化された拡大係数行列が表す方程式は，元の連立方程式と同値である．

簡約化された拡大係数行列が表す連立方程式を書き下すと

$$\begin{array}{cccccc} x_1 & & +2x_3 & -x_4 & & = 0 \\ & x_2 & -x_3 & +x_4 & & = 0 \\ & & & & +x_5 & = 0 \end{array}$$

となる．方程式を観察することにより，主成分に対応する変数 $x_1, x_2, x_5$ が他の変数 $x_3, x_4$ で表されていることがわかる．そこで，任意定数 $c_1, c_2 \in \mathbb{R}$ として，$x_3 = c_1$，$x_4 = c_2$ とおけば，方程式から $x_1 = -2c_1 + c_2, x_2 = c_1 - c_2, x_3 = c_1, x_4 = c_2, x_5 = 0$ を得る．これから解の表現

$$\begin{pmatrix} x_1 \\ \vdots \\ x_5 \end{pmatrix} = \begin{pmatrix} -2c_1 + c_2 \\ c_1 - c_2 \\ c_1 \\ c_2 \\ 0 \end{pmatrix} = c_1 \begin{pmatrix} -2 \\ 1 \\ 1 \\ 0 \\ 0 \end{pmatrix} + c_2 \begin{pmatrix} 1 \\ -1 \\ 0 \\ 1 \\ 0 \end{pmatrix}$$

が得られる．すなわち，解全体は 2 つの 1 次独立なベクトル $\boldsymbol{v}_1 = {}^t(-1,1,1,0,0)$ と $\boldsymbol{v}_1 = (1,-1,0,1,0)$ の 1 次結合全体と一致する．斉次方程式の解の数学的構造についての正式な議論は次節で取り扱うが，この事実は一般的に成り立つ．この場合，任意定数の数は変数の数 $= 5$ から，係数行列の階数 $= 3$ を引いた値であり，これは一般の場合でも成り立つ事実である ∎

次に，$\boldsymbol{b} \neq \boldsymbol{0}$ として，非斉次の方程式 $A\boldsymbol{x} = \boldsymbol{b}$ の解法について説明する．

---

**例題 3.** 先の例題と同じ係数行列 $A$ をもつ次のような連立方程式の解を求めよ．

$$\begin{array}{llllll} x_1 & & +2x_3 & -x_4 & +2x_5 & = 3 \\ 2x_1 & +x_2 & +3x_3 & -x_4 & -x_5 & = -1 \\ -x_1 & +3x_2 & -5x_3 & +4x_4 & +x_5 & = -6 \\ x_1 & +2x_2 & & +x_4 & +x_5 & = -2 \end{array}$$

---

[**解答**] 拡大係数行列は

$$\left(\begin{array}{ccccc|c} 1 & 0 & 2 & -1 & 2 & 3 \\ 2 & 1 & 3 & -1 & -1 & -1 \\ -1 & 3 & -5 & 4 & 1 & -6 \\ 1 & 2 & 0 & 1 & 1 & -2 \end{array}\right)$$

である．先の例題と全く同様な行基本変形を行う．

(i) まず，第 1 列において，第 2 行と第 3 行及び第 4 行の成分を 0 にするため，第 2 行から第 1 行の 2 倍を引き，第 3 行に第 1 行を加え，第 4 行から第 1 行を引くと，

$$\left(\begin{array}{ccccc|c} 1 & 0 & 2 & -1 & 2 & 3 \\ 0 & 1 & -1 & 1 & -5 & -7 \\ 0 & 3 & -3 & 3 & 3 & -3 \\ 0 & 2 & -2 & 2 & -1 & -5 \end{array}\right)$$

を得る．第 3 行を 3 で割ると (1/3 をかけると)

$$\left(\begin{array}{ccccc|c} 1 & 0 & 2 & -1 & 2 & 3 \\ 0 & 1 & -1 & 1 & -5 & -7 \\ 0 & 1 & -1 & 1 & 1 & -1 \\ 0 & 2 & -2 & 2 & -1 & -5 \end{array}\right)$$

となる．

(ii) 第 3 行から第 2 行を引き，第 4 行から第 2 行の 2 倍を引けば，

$$\left(\begin{array}{ccccc|c} 1 & 0 & 2 & -1 & 2 & 3 \\ 0 & 1 & -1 & 1 & -5 & -7 \\ 0 & 0 & 0 & 0 & 6 & 6 \\ 0 & 0 & 0 & 0 & 9 & 9 \end{array}\right)$$

となる．第 3 行を 6 で割り，第 4 行を 9 で割る．そのあとで，第 2 行に第 3 行の 5 倍を加え，第 1 行から第 3 行の 2 倍を引き，第 4 行から第 3 行を引くと

$$\left(\begin{array}{ccccc|c} 1 & 0 & 2 & -1 & 0 & 1 \\ 0 & 1 & -1 & 1 & 0 & -2 \\ 0 & 0 & 0 & 0 & 1 & 1 \\ 0 & 0 & 0 & 0 & 0 & 0 \end{array}\right)$$

を得る．これで拡大係数行列の簡約化が終了する．係数行列の階数は 3 であり，拡大係数行列の階数も 3 である．簡約化された拡大係数行列が表す連立方程式は，

$$\begin{array}{rrrrrl} x_1 & & +2x_3 & -x_4 & & = 1 \\ & x_2 & -x_3 & +x_4 & & = -2 \\ & & & & +x_5 & = 1 \end{array}$$

となる．主成分に対応する変数 $x_1, x_2, x_5$ が他の変数 $x_3, x_4$ で表されていることがわかる．そこで，任意定数 $c_1, c_2 \in \mathbb{R}$ として，$x_3 = c_1$，$x_4 = c_2$ とおけば，方程式から $x_1 = 1 - 2c_1 + c_2$，$x_2 = -2 + c_1 - c_2$，$x_3 = c_1$，$x_4 = c_2$，$x_5 = 1$ を得る．これから解の表現

$$\begin{pmatrix} x_1 \\ \vdots \\ x_5 \end{pmatrix} = \begin{pmatrix} 1 - 2c_1 + c_2 \\ -2 + c_1 - c_2 \\ c_1 \\ c_2 \\ 1 \end{pmatrix} = \begin{pmatrix} 1 \\ -2 \\ 0 \\ 0 \\ 1 \end{pmatrix} + c_1 \begin{pmatrix} -2 \\ 1 \\ 1 \\ 0 \\ 0 \end{pmatrix} + c_2 \begin{pmatrix} 1 \\ -1 \\ 0 \\ 1 \\ 0 \end{pmatrix}$$

を得る．すなわち，非斉次方程式の解はある定数ベクトル（非斉次方程式の一つの解）と，非斉次方程式と同じ係数行列をもつ斉次方程式の一般解の和として表すことができる．このような解の構造も，非斉次方程式すべてに共通する性質である．　■

最後に非斉次方程式の可解条件を調べるための例題を考える．

---

**例題 4.** 先の 2 つの例題を同じ係数行列 $A$ をもつ次の連立方程式の解を求めよ．

$$\begin{array}{llllll} x_1 & & +2x_3 & -x_4 & +2x_5 & =3 \\ 2x_1 & +x_2 & +3x_3 & -x_4 & -x_5 & =-1 \\ -x_1 & +3x_2 & -5x_3 & +4x_4 & +x_5 & =-6 \\ x_1 & +2x_2 & & +x_4 & +x_5 & =-1 \end{array}$$

---

［**解答**］ 拡大係数行列は

$$\left(\begin{array}{ccccc|c} 1 & 0 & 2 & -1 & 2 & 3 \\ 2 & 1 & 3 & -1 & -1 & -1 \\ -1 & 3 & -5 & 4 & 1 & -6 \\ 1 & 2 & 0 & 1 & 1 & -1 \end{array}\right)$$

である．先の例題と全く同様な行基本変形を行う．全く同様であるから結果だけを記す．

$$\left(\begin{array}{ccccc|c} 1 & 0 & 2 & -1 & 2 & 3 \\ 0 & 1 & -1 & 1 & -5 & -7 \\ 0 & 3 & -3 & 3 & 3 & -3 \\ 0 & 2 & -2 & 2 & -1 & -4 \end{array}\right) \longrightarrow \left(\begin{array}{ccccc|c} 1 & 0 & 2 & -1 & 2 & 3 \\ 0 & 1 & -1 & 1 & -5 & -7 \\ 0 & 1 & -1 & 1 & 1 & -1 \\ 0 & 2 & -2 & 2 & -1 & -4 \end{array}\right)$$

$$\longrightarrow \left(\begin{array}{ccccc|c} 1 & 0 & 2 & -1 & 2 & 3 \\ 0 & 1 & -1 & 1 & -5 & -7 \\ 0 & 0 & 0 & 0 & 6 & 6 \\ 0 & 0 & 0 & 0 & 9 & 10 \end{array}\right) \longrightarrow \left(\begin{array}{ccccc|c} 1 & 0 & 2 & -1 & 0 & 1 \\ 0 & 1 & -1 & 1 & 0 & -2 \\ 0 & 0 & 0 & 0 & 1 & 1 \\ \hline 0 & 0 & 0 & 0 & 0 & 1 \end{array}\right)$$

簡約化の最終結果の最終行を方程式に翻訳すると $0x_1+0x_2+0x_3+0x_4+0x_5=0=1$ となる．これは矛盾であるから，考えている方程式は解をもたないことがわかる． ∎

このような結果は，例題 4 において，係数行列 $A$ の階数 3 と，拡大係数行列の階数 4 が一致しないことから起きると考えればよい．一方例題 3 では係数行列の階数と拡大係数行列の階数がともに 3 で一致している．以上の考察から，次の命題が成り立つことが理解できるであろう．

**命題 3.1.2.** 非斉次連立 1 次方程式 $A\boldsymbol{x}=\boldsymbol{b}$ が解をもつための必要十分条件は $\mathrm{rank}\,(A)=\mathrm{rank}\,(A|\boldsymbol{b})$ が成り立つことである．

●**練習 3.** 基本変形を用いて，次の連立 1 次方程式を解き一般解を求めよ．また，解がない場合はその理由を述べよ．

(1) $\begin{pmatrix} 2 & -1 & 5 \\ 0 & 2 & 2 \\ 1 & 0 & 3 \end{pmatrix} \begin{pmatrix} x_1 \\ x_2 \\ x_3 \end{pmatrix} = \begin{pmatrix} -1 \\ 6 \\ 1 \end{pmatrix}$

(2) $\begin{pmatrix} 1 & 1 & 1 & 1 & 1 \\ 1 & 1 & 2 & 1 & 2 \\ 1 & 2 & 3 & 6 & -6 \end{pmatrix} \begin{pmatrix} x_1 \\ x_2 \\ x_3 \\ x_4 \\ x_5 \end{pmatrix} = \begin{pmatrix} 8 \\ 8 \\ 20 \end{pmatrix}$

(3) $\begin{pmatrix} 1 & 1 & 1 & 1 \\ 1 & 2 & 3 & 4 \\ 1 & 0 & -1 & -2 \end{pmatrix} \begin{pmatrix} x_1 \\ x_2 \\ x_3 \\ x_4 \end{pmatrix} = \begin{pmatrix} 4 \\ 10 \\ 2 \end{pmatrix}$

(4) $\begin{pmatrix} 2 & -3 & 1 & -7 & 1 \\ 1 & 3 & -1 & 7 & 2 \\ 2 & -3 & 7 & 11 & -5 \end{pmatrix} \begin{pmatrix} x_1 \\ x_2 \\ x_3 \\ x_4 \\ x_5 \end{pmatrix} = \begin{pmatrix} -6 \\ 12 \\ -3 \end{pmatrix}$

●**練習 4.** 次の行列 $A$ について次の問いに答えよ．

$$\begin{pmatrix} 1 & -4 & 3 & 4 & -3 \\ 1 & -2 & 0 & 1 & -2 \\ -1 & 6 & -6 & -7 & 4 \end{pmatrix}$$

(1) $\boldsymbol{b} = {}^t(1, 3, 1)$ に対して，$A\boldsymbol{x} = \boldsymbol{b}$ を解け．但し，$\boldsymbol{x} = {}^t(x_1, x_2, x_3, x_4)$ である．

(2) $\boldsymbol{b} = {}^t(b_1, b_2, b_3)$ に対して，$A\boldsymbol{x} = \boldsymbol{b}$ が解をもつとき，$b_1, b_2, b_3$ が満たすべき条件を求めよ．

### 3.1.5 逆行列の計算

本項では，連立 1 次方程式の解法アルゴリズムを利用した，一般の行列の逆行列の計算方法について述べる．$A \in \mathrm{Mat}(n; \mathbb{R})$ とする．

$A$ の逆行列を見付けるために，まず，$A$ の右逆行列 $B$ を求める．すなわち $AB = E_n$ を満たす $B \in \mathrm{Mat}(n; \mathbb{R})$ を求める．右逆行列 $B$ を列ベクトル表示を用いて，$B = (\boldsymbol{b}_1, \boldsymbol{b}_2, \cdots, \boldsymbol{b}_n)$ とおくと右逆行列 $B$ が満たすべき方程式は，

$$AB = (A\boldsymbol{b}_1, A\boldsymbol{b}_2, \cdots, A\boldsymbol{b}_n)$$
$$= E_n = (\boldsymbol{e}_1, \boldsymbol{e}_2, \cdots, \boldsymbol{e}_n) = \begin{pmatrix} 1 & 0 & \cdots & 0 \\ 0 & 1 & \cdots & 0 \\ \vdots & \vdots & \ddots & 0 \\ 0 & 0 & & 1 \end{pmatrix} \tag{3.16}$$

となる．したがって，$n$ 個の連立 1 次方程式

$$A\boldsymbol{b}_1 = \boldsymbol{e}_1,\ A\boldsymbol{b}_2 = \boldsymbol{e}_2, \cdots,\ A\boldsymbol{b}_n = \boldsymbol{e}_n \tag{3.17}$$

を解けばよいことになる．これらの連立 1 次方程式は係数行列の部分がすべて $A$ であるから，一斉に解くことができる．その手続きを考えてみよう．

$n \times (2n)$ 行列 $(A|E_n)$ に対して，行基本変形を行う．そのとき，行基本変形は左から正則な行列 $B'$ をかけることで表現されるので，行基本変形を行った結果は，行列のブロック計算により $(B'A|B')$ となる．$B'$ が $A$ の左逆行列ならば，$B'A = E_n$ であるから，結果の式は $(E_n|B')$ となる．ところが，$B'$ の各列 $\boldsymbol{b}'_i$ は $A\boldsymbol{b}'_i = \boldsymbol{e}_i$ を満たすので，$B'$ は $A$ の右逆行列でもある．すなわち，$A$ に右逆行列または左逆行列が存在すれば，それは一致して，$A$ の逆行列となることがわかる．

以上により，次のようなアルゴリズムで $A$ の逆行列が計算できる．

**アルゴリズム 3.1.1.** 逆行列計算アルゴリズム．

(1) $n \times 2n$ 行列 $(A|E_n)$ を作り，それに行基本変形を施す．

(2) $(A|E_n)$ が $(E_n|B)$ に変形できれば，$B$ が $A$ の逆行列であり，そうでない場合 ($\mathrm{rank}\,(A) < n$ の場合）は，$A$ には逆行列が存在しない．

---

**例題 5.** 次の行列 $A$ に対して逆行列が存在するならそれを求め，存在しない場合は，その理由を述べよ．

$$(1)\quad A = \begin{pmatrix} 1 & 0 & 2 \\ 2 & 3 & -1 \\ 1 & 1 & 1 \end{pmatrix}, \qquad (2)\quad A = \begin{pmatrix} 1 & 2 & -2 \\ 2 & 3 & -1 \\ 1 & 1 & 1 \end{pmatrix}$$

---

［解答］ まず，(1) について考える．

$$(A|E_3) = \left(\begin{array}{ccc|ccc} 1 & 0 & 2 & 1 & 0 & 0 \\ 2 & 3 & -1 & 0 & 1 & 0 \\ 1 & 1 & 1 & 0 & 0 & 1 \end{array}\right)$$

として，これに行基本変形を行い，$A$ の部分を単位行列に変形する．まず，第 2 行から第 1 行の 2 倍を引き，第 3 行から第 1 行を引く．次に第 2 行から第 3 行の 3 倍を引く．

$$(A|E_3) \to \left(\begin{array}{ccc|ccc} 1 & 0 & 2 & 1 & 0 & 0 \\ 0 & 3 & -5 & -2 & 1 & 0 \\ 0 & 1 & -1 & -1 & 0 & 1 \end{array}\right) \to \left(\begin{array}{ccc|ccc} 1 & 0 & 2 & 1 & 0 & 0 \\ 0 & 0 & -2 & 1 & 1 & -3 \\ 0 & 1 & -1 & -1 & 0 & 1 \end{array}\right)$$

次に，第 2 行を $-1/2$ 倍して第 3 行と第 2 行を入れ換える．

$$\left(\begin{array}{ccc|ccc} 1 & 0 & 2 & 1 & 0 & 0 \\ 0 & 1 & -1 & -1 & 0 & 1 \\ 0 & 0 & 1 & -1/2 & -1/2 & 3/2 \end{array}\right)$$

次に，第 2 行に第 3 行を加え，第 1 行から第 3 行の 2 倍を引くと

$$\left(\begin{array}{ccc|ccc} 1 & 0 & 0 & 2 & 1 & -3 \\ 0 & 1 & 0 & -3/2 & -1/2 & 5/2 \\ 0 & 0 & 1 & -1/2 & -1/2 & 3/2 \end{array}\right)$$

を得る．以上の計算により (1) の行列 $A$ は正則であって

$$A^{-1} = \begin{pmatrix} 2 & 1 & -3 \\ -3/2 & -1/2 & 5/2 \\ -1/2 & -1/2 & 3/2 \end{pmatrix}$$

であることがわかった．

次に，(2) について考える．拡大係数行列において，第 2 行から第 1 行を 2 倍して引き，第 3 行から第 1 行を引く．

$$(A|E_3) \to \left(\begin{array}{ccc|ccc} 1 & 2 & -2 & 1 & 0 & 0 \\ 2 & 3 & -1 & 0 & 1 & 0 \\ 1 & 1 & 1 & 0 & 0 & 1 \end{array}\right) \to \left(\begin{array}{ccc|ccc} 1 & 2 & -2 & 1 & 0 & 0 \\ 0 & -1 & 3 & -2 & 1 & 0 \\ 0 & -1 & 3 & -1 & 0 & 1 \end{array}\right)$$

次に，第 2 行を $-1$ 倍して，第 3 行に加える．

$$\left(\begin{array}{ccc|ccc} 1 & 2 & -2 & 1 & 0 & 0 \\ 0 & 1 & -3 & 2 & -1 & 0 \\ 0 & 0 & 0 & 1 & -1 & 1 \end{array}\right)$$

この段階で，行基本変形により，拡大係数行列の左半分を単位行列に変形することはできないことがわかる．よって，(2) の $A$ は逆行列をもたず，正則ではないことがわかる． ∎

**●練習 5.**　次の行列 $A$ について逆行列が存在するならそれを求めよ．逆行列が存在しないなら，その理由を述べよ．

(1) $A = \begin{pmatrix} 1 & 2 & 1 \\ 2 & 3 & 1 \\ 1 & 2 & 2 \end{pmatrix}$　　(2) $A = \begin{pmatrix} 1 & 2 & 2 \\ 2 & 3 & 1 \\ 1 & 1 & -1 \end{pmatrix}$

(3) $A = \begin{pmatrix} 2 & -1 & -2 \\ 1 & -2 & 2 \\ 2 & 1 & 1 \end{pmatrix}$　　(4) $A = \begin{pmatrix} -3 & -6 & 2 \\ 3 & 5 & -2 \\ 1 & 3 & -1 \end{pmatrix}$

(5) $A = \begin{pmatrix} 1 & 1 & -1 \\ 0 & 2 & 1 \\ 2 & 4 & -1 \end{pmatrix}$

## 3.2 線形写像と連立 1 次方程式の解の構造

### 3.2.1 数ベクトル空間の部分空間と基底

例として

$$V = \{{}^t(x, y, z) | x + y + z = 0\} \subset \mathbb{R}^3$$

を考える．すでに学んだ通り，$V$ は原点を通る平面であり，$V$ の任意の点 $\boldsymbol{v}$ は $y = c_1$, $z = c_2$(任意定数) とおくことにより，

$$\boldsymbol{v} = c_1 \begin{pmatrix} -1 \\ 1 \\ 0 \end{pmatrix} + c_2 \begin{pmatrix} -1 \\ 0 \\ 1 \end{pmatrix}$$

と表すことができる．このような部分集合 $V$ を一般化しよう．一般に部分集合 $V \subset \mathbb{R}^n$ が次の (V1)，(V2)，(V3) を満たすとき $V$ を数ベクトル空間 $\mathbb{R}^n$ の**部分 (ベクトル) 空間**という．

(V1) $\mathbf{0} \in V$

(V2) 任意の $c \in \mathbb{R}$ と $\boldsymbol{v} \in V$ に対して，$c\boldsymbol{v} \in V$

(V3) 任意の $\boldsymbol{v}_1, \boldsymbol{v}_1 \in V$ に対して，$\boldsymbol{v}_1 + \boldsymbol{v}_2 \in V$

有限個のベクトル $\boldsymbol{v}_1, \ldots, \boldsymbol{v}_m \in \mathbb{R}^n$ があって，$V \subset \mathbb{R}^n$ をそれらの有限個のベクトルの 1 次結合全体として定義する．すなわち

$$V = \langle \boldsymbol{v}_1, \ldots, \boldsymbol{v}_m \rangle = \{c_1\boldsymbol{v}_1 + \cdots + c_m\boldsymbol{v}_1 | c_1, \ldots, c_m \in \mathbb{R}\} \subset \mathbb{R}^n$$

とおく．そのとき明らかに $V$ は (V1)，(V2)，(V3) を満たすので $\mathbb{R}^n$ の部分空間になる．

$V = \langle \boldsymbol{v}_1, \ldots, \boldsymbol{v}_m \rangle$ を，$\boldsymbol{v}_1, \ldots, \boldsymbol{v}_m \in \mathbb{R}^n$ で**生成される** $\mathbb{R}^n$ の部分 (ベクトル) 空間と呼ぶ．また有限集合 $\{\boldsymbol{v}_1, \ldots, \boldsymbol{v}_m\}$ を $V$ の**生成元**という．便宜上零ベクトルだけからなる集合も部分空間に含めるものとする．最初に取り上げた，原点を通る平面 $V$ は，$\mathbb{R}^3$ の部分空間であり，${}^t(-1,1,0)$ と ${}^t(-1,0,1)$ で生成されている．

---

**例題 6.** $\mathbb{R}^3$ の部分空間にはどのようなものがあるか考えよ．

---

[**解答**] まず，零ベクトルだけからなる部分空間 $V_0 = \{\boldsymbol{0}\}$ がある．次に，$V$ が零でないベクトル $\boldsymbol{v}_1 \in \mathbb{R}^3$ を含むときを考える．そのとき，$V_1 = \{c\boldsymbol{v}_1 | c \in \mathbb{R}\}$ は部分空間である．さらに，$V$ が $\boldsymbol{v}_1$ の定数倍でない（1 次従属でない）ベクトル $\boldsymbol{v}_2 \in \mathbb{R}^3$ を含めば，$V_2 = \{c_1\boldsymbol{v}_1 + c_2\boldsymbol{v}_2 | c_1, c_2 \in \mathbb{R}\}$ は $\mathbb{R}^3$ の部分空間となる．さらに，$V$ が $\boldsymbol{v}_1, \boldsymbol{v}_2$ の 1 次結合としては表されないベクトル $\boldsymbol{v}_3$ を含めば，$V_3 = \{c_1\boldsymbol{v}_1 + c_2\boldsymbol{v}_2 + c_3\boldsymbol{v}_3 | c_1, c_2, c_3 \in \mathbb{R}\}$ は $\mathbb{R}^3$ の部分空間になるが，$\mathbb{R}^3$ に含まれている 1 次独立なベクトルの最大個数は 3 であり，$V_3$ は 1 次独立なベクトルを 3 個含むので $V_3 = \mathbb{R}^3$ となる． ∎

具体的な部分空間の例として重要な線形写像の核と像について説明を行う．前の章で説明したように，実 $m \times n$ 行列 $A \in \mathrm{Mat}(m, n; \mathbb{R})$ は線形写像 $L_A : \mathbb{R}^n \to \mathbb{R}^m$ を定義する．そのとき，線形写像 $L_A$ に付随して 2 つの集合: **核** $\mathrm{Ker}\,(L_A)$ と**像** $\mathrm{Im}\,(L_A)$ が，次のように定義される．

$$\mathrm{Ker}\,(L_A) = \{\boldsymbol{x} \in \mathbb{R}^n | L_A\boldsymbol{x} = A\boldsymbol{x} = \boldsymbol{0}\} \subset \mathbb{R}^n \tag{3.18}$$

$$\mathrm{Im}\,(L_A) = \{\boldsymbol{y} = L_A(\boldsymbol{x}) = A\boldsymbol{x} \in \mathbb{R}^m | \boldsymbol{x} \in \mathbb{R}^n\} \subset \mathbb{R}^m \tag{3.19}$$

$L_A$ の核と像を，単に行列 $A$ の核または像と呼んで，それぞれ $\mathrm{Ker}\,A$ または $\mathrm{Im}\,A$ と表すことがあるが，混乱は起きないだろう．

> **命題 3.2.1.** $A \in \mathrm{Mat}(m, n; \mathbb{R})$ として，$A$ で定義される線形写像 $L_A : \mathbb{R}^n \to \mathbb{R}^m$ に対して，次が成り立つ．
> (1) $\mathrm{Ker}\,(L_A)$ は $\mathbb{R}^n$ の部分空間である．
> (2) $\mathrm{Im}\,(L_A)$ は $\mathbb{R}^m$ の部分空間である．

**証明:** まず (1) を示す．$\boldsymbol{0}_n \in \mathbb{R}^n$ は明らかに $\mathrm{Ker}\,(L_A)$ の元であるから (V1) が従う．$\boldsymbol{u} \in \mathrm{Ker}\,(L_A)$ であるなら，$A\boldsymbol{u} = \boldsymbol{0}$ である．そのとき $L_A$ の線

形性より，$L_A(c\boldsymbol{u}) = A(c\boldsymbol{u}) = cA\boldsymbol{u} = \boldsymbol{0}$ となる．よって，(V2) が示された．次に $\boldsymbol{u}_1, \boldsymbol{u}_2 \in \mathrm{Ker}\,(L_A)$ であるなら，$A\boldsymbol{u}_1 = \boldsymbol{0}$, $A\boldsymbol{u}_2 = \boldsymbol{0}$ である．そのとき $L_A(\boldsymbol{u}_1 + \boldsymbol{u}_2) = A(\boldsymbol{u}_1 + \boldsymbol{u}_2) = A\boldsymbol{u}_1 + A\boldsymbol{u}_2 = \boldsymbol{0}$ を得る．よって，$\boldsymbol{u}_1 + \boldsymbol{u}_2 \in \mathrm{Ker}\,(L_A)$ となり，(V3) が示された．以上で (1) が示された．

次に (2) を示す．まず，$\boldsymbol{0}_m \in \mathbb{R}^m$ に対して，$\boldsymbol{0}_m = A\boldsymbol{0}_n$ であるから，$\boldsymbol{0}_m \in \mathrm{Im}\,(L_A)$ である．次に $\boldsymbol{v} \in \mathrm{Im}\,(L_A)$ であると仮定すると，$\boldsymbol{v} = A\boldsymbol{u}$ となる $\boldsymbol{u} \in \mathbb{R}^n$ が存在する．そのとき，$L_A(c\boldsymbol{u}) = cA\boldsymbol{u} = c\boldsymbol{v}$ であるから，$c\boldsymbol{v} \in \mathrm{Im}\,(L_A)$ であることが示された．最後に $\boldsymbol{v}_1, \boldsymbol{v}_2 \in \mathrm{Im}\,(L_A)$ とすると，$\boldsymbol{v}_1 = A\boldsymbol{u}_1$, $\boldsymbol{v}_2 = A\boldsymbol{u}_2$ となる $\boldsymbol{u}_1$, $\boldsymbol{u}_2 \in \mathbb{R}^n$ が存在する．そのとき，$L_A(\boldsymbol{u}_1 + \boldsymbol{u}_2) = \boldsymbol{v}_1 + \boldsymbol{v}_2$ となって，$\boldsymbol{v}_1 + \boldsymbol{v}_2 \in \mathrm{Im}\,(L_A)$ が示される．以上で，$\mathrm{Im}\,(L_A)$ について，(V1)～(V3) が示され，$\mathrm{Im}\,(L_A)$ は $\mathbb{R}^m$ の部分空間であることが示された． □

◆**例 4.** $2 \times 3$ 行列

$$A = \begin{pmatrix} 1 & 1 & 1 \\ 1 & 1 & 1 \end{pmatrix}$$

を用いて線形写像 $L_A : \mathbb{R}^3 \to \mathbb{R}^2$ を定義する．そのとき，$\mathrm{Ker}\,(L_A)$ は，方程式 $x+y+z=0$ で定義される $\mathbb{R}^3$ の部分空間であり，$\mathrm{Ker}\,(L_A)$ は ${}^t(-1,1,0)$, ${}^t(-1,0,1)$ で生成される．一方 $\mathrm{Im}\,(L_A)$ は ${}^t(1,1) \in \mathbb{R}^2$ で生成される $\mathbb{R}^2$ の部分空間である．

---

**例題 7.** 次で定義される $\mathbb{R}^2$ または $\mathbb{R}^3$ の部分集合 $W$ は，$\mathbb{R}^2$ または $\mathbb{R}^3$ の部分空間ではない．理由を述べよ．

(1) $W = \{{}^t(x,y,z) \in \mathbb{R}^3 | x - y + z = 1\} \subset \mathbb{R}^3$

(2) $W = \{{}^t(x,y,z) \in \mathbb{R}^3 | 2x - y + 2z \geq 0,\ x + y + z \geq 0\} \subset \mathbb{R}^3$

(3) $W = \{{}^t(x,y) \in \mathbb{R}^2 | x^2 - y^2 = 0\} \subset \mathbb{R}^2$

---

［**解答**］ (1) $W$ は図形的には，原点を通らない平面であり，直観的には部分空間でないことは明らかである．そのことをはっきり述べるなら $\boldsymbol{0} \notin W$ であり，(V1) を満たさないので部分空間ではない．

(2) $W$ は原点を通る二つの平面の上側にある部分の共通部 分であり，先の例題で分類された $\mathbb{R}^3$ の部分空間のどれかにはなっていないから部分空間ではないと予想される．これを数学的に示すためには，例えば $\boldsymbol{u} = {}^t(1,0,1) \in W$ を選ぶ．そのとき，$-\boldsymbol{u} = {}^t(-1,0,-1) \notin W$ なので，(V2) が満たされない．よって，$W$ は部分空間ではない．

(3) $x^2 - y^2 = (x+y)(x-y)$ であるから，$W$ は直線 $y = x$ と直線 $y = -x$ の和集合となる．$\boldsymbol{u} = {}^t(1,1)$, $\boldsymbol{v} = {}^t(-1,1) \in W$ であるが，$\boldsymbol{u} + \boldsymbol{v} = {}^t(0,2) \notin W$ である．よって，(V3) が満たされず $W$ は部分空間ではない． ∎

●**練習 6.** 次で定義される $\mathbb{R}^3$ の部分集合 $W$ は，$\mathbb{R}^3$ の部分空間であるか否かを理由を付けて答えよ．

(1) $W = \{{}^t(x,y,z) \in \mathbb{R}^3 | z = x + y,\ y = 2x - z\} \subset \mathbb{R}^3$
(2) $W = \{{}^t(x,y,z) \in \mathbb{R}^3 | y = x + 2z,\ z = x + y + 1\} \subset \mathbb{R}^3$
(3) $W = \{{}^t(x,y,z) \in \mathbb{R}^2 | y^2 + 2yz + z^2 = 0\} \subset \mathbb{R}^3$
(4) $W = \{{}^t(x,y,z) \in \mathbb{R}^2 | x^2 + y^2 - z^2 = 0\} \subset \mathbb{R}^3$

部分空間 $V \subset \mathbb{R}^n$ の生成元を $\boldsymbol{v}_1, \ldots, \boldsymbol{v}_m$ とする．これらの生成元が 1 次独立であるとき $\{\boldsymbol{v}_1, \ldots, \boldsymbol{v}_m\}$ を $V$ の**基底**という．そのとき次の命題が成り立つ．

**命題 3.2.2.** 部分空間 $V \subset \mathbb{R}^n$ の基底を $\{\boldsymbol{v}_1, \ldots, \boldsymbol{v}_m\}$ とするとき，任意のベクトル $\boldsymbol{v} \in V$ は基底の 1 次結合として一意的に表すことができる．

**証明:** 1 次独立性を用いれば容易である． □

さらに，次の定理が知られている．

**定理 3.2.1.** 有限個の生成元をもつ部分空間 $V \subset \mathbb{R}^n$ は，必ず基底をもつ．基底は一意的には定まらないが，基底に含まれるベクトルの数は基底の取り方によらず一定である．

この定理の証明は第 5 章 (抽象ベクトル空間) において，一般的な形で与えることにする．初学者にとってはこのようなことを示すことは，少し難しいと感じると思われるので，しばらくは結果を信じて先に進むことにしよう．

部分空間 $V \subset \mathbb{R}^n$ が与えられたとき $V$ の基底の数を $V$ の**次元**といい，$\dim(V)$ と表す．上記定理 5.3.1 により，部分空間の次元の定義の正当性が保証される．次の例題において，与えられた有限個の生成元から基底 (1 次独立な生成元) を選びだす具体的な手続き（アルゴリズム）について考察する．

---

**例題 8.** 次で与えられる $\boldsymbol{a}_1, \boldsymbol{a}_2, \boldsymbol{a}_3, \boldsymbol{a}_4$ で生成される部分空間を $V \subset \mathbb{R}^4$ とするとき，$V$ の基底を求め，$\dim(V)$ を求めよ．

$$\boldsymbol{a}_1 = \begin{pmatrix} 1 \\ -1 \\ 0 \\ 0 \end{pmatrix}, \quad \boldsymbol{a}_2 = \begin{pmatrix} 0 \\ 1 \\ 1 \\ -1 \end{pmatrix}, \quad \boldsymbol{a}_3 = \begin{pmatrix} 2 \\ -3 \\ -1 \\ 1 \end{pmatrix}, \quad \boldsymbol{a}_4 = \begin{pmatrix} 0 \\ 1 \\ 0 \\ 1 \end{pmatrix}$$

---

［解答］ 4 つのベクトルの 1 次従属関係式を求めてみる．そのために，行列 $A$ を

$$A = (\boldsymbol{a}_1, \boldsymbol{a}_1, \boldsymbol{a}_3, \boldsymbol{a}_4) = \begin{pmatrix} 1 & 0 & 2 & 0 \\ -1 & 1 & -3 & 1 \\ 0 & 1 & -1 & 0 \\ 0 & -1 & 1 & 1 \end{pmatrix}$$

で定義すると，1 次従属関係式は

$$c_1\boldsymbol{a}_1 + c_2\boldsymbol{a}_2 + c_3\boldsymbol{a}_3 + c_4\boldsymbol{a}_4 = A\begin{pmatrix} c_1 \\ c_2 \\ c_3 \\ c_3 \end{pmatrix} = \begin{pmatrix} 0 \\ 0 \\ 0 \\ 0 \end{pmatrix}$$

となる．すなわち，$\boldsymbol{c} = {}^t(c_1, c_2, c_3, c_4)$ は斉次方程式 $A\boldsymbol{x} = \boldsymbol{0}$ の解である．この斉次方程式を解くために，行列 $A$ の行基本変形を行う：

$$\begin{pmatrix} 1 & 0 & 2 & 0 \\ -1 & 1 & -3 & 1 \\ 0 & 1 & -1 & 0 \\ 0 & -1 & 1 & 1 \end{pmatrix} \to \begin{pmatrix} 1 & 0 & 2 & 0 \\ 0 & 1 & -1 & 1 \\ 0 & 1 & -1 & 0 \\ 0 & -1 & 1 & 1 \end{pmatrix}$$

$$\to \begin{pmatrix} 1 & 0 & 2 & 0 \\ 0 & 1 & -1 & 1 \\ 0 & 0 & 0 & -1 \\ 0 & 0 & 0 & 2 \end{pmatrix} \to \begin{pmatrix} 1 & 0 & 2 & 0 \\ 0 & 1 & -1 & 0 \\ 0 & 0 & 0 & 1 \\ 0 & 0 & 0 & 0 \end{pmatrix} = B$$

$A$ の行基本変形で最終的に得られた行列を $B$ とし，$B$ の各列ベクトルを $\boldsymbol{b}_1, \boldsymbol{b}_2, \boldsymbol{b}_3, \boldsymbol{b}_4$ とおく．斉次方程式 $A\boldsymbol{x} = \boldsymbol{0}$ と斉次方程式 $B\boldsymbol{x} = \boldsymbol{0}$ は同値であるから，$A$ の列ベクトルの 1 次従属関係式と，$B$ の列ベクトルの 1 次従属関係式は同じになる．実際，明らかに $\boldsymbol{b}_3 = 2\boldsymbol{b}_1 - \boldsymbol{b}_2$ であり，$\boldsymbol{b}_1, \boldsymbol{b}_2, \boldsymbol{b}_4$ は 1 次独立である．したがって，$\boldsymbol{a}_3 = 2\boldsymbol{a}_1 - \boldsymbol{a}_2$ であり，$\boldsymbol{a}_1, \boldsymbol{a}_2, \boldsymbol{a}_4$ は 1 次独立であることになる．よって，$V$ の基底は $\boldsymbol{a}_1, \boldsymbol{a}_2, \boldsymbol{a}_4$ であり，$\dim(V) = 3$ である． ■

この例により次の命題が成り立つことが類推される．命題の証明は読者に任せる．

**命題 3.2.3.** 数ベクトル $\boldsymbol{a}_1, \ldots, \boldsymbol{a}_n \in \mathbb{R}^m$ で生成される部分空間を $V \subset \mathbb{R}^m$ とする．$m \times n$ 行列 $A$ を $A = (\boldsymbol{a}_1, \ldots, \boldsymbol{a}_n)$ で定義する．そのとき $V$ の次元は $\dim(V) = \mathrm{rank}(A)$ で与えられる．したがって，$V$ の次元を $A$ の行基本変形により計算できる．

以上により，行列 $A$ の行簡約化標準形の一意性を証明する準備が整った．実際 $A = (\boldsymbol{a}_1, \ldots, \boldsymbol{a}_n) \in \mathrm{Mat}(m, n; \mathbb{R})$ の行簡約化標準形を $B = (\boldsymbol{b}_1, \ldots, \boldsymbol{b}_n) \in \mathrm{Mat}(m, n; \mathbb{R})$ とする．そのとき，$B$ によりベクトル $\boldsymbol{a}_1, \ldots, \boldsymbol{a}_n$ の 1 次従属関係式を調べることができる．実際，$\mathrm{rank}\, A = r$ なら，$\boldsymbol{a}_1, \ldots, \boldsymbol{a}_n$ について，これらを最初から並べて 1 次独立なベクトルを選び出したものが $\boldsymbol{a}_{j_1} \ldots, \boldsymbol{a}_{j_r}$ であるとすれば，行簡約化の定義より $\boldsymbol{b}_{j_1} = \boldsymbol{e}_1, \ldots, \boldsymbol{b}_{j_r} = \boldsymbol{e}_r$ であり，$k \neq j_1, \ldots, j_r$ のときは，$j_1 < \cdots < j_p < k < j_{p+1} (p+1 \leqq r)$ または $j_r < k$ であり，それに応じて

$$\boldsymbol{a}_k = \sum_{i=1}^{p} b_{j_i k} \boldsymbol{a}_{j_i} \qquad \text{または} \qquad \boldsymbol{a}_k = \sum_{i=1}^{r} b_{j_i k} \boldsymbol{a}_{j_i} \tag{3.20}$$

が成り立つ．ここで，上記 (3.20) に現れない $\boldsymbol{b}_k$ の要素は 0 である．1 次独立なベクトルの選び方と 1 次独立なベクトル $\boldsymbol{a}_{j_1}, \ldots, \boldsymbol{a}_{j_p}$ による 1 次結合 (3.20) の表現の一意性より，$B$ の一意性が従う．

以上説明したアルゴリズムの応用例を考えてみよう．$U, V \subset \mathbb{R}^n$ を部分空間とする．そのとき $U, V$ の**和** $U + V$ を $U + V = \{\boldsymbol{u} + \boldsymbol{v} | \boldsymbol{u} \in U,\ \boldsymbol{v} \in V\}$ で定義すれば，$U + V$ は $\mathbb{R}^n$ の部分空間となる．

**▲問 3.** 和 $U + V$ が部分空間であることを示せ．また $U \cup V$(和集合) は必ずしも部分空間とならないことを示せ．

部分空間の和の定義から，和 $U + V$ の任意のベクトルは $U$ のベクトルと $V$ のベクトルの和で表されるので，$U$ の生成元と $V$ の生成元の 1 次結合の和で表される．よって次の命題が成り立つ．

**命題 3.2.4.** $U, V \subset \mathbb{R}^n$ を部分空間として，$U$ の生成元を $\boldsymbol{u}_1, \ldots, \boldsymbol{u}_k$ とし，$V$ の生成元を $\boldsymbol{v}_1, \ldots, \boldsymbol{v}_l$ とする．そのとき，$U + V$ は $\boldsymbol{u}_1, \ldots, \boldsymbol{u}_k, \boldsymbol{v}_1, \ldots, \boldsymbol{v}_l$ により生成される．

一方，部分空間 $U, V \subset \mathbb{R}^n$ の共通部分 $U \cap V$ は明らかに $\mathbb{R}^n$ の部分空間であるが，その生成元を計算するには，$U, V$ の生成元を並べておいて，そこから，$V$ の生成元であって，$U$ の生成元 (または基底) で表されるものを選び出せばよい．

---

**例題 9.**　$U, V$ を $\mathbb{R}^4$ の 2 次元部分空間であって，それぞれ 1 次独立なベクトル $\boldsymbol{u}_1, \boldsymbol{u}_2$ および $\boldsymbol{v}_1, \boldsymbol{v}_2$ で生成されているとする．ここで，

$$\boldsymbol{u}_1 = \begin{pmatrix} 1 \\ 1 \\ 0 \\ 0 \end{pmatrix}, \quad \boldsymbol{u}_2 = \begin{pmatrix} 2 \\ -1 \\ -1 \\ 0 \end{pmatrix}, \quad \boldsymbol{v}_1 = \begin{pmatrix} -1 \\ 2 \\ 1 \\ 0 \end{pmatrix}, \quad \boldsymbol{v}_2 = \begin{pmatrix} 0 \\ 1 \\ 0 \\ 1 \end{pmatrix}$$

である．そのとき $U + V$ および $U \cap V$ の基底と次元を求めよ．

---

[**解答**]　まず，和 $U + V$ の生成元は $\boldsymbol{u}_1, \boldsymbol{u}_2, \boldsymbol{v}_1, \boldsymbol{v}_2$ であるから基底を計算するにはこれら 4 つの生成元から 1 次独立なものを選べばよい．そのために，これら 4 つのベクトルを縦に並べた行列の行基本変形を行う．

$$\begin{pmatrix} 1 & 2 & -1 & 0 \\ 1 & -1 & 2 & 1 \\ 0 & -1 & 1 & 0 \\ 0 & 0 & 0 & 1 \end{pmatrix} \to \begin{pmatrix} 1 & 2 & -1 & 0 \\ 0 & -3 & 3 & 1 \\ 0 & -1 & 1 & 0 \\ 0 & 0 & 0 & 1 \end{pmatrix}$$

$$\to \begin{pmatrix} 1 & 0 & 1 & 2/3 \\ 0 & 1 & -1 & -1/3 \\ 0 & 0 & 0 & -1/3 \\ 0 & 0 & 0 & 1 \end{pmatrix} \to \begin{pmatrix} 1 & 0 & 1 & 0 \\ 0 & 1 & -1 & 0 \\ 0 & 0 & 0 & 1 \\ 0 & 0 & 0 & 0 \end{pmatrix}$$

これより，$\boldsymbol{v}_1 = \boldsymbol{u}_1 - \boldsymbol{u}_2$ であることがわかる．よって，$U + V$ の基底は $\boldsymbol{u}_1, \boldsymbol{u}_2, \boldsymbol{v}_2$ であり，$\dim(U + V) = 3$ である．共通部分 $U \cap V$ について $V$ の生成元で，$U$ の基底の 1 次結合で表すことができものは $\boldsymbol{v}_1$ だけであるから，$U \cap V$ の基底は $\boldsymbol{v}_1$ であり，$\dim(U \cap V) = 1$ である．　■

●**練習 7.**　次 (ア),(イ) で与えられる $\mathbb{R}^4$ の数ベクトル $\boldsymbol{v}_1, \ldots, \boldsymbol{v}_5$ のそれぞれについて $U = \langle \boldsymbol{v}_1, \boldsymbol{v}_2 \rangle$ および $V = \langle \boldsymbol{v}_3, \boldsymbol{v}_4, \boldsymbol{v}_5 \rangle$ とおく．そのとき以下の問い (1),(2),(3) に答えよ．

(ア)　$$\boldsymbol{v}_1 = \begin{pmatrix} 1 \\ 0 \\ 1 \\ 2 \end{pmatrix}, \boldsymbol{v}_2 = \begin{pmatrix} 1 \\ 2 \\ 2 \\ 4 \end{pmatrix}, \boldsymbol{v}_3 = \begin{pmatrix} -1 \\ 1 \\ 0 \\ 0 \end{pmatrix}, \boldsymbol{v}_4 = \begin{pmatrix} 1 \\ 0 \\ 1 \\ 1 \end{pmatrix}, \boldsymbol{v}_5 = \begin{pmatrix} -1 \\ 3 \\ 1 \\ 4 \end{pmatrix}$$

$$(\text{イ})\quad \boldsymbol{v}_1 = \begin{pmatrix} 1 \\ 0 \\ 2 \\ 1 \end{pmatrix},\ \boldsymbol{v}_2 = \begin{pmatrix} -2 \\ 1 \\ -3 \\ -1 \end{pmatrix},\ \boldsymbol{v}_3 = \begin{pmatrix} -2 \\ 2 \\ -2 \\ 1 \end{pmatrix},\ \boldsymbol{v}_4 = \begin{pmatrix} 0 \\ 2 \\ 2 \\ 2 \end{pmatrix},\ \boldsymbol{v}_5 = \begin{pmatrix} 1 \\ 0 \\ 2 \\ 2 \end{pmatrix}$$

(1) 並びの順に 1 次独立なベクトルを選び出し，他のベクトルを先に選んだ 1 次独立なベクトルの 1 次結合で表せ

(2) $U + V$ の基底と次元を求めよ．

(3) $U \cap V$ の基底と次元を求めよ．

### 3.2.2 線形写像の核と像に関する具体的な計算

行列 $A \in \mathrm{Mat}(m, n; \mathbb{R})$ によって定義される線形写像 $L_A : \mathbb{R}^n \to \mathbb{R}^m$ に対して，$\mathrm{Ker}\,(L_A)$ と $\mathrm{Im}\,(L_A)$ 次元をそれぞれ，線形写像 $L_A$ の**退化次数**および**階数**と呼んで，それぞれ $\mathrm{null}\,(L_A)$ または $\mathrm{rank}\,(L_A)$ と表す．本項では，行列 $A$ が与えらえたときの $L_A$ の階数および退化次数の計算方法について説明する．

まず，部分空間 $\mathrm{Ker}\,(L_A) = \mathrm{Ker}\,(A)$ の基底と次元を求める問題を考える．そのためには，斉次方程式 $A\boldsymbol{x} = \boldsymbol{0}$ を解けばよい．すなわち，例題 2 にあるように， $A$ の行基本変形を行い，同値な方程式 $B\boldsymbol{x} = \boldsymbol{0}$ を求め，それを解けばよい．この方程式において，$B$ の主成分に対応していない変数の値を任意定数とおくことにより，$A\boldsymbol{x} = \boldsymbol{0}$ のすべてを求めることができる．すなわち，主成分に対応していない一つの変数の値を 1 として，他の，主成分に対応していない変数の値を 0 として得られた解を考えれば，このような解全体がちょうど $\mathrm{Ker}\,(L_A) = \mathrm{Ker}\,(A)$ の基底をなす．主成分の数が $A$ の階数 $\mathrm{rank}\,(A)$ であるから，$\mathrm{null}\,(L_A) = \dim\,(\mathrm{Ker}\,(A)) = n - \mathrm{rank}\,(A)$ であることがわかる．

以上により次の命題が示された．

**命題 3.2.5.** $A \in \mathrm{Mat}(m, n; \mathbb{R})$ に対して，$A$ により定義される線形写像 $L_A : \mathbb{R}^n \to \mathbb{R}^m$ について $\mathrm{null}\,(L_A) = \dim\,(\mathrm{Ker}\,(L_A)) = n - \mathrm{rank}\,(A)$ が成り立つ．

次に，像空間 $\mathrm{Im}\,(L_A)$ の基底と次元について調べてみる．$\boldsymbol{e}_j \in \mathbb{R}^n (j = 1, \ldots, n)$ を $\mathbb{R}^n$ の標準基底とする．すなわち $\boldsymbol{e}_j$ は $j$ 成分だけが 1 で他の成分はすべて 0 である $n$ 次元の列ベクトルである．そのとき，$L_A(\boldsymbol{e}_j)$ を考える．そのとき容易な計算で

$$L_A(\boldsymbol{e}_j) = A\boldsymbol{e}_j = \begin{pmatrix} a_{1j} \\ a_{2j} \\ \vdots \\ a_{mj} \end{pmatrix} = \boldsymbol{a}_j$$

であることがわかる．

▲**問 4.** 上記を示せ

$\mathbb{R}^n$ の任意のベクトル $\boldsymbol{x}$ は $\boldsymbol{x} = x_1\boldsymbol{e}_1 + x_2\boldsymbol{e}_2 + \cdots + x_n\boldsymbol{e}_n$ と表すことができるから，

$$L_A(\boldsymbol{x}) = x_1\boldsymbol{a}_1 + x_2\boldsymbol{a}_2 + \cdots + x_n\boldsymbol{a}_n \tag{3.21}$$

であることがわかる．よって，$\mathrm{Im}\,(L_A)$ は $A$ の列ベクトル全体で生成されることがわかる．よって次の命題が示された．

**命題 3.2.6.** $A = (\boldsymbol{a}_1, \ldots, \boldsymbol{a}_n) \in \mathrm{Mat}(m, n; \mathbb{R})$ に対して，$A$ により定義される線形写像 $L_A : \mathbb{R}^n \to \mathbb{R}^m$ について $\mathrm{Im}\,(L_A)$ は $A$ の列ベクトルで生成される $\mathbb{R}^m$ の部分空間であり，$\mathrm{rank}\,(L_A) = \mathrm{rank}\,(A)$ が成り立つ．すなわち，$A$ の基本変形により定義された $\mathrm{rank}\,(A)$ の概念と，線形写像の像空間の次元として定義された $\mathrm{rank}\,(L_A)$ の概念は一致する．

---

**例題 10.** 行列

$$A = \begin{pmatrix} 1 & -2 & 0 & -2 & 1 \\ 0 & 1 & 2 & 2 & 0 \\ 2 & -3 & 2 & -2 & 2 \\ 1 & -1 & 2 & 1 & 2 \end{pmatrix}$$

で定義される線形写像 $L_A : \mathbb{R}^5 \to \mathbb{R}^4$ について次の問いに答えよ．

(1) $\mathrm{Ker}\,(L_A)$ の基底を具体的に求めて，$\mathrm{null}\,(L_A)$ を計算せよ．

(2) $\mathrm{rank}\,(L_A)$ を求めよ．また $\mathrm{Im}\,(L_A)$ の基底を具体的に求めよ．

---

［解答］ まず，準備として行列 $A$ の行基本変形を行う．途中経過を記す．

$$A \to \begin{pmatrix} 1 & -2 & 0 & -2 & 1 \\ 0 & 1 & 2 & 2 & 0 \\ 0 & 1 & 2 & 2 & 0 \\ 0 & 1 & 2 & 3 & 1 \end{pmatrix} \to \begin{pmatrix} 1 & 0 & 4 & 2 & 1 \\ 0 & 1 & 2 & 2 & 0 \\ 0 & 0 & 0 & 1 & 1 \\ 0 & 0 & 0 & 0 & 0 \end{pmatrix}$$

$$\to \begin{pmatrix} 1 & 0 & 4 & 0 & -1 \\ 0 & 1 & 2 & 0 & -2 \\ 0 & 0 & 0 & 1 & 1 \\ 0 & 0 & 0 & 0 & 0 \end{pmatrix} = B$$

(1) $\mathrm{Ker}\,(L_A)$ の基底を求めるために，斉次方程式 $B\boldsymbol{x} = \boldsymbol{0}$ を解く．既に提示した手続きに従って，主成分に対応しない変数 $x_3, x_5$ について，$x_3 = c_1$，$x_5 = c_2$（任意定数）とおけば，

$$x_1 = -4c_1 + c_2, \quad x_2 = -2c_1 + 2c_2, \quad x_4 = -c_2$$

である．よって任意の解 $\boldsymbol{x}$ は

$$\boldsymbol{x} = \begin{pmatrix} -4c_1 + c_2 \\ -2c_1 + 2c_2 \\ c_1 \\ -c_2 \\ c_2 \end{pmatrix} = c_1 \begin{pmatrix} -4 \\ -2 \\ 1 \\ 0 \\ 0 \end{pmatrix} + c_2 \begin{pmatrix} 1 \\ 2 \\ 0 \\ -1 \\ 1 \end{pmatrix}$$

と表されることがわかる．よって，

$$\boldsymbol{u}_1 = {}^t(-4, -2, 1, 0, 0), \quad \boldsymbol{u}_2 = {}^t(1, 2, 0, -1, 1)$$

が $\mathrm{Ker}\,(L_A)$ の基底であり，$\dim\,(\mathrm{Ker}\,(L_A)) = \mathrm{null}\,(L_A) = 2$ である．

(2) $\mathrm{Im}\,(L_A)$ は，$A$ の列ベクトル $\boldsymbol{a}_1, \cdots, \boldsymbol{a}_5$ で生成される．これらのベクトルの 1 次従属関係式は，$B$ の列ベクトル $\boldsymbol{b}_1, \ldots, \boldsymbol{b}_5$ の間の 1 次従属関係式と同じである．明らかに，$\boldsymbol{b}_1, \boldsymbol{b}_2, \boldsymbol{b}_4$ は 1 次独立であり，$\boldsymbol{b}_3 = 4\boldsymbol{b}_1 + 2\boldsymbol{b}_2$，$\boldsymbol{b}_5 = -\boldsymbol{b}_1 - 2\boldsymbol{b}_2 + \boldsymbol{b}_4$ であるから，$A$ の列ベクトルについても $\boldsymbol{a}_1, \boldsymbol{a}_2, \boldsymbol{a}_4$ は 1 次独立であり，$\boldsymbol{a}_3 = 4\boldsymbol{a}_1 + 2\boldsymbol{a}_2$，$\boldsymbol{a}_5 = -\boldsymbol{a}_1 - 2\boldsymbol{a}_2 + \boldsymbol{a}_4$ が成り立つ．よって，$\mathrm{Im}\,(A)$ の基底として，

$$\boldsymbol{a}_1 = {}^t(1, 0, 2, 1), \quad \boldsymbol{a}_2 = {}^t(-2, 1, -3, -1), \quad \boldsymbol{a}_4 = {}^t(-2, 2, -2, 1)$$

が取れ，$\mathrm{rank}\,(L_A) = 3$ である． ∎

**●練習 8.**　行列

$$A = \begin{pmatrix} 0 & 1 & 1 & 1 & 3 \\ -1 & -2 & -5 & -1 & -4 \\ 1 & 1 & 4 & 0 & 1 \\ 1 & -1 & 2 & -2 & -5 \end{pmatrix}$$

で定義される線形写像 $L_A : \mathbb{R}^5 \to \mathbb{R}^4$ について次の問いに答えよ．

(1) $A$ の行基本変形を行うと

$$A \to \begin{pmatrix} 1 & 0 & 3 & -1 & -2 \\ 0 & 1 & 1 & 1 & 3 \\ 0 & 0 & 0 & 0 & 0 \\ 0 & 0 & 0 & 0 & 0 \end{pmatrix} = B$$

となることを示せ．

(2) Ker $(L_A)$ の基底を 1 組求めよ．また null $(L_A)$ を求めよ．

(3) $A$ の列ベクトルの組合せのなかで，Im $(L_A)$ の基底となるものをすべて求めよ．

**●練習 9.** 以下で定義される行列 $A$ に対して，$A$ により定義される線形写像 $L_A : \mathbb{R}^5 \to \mathbb{R}^4$ について次の問いに答えよ．

$$(\text{ア})\ A = \begin{pmatrix} 1 & -2 & 1 & 0 & 0 \\ 1 & -2 & 1 & 0 & 1 \\ -2 & 4 & -2 & 0 & 2 \\ 1 & -1 & 2 & 1 & 1 \end{pmatrix} \qquad (\text{イ})\ A = \begin{pmatrix} 1 & 2 & 3 & 4 & 3 \\ 1 & 1 & 1 & 2 & 1 \\ 0 & 1 & 2 & 2 & 2 \\ 3 & 2 & 1 & 4 & 1 \end{pmatrix}$$

$$(\text{ウ})\ A = \begin{pmatrix} 1 & 2 & 3 & 0 & 0 \\ 1 & 1 & 1 & 0 & 1 \\ 2 & 0 & -2 & 1 & 2 \\ 2 & 3 & 4 & 1 & -1 \end{pmatrix} \qquad (\text{エ})\ A = \begin{pmatrix} 1 & 1 & 0 & 1 & -2 \\ 2 & 3 & 1 & 2 & -5 \\ 1 & 0 & -1 & 1 & -1 \\ 2 & 1 & -1 & 2 & -3 \end{pmatrix}.$$

(1) null $(L_A)$ を求めよ．また，Ker $(L_A)$ の基底を 1 組求めよ．

(2) rank $(L_A)$ を求めよ．また，Im $(L_A)$ の基底を 1 組求めよ．

**●練習 10.** 次の行列 $A$ で定義される線形写像 $L_A : \mathbb{R}^4 \to \mathbb{R}^3$ について次の問いに答えよ

$$A = \begin{pmatrix} 1 & -2 & 2 & 1 \\ 2 & 2 & 6 & 3 \\ 3 & 0 & 8 & 4 \end{pmatrix}.$$

(1) Ker$(L_A)$ の基底を求めよ．

(2) Im$(L_A)$ の基底を求めよ．

(3) 方程式 $A\boldsymbol{x} = \boldsymbol{b}$ が解を持つような $\boldsymbol{b} \in \mathbb{R}^3$ はどのようなベクトルか．(2) の結果を用いて述べよ．

### 3.2.3 非斉次線形方程式の解の構造

前の部分節において，$A \in \mathrm{Mat}(m, n; \mathbb{R})$ に対して，斉次方程式 $A\boldsymbol{x} = \boldsymbol{0}$ 解空間は，数学的には $\mathbb{R}^n$ の部分空間 Ker $(L_A)$ に等しいことをみた．本部分節においては，$\boldsymbol{b} \in \mathbb{R}^m$ として，$n$ 個の変数に関する非斉次 $m$ 元連立 1 次方程式

$$A\boldsymbol{x} = \boldsymbol{b} \tag{3.22}$$

を解全体がなす集合について考える．便宜上，この方程式 (3.22) は少なくとも一つの解をもつ仮定する．すなわち，

$$\mathrm{rank}\ (A|\boldsymbol{b}) = \mathrm{rank}\ (A) \tag{3.23}$$

が満たされているとする．方程式 (3.22) の一つの解を $\boldsymbol{x}_0$ とおく．そのとき，(3.22) の任意の解 $\boldsymbol{x}$ に対して，$\overline{\boldsymbol{x}} = \boldsymbol{x} - \boldsymbol{x}_0$ とおけば

$$A\overline{\boldsymbol{x}} = A\boldsymbol{x} - A\boldsymbol{x}_0 = \boldsymbol{b} - \boldsymbol{b} = \boldsymbol{0}$$

を得る．よって，$\overline{\boldsymbol{x}} \in \mathrm{Ker}\,(A)$ であることがわかる．よって，非斉次連立方程式 (3.22) の解全体の集合 $S$ は，

$$S = \{\boldsymbol{x}_0 + \overline{\boldsymbol{x}} | \overline{\boldsymbol{x}} \in \mathrm{Ker}\,(A)\} \subset \mathbb{R}^n \tag{3.24}$$

と表すことができる．すなわち，$S$ は定ベクトル $\boldsymbol{x}_0$ $(A\boldsymbol{x} = \boldsymbol{b})$ と部分空間 $\mathrm{Ker}\,(A)$ の元の和として表される数ベクトルの全体となる．

このように，ある定ベクトルと部分空間に属するベクトルの和として表される点の全体を**アフィン部分空間**と呼ぶことがある．このような言葉を導入すれば，次の命題が示されたことになる．

**命題 3.2.7.** 非斉次の連立 1 次方程式の解全体からなる集合 $S$ は数ベクトル空間のアフィン部分空間であり，$S$ の任意の元は非斉次方程式の一つの解 $\boldsymbol{x}_0$ と係数行列 $A$ の核（部分空間）に含まれるベクトルの和として表すことができる．

**◆例 5.** 係数行列 $A$ と $\boldsymbol{b}$ を

$$A = \begin{pmatrix} 1 & 0 & 2 & -1 & 2 \\ 2 & 1 & 3 & -1 & -1 \\ -1 & 3 & -5 & 4 & 1 \\ 1 & 2 & 0 & 1 & 1 \end{pmatrix}, \quad \boldsymbol{b} = \begin{pmatrix} 3 \\ -1 \\ -6 \\ -2 \end{pmatrix}$$

として，非斉次方程式 $A\boldsymbol{x} = \boldsymbol{b}$ を考える．この問題は例題 3 で解かれており，一般的な解の表現は

$$\begin{pmatrix} x_1 \\ \vdots \\ x_5 \end{pmatrix} = \begin{pmatrix} 1 - 2c_1 + c_2 \\ -2 + c_1 - c_2 \\ c_1 \\ c_2 \\ 1 \end{pmatrix} = \begin{pmatrix} 1 \\ -2 \\ 0 \\ 0 \\ 1 \end{pmatrix} + c_1 \begin{pmatrix} -2 \\ 1 \\ 1 \\ 0 \\ 0 \end{pmatrix} + c_2 \begin{pmatrix} 1 \\ -1 \\ 0 \\ 1 \\ 0 \end{pmatrix}$$

である．ここで，$\boldsymbol{u}_1 = {}^t(-2, 1, 1, 0, 0)$，$\boldsymbol{u}_2 = {}^t(1, -1, 0, 1, 0)$ は $\mathrm{Ker}\,(A)$ の基底であり，${}^t(1, -2, 0, 0, 1)$ は $A\boldsymbol{x} = \boldsymbol{b}$ の一つに解である．よって，非斉次方程式 $A\boldsymbol{x} = \boldsymbol{b}$ の任意の解は，非斉次方程式の一つの解と $\mathrm{Ker}\,(A)$ の一般元の和として表されている．

**●練習 11.** 例題 10 において定義された線形写像 $L_A : \mathbb{R}^5 \to \mathbb{R}^4$ の像 $\mathrm{Im}\,(L_A)$ の基底は $\boldsymbol{a}_1 = {}^t(1, 0, 2, 1)$，$\boldsymbol{a}_2 = {}^t(-2, 1, -3, -1)$，$\boldsymbol{a}_4 = {}^t(-2, 2, -1, 1)$ である．次

の問いに答えよ．

(1) $A\boldsymbol{x} = \boldsymbol{a}_1$, $A\boldsymbol{x} = \boldsymbol{a}_2$, $A\boldsymbol{x} = \boldsymbol{a}_4$ の一般解はどのようになるか．

(2) $\boldsymbol{b} = k_1\boldsymbol{a}_1 + k_2\boldsymbol{a}_2 + k_3\boldsymbol{a}_4$ とおくとき $A\boldsymbol{x} = \boldsymbol{b}$ の一般解を求めよ．

## 第 3 章 補充問題

**問題 1.** 次の $A, \boldsymbol{b}$ に対して，連立 1 次方程式の $A\boldsymbol{x} = \boldsymbol{b}$ の一般解を求めよ．解がないときはその理由を述べよ．

(1) $A = \begin{pmatrix} 1 & 1 & 1 \\ 2 & -3 & -1 \\ -1 & 2 & 2 \end{pmatrix}, \boldsymbol{b} = \begin{pmatrix} 3 \\ -8 \\ 3 \end{pmatrix}$ (2) $A = \begin{pmatrix} 1 & -25 & -3 \\ 4 & -95 & -12 \end{pmatrix}$, $\boldsymbol{b} = \begin{pmatrix} -24 \\ -91 \end{pmatrix}$

(3) $A = \begin{pmatrix} 4 & 2 & 18 \\ 4 & 1 & 15 \\ 8 & -1 & 21 \end{pmatrix}$, $\boldsymbol{b} = \begin{pmatrix} 4 \\ 2 \\ -2 \end{pmatrix}$ (4) $A = \begin{pmatrix} 3 & -9 & 3 \\ -15 & 45 & -15 \\ -9 & 27 & -9 \end{pmatrix}$, $\boldsymbol{b} = \begin{pmatrix} -9 \\ 45 \\ 27 \end{pmatrix}$

(5) $A = \begin{pmatrix} -2 & -9 & -12 & 1 \\ 2 & 9 & 9 & -4 \\ 2 & 6 & 0 & -10 \\ 4 & 18 & 36 & 10 \end{pmatrix}$, $\boldsymbol{b} = \begin{pmatrix} 8 \\ -5 \\ 4 \\ 12 \end{pmatrix}$

(6) $A = \begin{pmatrix} -1 & -5 & 10 & -1 \\ 2 & 11 & -23 & 2 \\ -4 & -23 & 49 & -4 \\ 1 & 2 & -1 & 1 \end{pmatrix}$, $\boldsymbol{b} = \begin{pmatrix} 2 \\ -4 \\ 8 \\ -2 \end{pmatrix}$

(7) $A = \begin{pmatrix} -1 & 2 & 1 & 1 \\ 1 & 1 & 1 & -3 \\ -3 & 18 & 12 & -4 \\ -2 & 1 & 1 & 9 \end{pmatrix}$, $\boldsymbol{b} = \begin{pmatrix} -4 \\ -6 \\ -48 \\ 18 \end{pmatrix}$

**問題 2.** 次の連立一次方程式が 2 個以上の相異なる解をもつように定数 $a, b$ の値を定めよ．またそのときの解を求めよ．

$$\begin{cases} 2x - y + z = -4 \\ -x + 2y + z = b \\ 3x + ay + 4z = -6 \end{cases}$$

**問題 3.** 連立方程式 $x_1 + x_2 = a$, $x_2 + x_3 = b$, $x_3 + x_4 = c$, $x_4 + x_1 = d$ が解を持つための $a, b, c, d$ に対する条件を求めよ．

**問題 4.** 行列

$$A(\lambda) = \begin{pmatrix} 1 & \lambda & -1 & 2 \\ 2 & -1 & \lambda & 5 \\ 1 & 10 & -6 & 1 \end{pmatrix}$$

について以下の問いに答えよ．

(1) $A(\lambda)$ の階数が最小となるパラメーター $\lambda$ を求めよ．

(2) (1) で求めた $\lambda$ について，列ベクトル $\boldsymbol{x} = {}^t(x_1, x_2, x_3, x_4)$ に関する線形方程式 $A(\lambda)\boldsymbol{x} = 0$ の一般解を求めよ．

**問題 5.** 次のようなパラメータ $a, b$ を含む連立方程式について以下の問いに答えよ．

$$\begin{pmatrix} 1 & -1 & -3 & -2 \\ 1 & 2 & 3 & 1 \\ 0 & 1 & 2 & 1 \\ 2 & 1 & 0 & -a \end{pmatrix} \begin{pmatrix} x_1 \\ x_2 \\ x_3 \\ x_4 \end{pmatrix} = \begin{pmatrix} -2 \\ b \\ 1 \\ -1 \end{pmatrix}$$

(1) 連立方程式が解をもつための条件を求めよ．

(2) (1) で求めた条件の下で，連立方程式の一般解を求めよ．またそのときの係数行列の階数 (= 拡大係数行列の階数) を求めよ．

**問題 6.** ベクトル $\boldsymbol{b} = {}^t(b_1, b_2, b_3, b_4) \in \mathbb{R}^4$ に対して連立方程式 $A\boldsymbol{x} = \boldsymbol{b}$ を考える．ここで，$\boldsymbol{x} = {}^t(x_1, x_2, x_3, x_4)$ であり，$A \in \mathrm{Mat}(4, 5; \mathbb{R})$ は

$$A = \begin{pmatrix} 1 & 1 & 2 & 2 & 3 \\ 1 & 2 & 2 & 3 & 3 \\ 2 & 2 & 3 & 3 & 4 \\ 2 & 3 & 3 & 4 & 4 \end{pmatrix}$$

で定義される．与えられた連立方程式が解を持つための $\boldsymbol{b}$ に対する条件を求め，その条件の下で連立方程式の一般解を求めよ．

**問題 7.** 次の行列が正則かどうか調べ，正則ならその逆行列を求めよ．

(1) $A = \begin{pmatrix} 2 & 1 & -1 \\ 1 & -2 & 2 \\ 2 & 1 & 1 \end{pmatrix}$　　(2) $A = \begin{pmatrix} 4 & 1 & 2 \\ 3 & 2 & -1 \\ -2 & -2 & 2 \end{pmatrix}$

(3) $A = \begin{pmatrix} 1 & -1 & 1 & -1 \\ 0 & 1 & -1 & 1 \\ 0 & 0 & 1 & -1 \\ 0 & 0 & 0 & 1 \end{pmatrix}$　　(4) $A = \begin{pmatrix} 2 & 0 & 1 & 0 \\ 0 & -1 & 1 & -2 \\ 1 & 0 & 1 & 0 \\ 0 & 1 & -1 & 3 \end{pmatrix}$

(5) $A = \begin{pmatrix} 1 & 2 & -1 & 2 \\ 2 & 2 & -1 & 1 \\ -1 & -1 & 1 & -1 \\ 2 & 1 & -1 & 2 \end{pmatrix}$　　(6) $A = \begin{pmatrix} 2 & 3 & 2 & 1 \\ -4 & -2 & 1 & -1 \\ 2 & 1 & 1 & 2 \\ 4 & 2 & 4 & 6 \end{pmatrix}$

(7) $A = \begin{pmatrix} 1 & 0 & 0 & 1 & 1 \\ 0 & 2 & 0 & -1 & -1 \\ 0 & 0 & 1 & 2 & 0 \\ 0 & 0 & 0 & -1 & 0 \\ 0 & 0 & 0 & 0 & -2 \end{pmatrix}$

# 4 行列式

## 4.1 行列式の定義と基本性質

本章では，一般の $n$ 次正方行列 $A = (a_{ij})$ の行列式を定義し，その基本的な性質を調べる．まず，必要な言葉の定義から始める．

**定義 4.1.1 (多重交代形式).** $(\mathbb{R}^n)^m$ または，$\mathbb{R}^n \times \cdots \times \mathbb{R}^n$($m$ 個の積) で，$\mathbb{R}^n$ のベクトルの $m$ 個の順序対 $(\boldsymbol{a}_1, \ldots, \boldsymbol{a}_m)$ $(\boldsymbol{a}_i \in \mathbb{R}^n)$ の全体を表す．$f : (\mathbb{R}^n)^m \to \mathbb{R}$ が $m$ **重線形形式**であるとは，$f$ は $m$ 個のベクトル $\boldsymbol{a}_1, \ldots, \boldsymbol{a}_m \in \mathbb{R}^n$ に対して実数 $f(\boldsymbol{a}_1, \ldots, \boldsymbol{a}_m)$ を対応させる関数 $f$ であって，以下の条件 (1), (2) を満たすものをいう．$m$ 重線形形式 $f$ がさらに (3) を満たすとき，$f$ を $m$ **重交代形式**と呼ぶ．

(1) 各 $i(i = 1, \ldots, n)$ について，$\boldsymbol{a}_i = \boldsymbol{b}_i + \boldsymbol{c}_i$ ならば，

$$f(\boldsymbol{a}_1, \ldots, \boldsymbol{a}_i, \ldots, \boldsymbol{a}_m) \\ = f(\boldsymbol{a}_1, \ldots, \boldsymbol{b}_i, \ldots, \boldsymbol{a}_m) + f(\boldsymbol{a}_1, \ldots, \boldsymbol{c}_i, \ldots, \boldsymbol{a}_m)$$

(2) $c \in \mathbb{R}$ ならば，

$$f(\boldsymbol{a}_1, \ldots, c\boldsymbol{a}_i, \ldots, \boldsymbol{a}_m) = cf(\boldsymbol{a}_1, \ldots, \boldsymbol{a}_i, \ldots, \boldsymbol{a}_m)$$

(3)

$$f(\boldsymbol{a}_1, \ldots, \boldsymbol{a}_i, \ldots, \boldsymbol{a}_j, \ldots, \boldsymbol{a}_m) = -f(\boldsymbol{a}_1, \ldots, \overbrace{\boldsymbol{a}_j}^{i}, \ldots, \overbrace{\boldsymbol{a}_i}^{j}, \ldots, \boldsymbol{a}_m)$$

$n$ 次正方行列を列ベクトル表示により，$A = (\boldsymbol{a}_1, \ldots, \boldsymbol{a}_n)$ と表す．ここで，$\boldsymbol{a}_i$ は $A$ の第 $i$ 列を表す列ベクトルである．そのとき，$n$ 次正方行列全体で定義された関数 $f$ は $A$ の $n$ 個の列ベクトル $\boldsymbol{a}_1, \ldots, \boldsymbol{a}_n$ を考えることにより $n$ 個の $n$ 次元ベクトルの上で定義された関数と見なすことができる．そのとき行列

式写像 $\det : \mathrm{Mat}(n;\mathbb{R}) \to \mathbb{R}$ を，次のように定義する．

**定義 4.1.2.** $n$ 次正方行列 $A \in \mathrm{Mat}(n;\mathbb{R})$ を列ベクトル表示で $A = (\boldsymbol{a}_1, \ldots, \boldsymbol{a}_n)$ と表す．そのとき，行列式写像 $\det : \mathrm{Mat}(n;\mathbb{R}) \to \mathbb{R}$ とは $\det(A) = \det(\boldsymbol{a}_1, \ldots, \boldsymbol{a}_n)$ が，次の (I) と (II) を満たすものをいう．

(I) $\det : \mathbb{R}^n \times \cdots \times \mathbb{R}^n \longrightarrow \mathbb{R}$ は $n$ 重交代形式である

(II) 単位行列 $E_n \in \mathrm{Mat}(n;\mathbb{R})$ に対して $\det(E_n) = 1$ となる．

当然，上記の定義を満たす det が存在し一意的に定まるかどうかは自明ではない．それについては，次の定理が成り立つ．定理の証明は本章の議論のなかで順次行う．

**定理 4.1.1.** $A \in \mathrm{Mat}(n;\mathbb{R})$ に対して，$A$ を列ベクトル表示で $A = (\boldsymbol{a}_1, \ldots, \boldsymbol{a}_n)$ と表す．そのとき，写像 $\varphi : \mathrm{Mat}(n;\mathbb{R}) \to \mathbb{R}$ であって，$A$ の列ベクトルについて $n$ 重線形で交代的なものが存在し，そのような $\varphi$ は単位行列 $E_n$ における $\varphi$ の値 $\varphi(E_n) = \varphi(\boldsymbol{e}_1, \ldots, \boldsymbol{e}_n)$ により一意的に定まる．特に，$\varphi(E_n) = 1$ により一意的に定まる $n$ 重交代形式 $\varphi : \mathrm{Mat}(n;\mathbb{R}) \to \mathbb{R}$ を $\det(A)$ で表す．さらに，一般の多重線形交代形式 $\varphi : \mathrm{Mat}(n;\mathbb{R}) \to \mathbb{R}$ は，$\varphi(A) = \varphi(E_n)\det(A)$ を満たす．

この定理により一意的に定まる $\det(A) \in \mathbb{R}$ を $A \in \mathrm{Mat}(n;\mathbb{R})$ の**行列式** (determinant) と呼ぶ．$A$ の $(i,j)$ 成分が $a_{ij}$ のとき $\det(A)$ を

$$|A| = \begin{vmatrix} a_{11} & \cdots & a_{1n} \\ \vdots & \ddots & \vdots \\ a_{n1} & \cdots & a_{nn} \end{vmatrix}$$

と表すこともある．

定義 4.1.2 により，行列式についてのいくつかの重要な事実が直ちに従う．

**命題 4.1.1.** 行列 $A \in \mathrm{Mat}(n;\mathbb{R})$ を列ベクトル表示で

$$A = (\boldsymbol{a}_1, \ldots, \boldsymbol{a}_n)$$

と表す．そのとき，行列式について，次の性質が成り立つ．

(1) $A$ の列の中に同じものがあれば，すなわち，$\boldsymbol{a}_i = \boldsymbol{a}_j (i \neq j)$ ならば，$\det(A) = 0$ である．

(2) $A$ のある列を定数倍して，別の列に加えても，行列式の値は変わらない．

(3) $\boldsymbol{a}_1, \ldots, \boldsymbol{a}_n$ が 1 次従属ならば $\det(A) = 0$ である．

(4) $\det(A) \neq 0$ なら $\boldsymbol{a}_1, \ldots, \boldsymbol{a}_n$ は 1 次独立である．

**証明:** (1) について：$\boldsymbol{a}_i = \boldsymbol{a}_j (i < j)$ であるなら，

$$\det(\boldsymbol{a}_1, \ldots, \boldsymbol{a}_i, \ldots, \boldsymbol{a}_j, \ldots, \boldsymbol{a}_n) = \det(\boldsymbol{a}_1, \ldots, \boldsymbol{a}_j, \ldots, \boldsymbol{a}_i, \ldots, \boldsymbol{a}_n)$$

が成り立つが，一方で交代性より，

$$\det(\boldsymbol{a}_1, \ldots, \boldsymbol{a}_i, \ldots, \boldsymbol{a}_j, \ldots, \boldsymbol{a}_n) = -\det(\boldsymbol{a}_1, \ldots, \boldsymbol{a}_j, \ldots, \boldsymbol{a}_i, \ldots, \boldsymbol{a}_n)$$

が成り立つ．よって，$\det(A) = \det(\boldsymbol{a}_1, \ldots, \boldsymbol{a}_i, \ldots, \boldsymbol{a}_j, \ldots, \boldsymbol{a}_n) = 0$ が従う．

(2) を示す．$A$ の $i$ 列のベクトル $\boldsymbol{a}_i$ を $c$ 倍して，$j$ 列に加えた行列の行列式を，多重線形性を用いて展開し，(1) の結果を用いると

$$\begin{aligned}
&\det(\boldsymbol{a}_1, \ldots, \boldsymbol{a}_i, \ldots, \boldsymbol{a}_j + c\boldsymbol{a}_i, \ldots, \boldsymbol{a}_n) \\
&\quad = \det(\boldsymbol{a}_1, \ldots, \boldsymbol{a}_i, \ldots, \boldsymbol{a}_j, \ldots, \boldsymbol{a}_n) + c\det(\boldsymbol{a}_1, \ldots, \boldsymbol{a}_i, \ldots, \boldsymbol{a}_i, \ldots, \boldsymbol{a}_n) \\
&\quad = \det(\boldsymbol{a}_1, \ldots, \boldsymbol{a}_i, \ldots, \boldsymbol{a}_j, \ldots, \boldsymbol{a}_n) = \det(A)
\end{aligned}$$

が得られる．

(3) を示す．$\boldsymbol{a}_1, \ldots, \boldsymbol{a}_n$ が 1 次従属であれば，ある $\boldsymbol{a}_i$ が他の列の 1 次結合として表わすことができる．一般性を失うことなく

$$\boldsymbol{a}_n = \sum_{i=1}^{n-1} c_i \boldsymbol{a}_i$$

と仮定する．そのとき多重線形性より

$$\det(A) = \det(\boldsymbol{a}_1, \ldots, \boldsymbol{a}_n) = \sum_{i=1}^{n-1} c_i \det(\boldsymbol{a}_1, \ldots, \boldsymbol{a}_{n-1}, \boldsymbol{a}_i)$$

であることがわかる．右辺の和に現れる行列式は (1) の結果よりすべて 0 である．よって，$\det(A) = 0$ を得る．

(4) は (3) の対偶であるから，成り立つことは明らかである． □

本節の残りの部分で，定義 4.1.2 を満たす $\det(A)$ の構成法を具体的に示すことにより，定理 4.1.1 の証明における存在部分を示す．det の一意性の証明は本章の最後の節で行う．

まず，$n = 2$ のときを考える．

$$A = \begin{pmatrix} a & b \\ c & d \end{pmatrix}$$

とおく．そのとき多重線形性より

$$\begin{aligned}\begin{vmatrix} a & b \\ c & d \end{vmatrix} &= \begin{vmatrix} a & b \\ 0 & d \end{vmatrix} + \begin{vmatrix} 0 & b \\ c & d \end{vmatrix} \\ &= a\begin{vmatrix} 1 & b \\ 0 & d \end{vmatrix} + c\begin{vmatrix} 0 & b \\ 1 & d \end{vmatrix} \\ &= a\left(\begin{vmatrix} 1 & b \\ 0 & 0 \end{vmatrix} + \begin{vmatrix} 1 & 0 \\ 0 & d \end{vmatrix}\right) + c\left(\begin{vmatrix} 0 & b \\ 1 & 0 \end{vmatrix} + \begin{vmatrix} 0 & 0 \\ 1 & d \end{vmatrix}\right) \\ &= a\left(b\begin{vmatrix} 1 & 1 \\ 0 & 0 \end{vmatrix} + d\begin{vmatrix} 1 & 0 \\ 0 & 1 \end{vmatrix}\right) + c\left(b\begin{vmatrix} 0 & 1 \\ 1 & 0 \end{vmatrix} + d\begin{vmatrix} 0 & 0 \\ 1 & 1 \end{vmatrix}\right)\end{aligned}$$

を得る．ここで，交代性と，2 次単位行列 $E_2$ に対して $\det(E_2) = 1$ であることを用いると

$$\begin{vmatrix} 1 & 0 \\ 0 & 1 \end{vmatrix} = 1, \quad \begin{vmatrix} 0 & 1 \\ 1 & 0 \end{vmatrix} = -1, \quad \begin{vmatrix} 1 & 1 \\ 0 & 0 \end{vmatrix} = 0, \quad \begin{vmatrix} 0 & 0 \\ 1 & 1 \end{vmatrix} = 0,$$

であるから，

$$\det(A) = \begin{vmatrix} a & b \\ c & d \end{vmatrix} = ad - bc \tag{4.1}$$

が得られる．上記の $\mathrm{Mat}(2;\mathbb{R})$ に対する det が定義 4.1.2 において，(I),(II) を満たすことはあきらかである．よって，定理 4.1.1 は $n = 2$ のときには完全に示されたことになる．

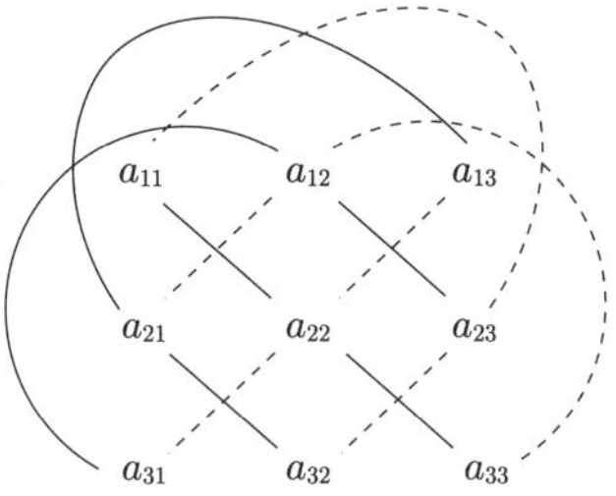


**●練習 1.** 3 次の正方行列 $A \in \mathrm{Mat}(3;\mathbb{R})$ に対して，上記 2 次の正方行列の行列式の計算と同様な方法で，**サラス (Sarrus) の公式**

$$\begin{vmatrix} a_{11} & a_{12} & a_{13} \\ a_{21} & a_{22} & a_{23} \\ a_{31} & a_{32} & a_{33} \end{vmatrix}$$

$$= a_{11}a_{22}a_{33} + a_{12}a_{23}a_{31} + a_{13}a_{21}a_{32} - a_{13}a_{22}a_{31} - a_{12}a_{21}a_{33} - a_{11}a_{23}a_{32}$$

を導け．

次に，$\mathrm{Mat}(n-1;\mathbb{R})$ 上に det 関数が定義されているとして，$\mathrm{Mat}(n;\mathbb{R})$ 上の det 関数を帰納的に定義したい．そのためには，$A \in \mathrm{Mat}(n;\mathbb{R})$ に対する $\det(A)$ の計算を $\mathrm{Mat}(n-1;\mathbb{R})$ における行列式の計算に帰着させる必要がある．そのために必要な定義を行う．

行列 $A \in \mathrm{Mat}(n;\mathbb{R})$ において，第 $i$ 行と第 $j$ 列を除いて出来る $n-1$ 次の正方行列を $A_{ij}$ で表す．$\det(A_{ij}) = |A_{ij}|$ を $A$ の $(i,j)$ **小行列式**といい，

$|A_{ij}| = \Delta_{ij}$ と表すこともある．

いま，$A$ の $j$ 列の列ベクトル $\boldsymbol{a}_j$ を次のように分解する：

$$\boldsymbol{a}_j = \begin{pmatrix} a_{1j} \\ a_{2j} \\ \vdots \\ a_{nj} \end{pmatrix} = \begin{pmatrix} a_{1j} \\ 0 \\ \vdots \\ 0 \end{pmatrix} + \begin{pmatrix} 0 \\ a_{2j} \\ \vdots \\ a_{nj} \end{pmatrix} = a_{1j}\boldsymbol{e}_1 + \overline{\boldsymbol{a}}_j. \tag{4.2}$$

そのとき，det の多重線形性より

$$\det(\boldsymbol{a}_1, \boldsymbol{a}_2, \ldots, \boldsymbol{a}_n) = a_{11}\det(\boldsymbol{e}_1, \boldsymbol{a}_2, \ldots, \boldsymbol{a}_n) + \det(\overline{\boldsymbol{a}}_1, \boldsymbol{a}_2, \ldots, \boldsymbol{a}_n) \tag{4.3}$$

となる．

式 (4.3) の右辺第 1 項について，$a_{11} = 0$ なら 0 となる．$a_{11} \neq 0$ なら，行列式の部分で，第 1 列をそれぞれ $a_{12}$ 倍して第 2 列から引き，第 1 列を $a_{13}$ 倍して第 3 列から引き，これを繰り返して，最後に第 1 列を $a_{1n}$ 倍して，第 $n$ 列から引く．これらの操作で行列式の値は変わらない．よって (4.3) の右辺第 1 項は，次のようになる．

$$a_{11}\begin{vmatrix} 1 & 0 & \cdots & 0 \\ 0 & a_{22} & \cdots & a_{2n} \\ \vdots & \vdots & \ddots & \vdots \\ 0 & a_{n2} & \cdots & a_{nn} \end{vmatrix} \tag{4.4}$$

式 (4.4) を $a_{11}$ で割った部分を，$n-1$ 次正方行列 $A_{11} \in \mathrm{Mat}(n-1;\mathbb{R})$ の $n-1$ 個の列ベクトルの関数 $D_{n-1}$ と考えたとき，$D_{n-1}$ は，$n-1$ 重の交代形式であり，$D_{n-1}(E_{n-1}) = 1$ であるから，$D_{n-1} = \det$ であって，(4.4) は $a_{11}\det(A_{11})$ となる．

引き続き式 (4.3) の右辺第 2 項 $\det(\overline{\boldsymbol{a}}_1, \boldsymbol{a}_2, \ldots, \boldsymbol{a}_n)$ について計算を続ける．1 列目と 2 列目を入れ換え，$\boldsymbol{a}_2$ に対して，(4.2) の分解を行うと

$$\begin{aligned}&\det(\overline{\boldsymbol{a}}_1, \boldsymbol{a}_2, \ldots, \boldsymbol{a}_n) \\ &\qquad = -a_{12}\det(\boldsymbol{e}_1, \overline{\boldsymbol{a}}_1, \boldsymbol{a}_3, \ldots, \boldsymbol{a}_n) + \det(\overline{\boldsymbol{a}}_1, \overline{\boldsymbol{a}}_2, \ldots, \boldsymbol{a}_n)\end{aligned} \tag{4.5}$$

を得る．

式 (4.4) を得たのと同様な計算により，(4.5) の右辺第 1 項は $-a_{12}\det(A_{12})$ となることがわかる．

次に，(4.5) の右辺第 2 項について，上記と同様な操作を行う．その際，$\boldsymbol{a}_3$ を第 1 列に移動させる必要があるが，他の列の並びを変更しない形で $\boldsymbol{a}_3$ を第 1 列に移動させるには 3 列と 2 列を入れ換え，さらに 2 列と 1 列を入れ換えれ

ばよい．その結果 (4.5) の右辺第 2 項は

$$a_{13}\det(A_{13})+\det(\overline{\boldsymbol{a}}_1,\overline{\boldsymbol{a}}_2,\overline{\boldsymbol{a}}_3,\boldsymbol{a}_4,\ldots,\boldsymbol{a}_n)$$

となる．この手続きを繰り返すことにより

$$\det(A)=\sum_{j=1}^{n}(-1)^{1+j}a_{1j}\det A_{1j}+\det(\overline{\boldsymbol{a}}_1,\overline{\boldsymbol{a}}_2,\ldots,\overline{\boldsymbol{a}}_n) \tag{4.6}$$

を得る．ここで，(4.6) の右辺の第 2 項に表れる行列式の列ベクトルは第 1 成分がすべて 0 であるから，列ベクトルは 1 次従属である．よって，(4.6) の右辺第 2 項の行列式の値は 0 となる．したがって

$$\det(A)=\det(\boldsymbol{a}_1,\ldots,\boldsymbol{a}_n)=\sum_{j=1}^{n}(-1)^{1+j}a_{1j}\det A_{1j} \tag{4.7}$$

を得る．式 (4.7) を $\det(A)$ の第 1 行による**余因子展開**と呼ぶ．

以上で，行列式を帰納的に構成するための準備が整った．そこで，$n-1$ 次以下の正方行列に対しては，行列式が定義されていると仮定する．そのとき $1\leq i,j\leq n$ に対して，$\det(A_{ij})$ が定義されている．そこで，$\det(A)$ を，1 行による展開式 (4.7) で定義する．そのとき，$\det(A)$ が定義 4.1.2 の (I) と (II) を満たすことを示す．

(II) $n$ 次単位行列 $E_n$ に対して，$\det(E_n)=1$ となることは，定義 (4.7) と $\det(E_{n-1})$ であることより明らかである．したがって，(I)「det が $n$ 重交代線形形式である」ことを示せばよい．

まず，$\boldsymbol{a}_k\to c\boldsymbol{a}_k$ としたとき，行列式 $\det(A)\mapsto c\det(A)$ であることを示す．(4.7) の和において，$j=k$ のときは，$a_{1k}\mapsto ca_{1k}$ であり，$j\neq k$ のときは，$n-1$ 次行列式の多重線形性より $\det(A_{1j})\mapsto c\det(A_{1j})$ となる．よって，$\det(A)\mapsto c\det(A)$ が示された．

つぎに，$A$ の $k$ 列が $\boldsymbol{a}_k\mapsto\boldsymbol{b}_k+\boldsymbol{c}_k$ と和に分解したとき，行列式 $\det(A)$ が和に分解すること，すなわち

$$\begin{aligned}&\det(\boldsymbol{a}_1,\ldots,\boldsymbol{b}_k+\boldsymbol{c}_k,\ldots,\boldsymbol{a}_n)\\&=\det(\boldsymbol{a}_1,\ldots,\boldsymbol{b}_k,\ldots,\boldsymbol{a}_n)+\det(\boldsymbol{a}_1,\ldots,\boldsymbol{c}_k,\ldots,\boldsymbol{a}_n)\end{aligned}$$

を示す．ここで

$$\boldsymbol{b}_k={}^t(b_1,\ldots,b_n),\quad \boldsymbol{c}_k={}^t(c_1,\ldots,c_n)$$

とおく．そのとき，(4.7) の和において，$j=k$ のときは $a_{1k}\mapsto b_1+c_1$ となる．一方，$j\neq k$ のときは $n-1$ 次行列式の多重線形性より，$\det(A_{1j})$ が，$A$ の $k$

列を $\boldsymbol{b}_k$ とした $n-1$ 次の行列式 $A'_{1j}$ と $A$ の $k$ 列を $\boldsymbol{c}_k$ とした $n-1$ 次の行列式 $A''_{1j}$ の和に分解する．$j=k$ のときは $A'_{1k}=A''_{1k}=A_{1k}$ である．よって，

$$
\begin{aligned}
&\det(\boldsymbol{a}_1,\ldots,\boldsymbol{b}_k+\boldsymbol{c}_k,\ldots,\boldsymbol{a}_n)\\
&\qquad=(-1)^{1+k}(b_1+c_1)A_{1k}+\sum_{j\neq k}(-1)^{1+j}a_{1j}(A'_{1j}+A''_{1j})\\
&\qquad=(-1)^{1+k}b_1A'_{1k}+\sum_{j\neq k}(-1)^{1+j}a_{1j}A'_{1j}+(-1)^{1+k}c_1A''_{1k}\\
&\qquad\qquad\qquad+\sum_{j\neq k}(-1)^{1+j}a_{1j}A''_{1j}\\
&\qquad=\det(\boldsymbol{a}_1,\ldots,\boldsymbol{b}_k,\ldots,\boldsymbol{a}_n)+\det(\boldsymbol{a}_1,\ldots,\boldsymbol{c}_k,\ldots,\boldsymbol{a}_n)
\end{aligned}
$$

が従う．以上で，$\det(A)$ の列ベクトルに関する $n$ 重線形性が示された．

残るは交代性の証明である．$k<l$ として，$A$ の $k$ 列と $l$ 列を入れ換えた行列を $A'$ とおくとき，$\det(A')=-\det(A)$ となることを示す．和 (4.7) において，まず $j=k$ または，$j=l$ のときを考える．$j=k$ のときは，$a'_{1k}=a_{1l}$ となり，$A'_{1k}$ においては第 $l$ 列が，$A$ の $k$ 列（その 2 行から $n-1$ 行まで）でおきかわっているから，その $l$ 列を $k$ 列まで，他の列をそのままにして移動させると $(-1)^{l-k-1}$ だけ符号が変化するので，

$$
\det(A'_{1k})=(-1)^{l-k-1}\det(A_{1l})
$$

となる．よって，

$$
(-1)^{k+1}a'_{1k}\det(A'_{1k})=-(-1)^{l+1}a_{1l}\det(A_{1l})
$$

を得る．全く同様にして (4.7) の和において，$j=l$ の項は

$$
(-1)^{l+1}a'_{1l}\det(A'_{1l})=-(-1)^{k+1}a_{1k}\det(A_{1k})
$$

となる．最後に (4.7) における $j\neq k,l$ の項は $n-1$ 次行列式の交代性から符号が変わる．よって $\det(A')=-\det(A)$ となる．これで，行列式の交代性が示された．

以上により，$A\in\mathrm{Mat}(n;\mathbb{R})$ に対して，(I) と (II) を満たす $\det(A)$ が帰納的に定義されることが示された．$\det(A)$ の一意性については後述する．

## 4.2 行列式の計算規則

### 4.2.1 列と行に関する多重交代形式としての規則

本節では，行列式を計算するための計算規則についてまとめる．まず，$A \in \mathrm{Mat}(n;\mathbb{R})$ を列ベクトル表示で $A = (\boldsymbol{a}_1, \ldots, \boldsymbol{a}_n)$ とおくと，det は，定義から，これらの列ベクトルについて $n$ 重線形交代形式であった．今までに述べた定義 4.1.2 と命題 4.1.1 から，次のような計算規則が使えることがわかる．

(C1) ある列ベクトルが $c$ 倍されると，行列式の値も $c$ 倍される．すなわち

$$\det(\boldsymbol{a}_1, \ldots, c\boldsymbol{a}_j, \ldots, \boldsymbol{a}_n) = c\det(\boldsymbol{a}_1, \ldots, \boldsymbol{a}_j, \ldots, \boldsymbol{a}_n)$$

(C2) 列を入れ換えると行列式の符号が変わる．例えば $k < l$ として

$$\det(\boldsymbol{a}_1, \ldots, \boldsymbol{a}_l, \cdots, \boldsymbol{a}_k, \ldots, \boldsymbol{a}_n) = -\det(\boldsymbol{a}_1, \ldots, \boldsymbol{a}_k, \cdots, \boldsymbol{a}_l, \ldots, \boldsymbol{a}_n)$$

(C3) 行列式のある列を定数倍して他の列に加えても行列式の値は変わらない．すなわち $k \neq l$ として

$$\det(\boldsymbol{a}_1, \ldots, \boldsymbol{a}_k, \cdots, \boldsymbol{a}_l + c\boldsymbol{a}_k, \ldots, \boldsymbol{a}_n) = \det(\boldsymbol{a}_1, \ldots, \boldsymbol{a}_k, \cdots, \boldsymbol{a}_l, \ldots, \boldsymbol{a}_n)$$

◆例 1.　列の変形 (C1),(C2),(C3) を用いた行列式の簡単な計算例をあげる．

(1)

$$\begin{vmatrix} 1 & 2 & 3 \\ 2 & 3 & 4 \\ 3 & 4 & 5 \end{vmatrix} = \begin{vmatrix} 1 & 0 & 0 \\ 2 & -1 & -2 \\ 3 & -2 & -4 \end{vmatrix} = 2\begin{vmatrix} 1 & 0 & 0 \\ 2 & 1 & 2 \\ 3 & 1 & 2 \end{vmatrix} = 0$$

第 1 項から第 2 項への変形は，第 2 列から第 1 列の 2 倍を引き，第 3 列から第 1 列の 3 倍を 引く．第 2 項から第 3 項への変形は，第 2 列から $-1$ を括りだし，第 3 列から $-2$ を括りだす．その結果第 2 列と第 3 列が同じになるので，行列式の値は 0 となる．

(2)

$$\begin{vmatrix} 1 & 3 & 2 \\ 2 & 1 & 3 \\ 3 & 2 & 1 \end{vmatrix} = \begin{vmatrix} 1 & 0 & 0 \\ 2 & -5 & -1 \\ 3 & -7 & -5 \end{vmatrix} = \begin{vmatrix} 1 & 0 & 0 \\ 0 & 5 & 1 \\ 3 & 7 & 5 \end{vmatrix} = \begin{vmatrix} 1 & 0 & 0 \\ 0 & 0 & 1 \\ -7 & -18 & 5 \end{vmatrix}$$

$$= -18\begin{vmatrix} 1 & 0 & 0 \\ 0 & 0 & 1 \\ -7 & 1 & 5 \end{vmatrix} = -18\begin{vmatrix} 1 & 0 & 0 \\ 0 & 0 & 1 \\ 0 & 1 & 0 \end{vmatrix} = 18\begin{vmatrix} 1 & 0 & 0 \\ 0 & 1 & 0 \\ 0 & 0 & 1 \end{vmatrix} = 18$$

第 1 項から第 2 項への変形は，第 2 列から第 1 列の 3 倍を引き，第 3 列から第 1 列の 2 倍を引く．第 2 項から第 3 項への変形は，第 2 列とから $-1$ を括りだし，第 3 列から $-1$ を括りだす．第 3 項から第 4 項への変形は，第 1 列から第 3 列の 2 倍を引き，第 2 列から第 3 列の 5 倍を引く．第 4 項から第 5 項への変形は，第 2 列から $-18$ を

括りだす．第 5 項から第 6 項への変形は，第 1 列に第 2 列の 7 倍を加え，第 3 列から第 2 列の 5 倍を引く．第 6 項から第 7 項への変形は第 2 列と第 3 列を入れ換える．

**定理 4.2.1.** 行列 $\in \mathrm{Mat}(n;\mathbb{R})$ を行ベクトル表示して

$$A = \begin{pmatrix} \boldsymbol{a}^1 \\ \vdots \\ \boldsymbol{a}^n \end{pmatrix}$$

とおくとき，det は $n$ 個の行ベクトルの対 $\boldsymbol{a}^1, \ldots, \boldsymbol{a}^n$ に対して $\mathbb{R}$ の元を対応させる写像を定義するが，この写像も $n$ 重線形交代形式となる．

定理 4.2.1 を示すには，次の定理を示せば十分であるが，その証明は本章の最終節で行う．

**定理 4.2.2.** $A \in \mathrm{Mat}(n;\mathbb{R})$ に対して，その転置行列を ${}^tA \in \mathrm{Mat}(n;\mathbb{R})$ で定義する．そのとき，

$$\det(A) = \begin{vmatrix} a_{11} & \cdots & a_{1n} \\ \vdots & \ddots & \vdots \\ a_{n1} & \cdots & a_{nn} \end{vmatrix} = \det({}^tA) = \begin{vmatrix} a_{11} & \cdots & a_{n1} \\ \vdots & \ddots & \vdots \\ a_{1n} & \cdots & a_{nn} \end{vmatrix} \tag{4.8}$$

が成り立つ．

det は $A$ の行ベクトルについても $n$ 重線形交代形式であるから，次の命題が成り立つ．

**命題 4.2.1.** $n$ 次正方行列 $A \in \mathrm{Mat}(n;\mathbb{R})$ を行ベクトル表示で $A = \begin{pmatrix} \boldsymbol{a}^1 \\ \vdots \\ \boldsymbol{a}^n \end{pmatrix}$ と表す．そのとき，行列式 $\det(A)$ について，次の性質が成り立つ．

(1) $A$ の行の中に同じものがあれば，すなわち，$\boldsymbol{a}^i = \boldsymbol{a}^j (i \neq j)$ ならば，$\det(A) = 0$ である．

(2) $A$ のある行を定数倍して，別の行に加えても，行列式の値は変わらない．

(3) $\boldsymbol{a}^1, \ldots, \boldsymbol{a}^n$ が 1 次従属ならば，$\det(A) = 0$ である．

(4) $\det(A) \neq 0$ なら $\boldsymbol{a}^1, \ldots, \boldsymbol{a}^n$ は 1 次独立である．

上の命題 4.2.1 より，行列式について，次の計算規則を使うことができる．

(R1) ある行ベクトルが $c$ 倍されると，行列式の値も $c$ 倍される．すなわち，

$$\det\begin{pmatrix} \boldsymbol{a}^1 \\ \vdots \\ c\boldsymbol{a}^j \\ \vdots \\ \boldsymbol{a}^n \end{pmatrix} = c\det\begin{pmatrix} \boldsymbol{a}^1 \\ \vdots \\ \boldsymbol{a}^j \\ \vdots \\ \boldsymbol{a}^n \end{pmatrix}$$

(R2) 行を入れ換えると行列式の符号が変わる．たとえば $k < l$ として

$$\det\begin{pmatrix} \vdots \\ \boldsymbol{a}^l \\ \vdots \\ \boldsymbol{a}^k \\ \vdots \end{pmatrix} = -\det\begin{pmatrix} \vdots \\ \boldsymbol{a}^k \\ \vdots \\ \boldsymbol{a}^l \\ \vdots \end{pmatrix}$$

(R3) 行列式のある行を定数倍して他の行に加えても行列式の値は変わらない．すなわち $k \neq l$ として

$$\det\begin{pmatrix} \vdots \\ \boldsymbol{a}^k \\ \vdots \\ \boldsymbol{a}^l + c\boldsymbol{a}^k \\ \vdots \end{pmatrix} = \begin{pmatrix} \vdots \\ \boldsymbol{a}^k \\ \vdots \\ \boldsymbol{a}^l \\ \vdots \end{pmatrix}$$

▲**問 1.**　例 1 の (1)(2) の行列式を (R1),(R2),(R3) だけを用いて計算し，同じ結果が得られることを確かめよ．

●**練習 2.**　次の行列式の値を計算規則 (C1),(C2),(C3) および (R1),(R2),(R3) と $\det(E_n) = 1$ を用いて求めよ．

(1) $\begin{vmatrix} 2 & -6 & 8 \\ -1 & 5 & 8 \\ 6 & -9 & 36 \end{vmatrix}$　(2) $\begin{vmatrix} 6 & -2 & 8 \\ 18 & 4 & 16 \\ 12 & 1 & -6 \end{vmatrix}$　(3) $\begin{vmatrix} 1 & 1 & 2 & 3 \\ 1 & 2 & 4 & 6 \\ 1 & 3 & 6 & 9 \\ 2 & 1 & 2 & 3 \end{vmatrix}$

### 4.2.2　行列式を低次の行列式で展開するための規則

$A \in \mathrm{Mat}(n;\mathbb{R})$ の行列式を $n-1$ 次の正方行列で表すために，$\det(A)$ の第 1 行に関する余因子展開式である (4.7) を用いた．それをもう一度書いておく：

$$|A| = a_{11}|A_{11}| - a_{12}|A_{12}| + \cdots + (-1)^{j+1}a_{1j}|A_{1j}| + \cdots + (-1)^{n+1}a_{1n}|A_{1n}|$$

とくに，第1行が $\boldsymbol{a}' = (a_{11}, 0, \ldots, 0)$ であるなら，$\det(A) = a_{11}|A_{11}|$ が成り立つ．すなわち，

$$\begin{vmatrix} a_{11} & 0 & \cdots & 0 \\ a_{21} & a_{22} & \cdots & a_{2n} \\ \vdots & \vdots & \ddots & \vdots \\ a_{n1} & a_{n2} & \cdots & a_{nn} \end{vmatrix} = a_{11} \begin{vmatrix} a_{22} & \cdots & a_{2n} \\ \vdots & \ddots & \vdots \\ a_{n1} & \cdots & a_{nn} \end{vmatrix}$$

が成り立つ．ここで提示したのは，1行に関する展開式であるが，$\det(A)$ は行ベクトルに関して，交代的であることから，$i$ 行を第1行の位置に移動して，その行列の1行 (もとの行列の $i$ 行) に関して展開する．第1行から $i-1$ 行までは順序を変えないように $i$ 行を1行目に移動するには $i$ 行と $i-1$ 行を入れ換え，$i-1$ 行と $i-2$ 行を入れ換え，これを繰り返して最後に1行と2行を入れ換えればよいので，符号が $(-1)^{i-1}$ だけ変化する．すなわち

$$\det \begin{pmatrix} \boldsymbol{a}^i \\ \boldsymbol{a}^1 \\ \vdots \\ \boldsymbol{a}^{i-1} \\ \boldsymbol{a}^{i+1} \\ \vdots \end{pmatrix} = (-1)^{i-1} \det \begin{pmatrix} \boldsymbol{a}^1 \\ \vdots \\ \boldsymbol{a}^{i-1} \\ \boldsymbol{a}^i \\ \boldsymbol{a}^{i+1} \\ \vdots \end{pmatrix}$$

が成り立つ．これより

$$|A| = (-1)^{i-1}(a_{i1}|A_{i1}| + \cdots + (-1)^{j+1}a_{ij}|A_{ij}| + \cdots + (-1)^{n+1}a_{in}|A_{in}|)$$

となるので，

$$|A| = (-1)^{i+1}a_{i1}|A_{i1}| + \cdots + (-1)^{i+j}a_{ij}|A_{ij}| + \cdots + (-1)^{i+n}a_{in}|A_{in}| \tag{4.9}$$

が得られる．(4.9) を行列式 $\det(A) = |A|$ の $i$ 行に関する**余因子展開**という．

$A$ の代わりに ${}^tA$ をとり，$\det(A) = \det({}^tA)$ を用いると行列式 $|A|$ の $j$ **列に関する余因子展開**

$$|A| = (-1)^{j+1}a_{1j}|A_{1j}| + \cdots + (-1)^{i+j}a_{ij}|A_{ij}| + \cdots + (-1)^{j+n}a_{nj}|A_{nj}| \tag{4.10}$$

を得る．とくに $A$ の第1列について $\boldsymbol{a}_1 = {}^t(a_{11}, 0, \cdots, 0)$ であるなら $\det(A) = a_{11}|A_{11}|$ である．すなわち，

$$\begin{vmatrix} a_{11} & a_{12} & \cdots & a_{1n} \\ 0 & a_{22} & \cdots & a_{2n} \\ \vdots & \vdots & \ddots & \vdots \\ 0 & a_{n2} & \cdots & a_{nn} \end{vmatrix} = a_{11} \begin{vmatrix} a_{22} & \cdots & a_{2n} \\ \vdots & \ddots & \vdots \\ a_{n1} & \cdots & a_{nn} \end{vmatrix}$$

が成り立つ.

●**練習 3.** 次の行列式を，行または列に関する余因子展開を用いて計算せよ.

$$(1) \begin{vmatrix} 0 & 0 & 0 & 1 & 5 \\ 0 & -2 & 0 & 0 & 5 \\ 0 & 12 & -6 & 0 & -15 \\ 1 & -6 & 1 & 3 & -10 \\ 4 & 2 & 6 & 8 & -5 \end{vmatrix} \qquad (2) \begin{vmatrix} 1 & 0 & 0 & 1 & 1 \\ 0 & 1 & 0 & 1 & 2 \\ 0 & 0 & 1 & -1 & 1 \\ 2 & 1 & 3 & 1 & 2 \\ 1 & 1 & -2 & 0 & 0 \end{vmatrix}$$

●**練習 4.** 余因子展開により次を示せ.

$$\begin{vmatrix} a & 0 & \cdots & \cdots & 0 & b \\ b & a & 0 & & \vdots & 0 \\ 0 & b & \ddots & 0 & \vdots & \vdots \\ \vdots & 0 & \ddots & \ddots & 0 & \vdots \\ \vdots & \vdots & & b & a & 0 \\ 0 & 0 & 0 & 0 & b & a \end{vmatrix} = a^n + (-1)^{n+1} b^n$$

### 4.2.3 行列式の具体的な計算例

本部分節では，前部分節でのべた計算規則を用いて，具体的な行列式の値をどのように計算するかを学ぶ.

---

**例題 1.** 次の行列式の値を求めよ.

$$(1) \begin{vmatrix} 24 & 12 & 18 \\ 8 & 6 & 8 \\ -12 & -2 & -2 \end{vmatrix}$$

$$(2) \begin{vmatrix} 1 & -1 & 2 & -2 \\ 2 & -1 & -1 & 3 \\ -2 & 2 & 3 & -1 \\ 3 & -2 & -3 & 1 \end{vmatrix} \qquad (3) \begin{vmatrix} 2 & -6 & 4 & 12 \\ 2 & -3 & -1 & -9 \\ -6 & 18 & 9 & 9 \\ 3 & -6 & -3 & -3 \end{vmatrix}$$

---

［解答］ まず，(1) を計算する．計算規則 (R1) を用いて，第 1 行から共通因子 6 を括りだし，第 2 行から共通因子 2 を括りだし，第 3 行から共通因子 $-2$ を括り出す．次に，計算規則 (C1) を用いて，第 1 列から共通因子 2 を括り出す．次に計算規則 (R3) を用いると，第 2 行から第 1 行を引き，第 3 行から第 1 行の 3/2 倍を引いても，行列式の値は変わらない．最後に，行列式を 1 列で余因子展開する．

$$-24\begin{vmatrix}4&2&3\\4&3&4\\6&1&1\end{vmatrix}=-48\begin{vmatrix}2&2&3\\2&3&4\\3&1&1\end{vmatrix}=-48\begin{vmatrix}2&2&3\\0&1&1\\0&-2&-7/2\end{vmatrix}$$

$$=-96\begin{vmatrix}1&1\\-2&-7/2\end{vmatrix}=-96(-7/2+2)=144$$

を得る．次に (2) を計算する．まず，(R3) を用いる．第 1 行の倍を 2 行から引き，第 1 行の 2 倍を第 3 行に加え，第 1 行の 3 倍を第 3 行から引き，結果を第 1 列で余因子展開する．次に得られた 3 次の行列式において，第 1 行を第 3 行から引く．

$$\begin{vmatrix}1&-1&2&-2\\0&1&-5&7\\0&0&7&-5\\0&1&-9&7\end{vmatrix}=\begin{vmatrix}1&-5&7\\0&7&-5\\1&-9&7\end{vmatrix}=\begin{vmatrix}1&-5&7\\0&7&-5\\0&-4&0\end{vmatrix}=\begin{vmatrix}7&-5\\-4&0\end{vmatrix}=-20$$

計算方法は色々あるので別の計算を試みる．今度は (C3) を用いる．第 1 列を第 2 列に加え，第 1 列を 2 倍して第 3 列から引き，第 1 列を 2 倍して第 4 列に加える．次に第 1 行に関して余因子展開を行う．その後の計算は先の計算と全く同じになる．

$$\begin{vmatrix}1&0&0&0\\2&1&-5&7\\-2&0&7&-5\\3&1&-9&7\end{vmatrix}=\begin{vmatrix}1&-5&7\\0&7&-5\\1&-9&7\end{vmatrix}=-20$$

(3) を計算する．まず (R1) を用いて第 1 行から共通因子 2 を括りだし，第 3 行から 3 を，4 行から 3 を括りだす．次に (R3) を用いる．第 1 行の 2 倍を第 2 行から引き，第 1 行の 2 倍を第 3 行に加え，第 1 行を第 4 行から引き，結果の式を第 1 列で余因子展開する．

$$2\cdot3\cdot3\begin{vmatrix}1&-3&2&6\\2&-3&-1&-9\\-2&6&3&3\\1&-2&-1&-1\end{vmatrix}=18\begin{vmatrix}1&-3&2&6\\0&3&-5&-21\\0&0&7&15\\0&1&-3&-7\end{vmatrix}$$

$$=18\begin{vmatrix}3&-5&-21\\0&7&15\\1&-3&-7\end{vmatrix}=18\begin{vmatrix}0&4&0\\0&7&15\\1&-3&-7\end{vmatrix}=18\begin{vmatrix}4&0\\7&15\end{vmatrix}=18\cdot60=1080$$

∎

●**練習 5.** 次の行列式の値を求めよ．ただし，3 次の行列式の計算においても，サラスの公式を用いずに計算せよ．

(1) $\begin{vmatrix} 8 & 0 & 0 \\ -9 & 3 & 12 \\ 4 & 8 & -12 \end{vmatrix}$ (2) $\begin{vmatrix} 6 & 2 & 4 \\ 3 & 3 & -9 \\ 5 & 5 & -10 \end{vmatrix}$ (3) $\begin{vmatrix} 1 & 2 & 4 & 6 \\ -1 & 2 & 3 & -4 \\ 3 & 6 & 12 & 9 \\ -4 & 2 & 4 & -8 \end{vmatrix}$

(4) $\begin{vmatrix} 1 & 2 & 3 & 4 \\ 5 & 6 & 7 & 8 \\ 8 & 7 & 6 & 5 \\ 4 & 3 & 2 & 1 \end{vmatrix}$ (5) $\begin{vmatrix} 1 & 2 & 4 & 8 & 16 \\ 0 & 2 & -4 & 8 & 0 \\ 1 & 3 & 9 & 3 & 1 \\ -4 & 8 & -16 & 8 & -4 \\ 1 & 0 & 9 & 0 & 1 \end{vmatrix}$

(6) $\begin{vmatrix} 4 & 1 & 3 & 9 & 0 \\ -4 & 1 & -3 & 9 & 0 \\ 3 & 6 & 0 & 6 & 3 \\ -1 & 2 & -1 & -1 & -2 \\ 1 & 3 & 0 & 3 & 1 \end{vmatrix}$ (7) $\begin{vmatrix} 1 & 1 & 0 & 0 & 0 \\ 0 & 1 & 1 & 0 & 0 \\ 0 & 0 & 1 & 1 & 0 \\ 0 & 0 & 0 & 1 & 1 \\ 1 & 0 & 0 & 0 & 1 \end{vmatrix}$

次に，行列の要素が文字式である場合の行列式の計算例を見てみよう．

---

**例題 2.**

(1)
$$\begin{vmatrix} 1 & 1 & 1 \\ \lambda & \mu & \nu \\ \lambda^2 & \mu^2 & \nu^2 \end{vmatrix} = (\nu-\mu)(\nu-\lambda)(\mu-\lambda)$$
を示せ．

(2) 帰納法により
$$\begin{vmatrix} 1 & 1 & \cdots & 1 \\ \lambda_1 & \lambda_2 & \cdots & \lambda_n \\ \vdots & \vdots & & \vdots \\ \lambda_1^{n-1} & \lambda_2^{n-1} & & \lambda_n^{n-1} \end{vmatrix} = \prod_{i>j}(\lambda_i-\lambda_j) \tag{4.11}$$
であることを示せ．ここで $\prod$ は積の記号であり，$n \geqq i > j \geqq 1$ をみたす $(i,j)$ について $n(n-1)/2$ 個の $(\lambda_i-\lambda_j)$ すべて掛けあわせることを表す．$\prod_{i>j}(\lambda_i-\lambda_j)$ を $\lambda_1, \lambda_2, \cdots, \lambda_n$ の**差積**または**最簡交代式**とよぶ．(4.11) の左辺の行列式を**ファンデルモンド (Vandermode) の行列式**という．例題は，ファンデルモンドの行列式が差積となることを表している．

---

[**解答**] (1) 与えられた，行列式の第2行に$\lambda$をかけて第3行から引き，第1行に$\lambda$をかけて第2行から引けば，

$$\begin{vmatrix} 1 & 1 & 1 \\ \lambda & \mu & \nu \\ \lambda^2 & \mu^2 & \nu^2 \end{vmatrix} = \begin{vmatrix} 1 & 1 & 1 \\ 0 & \mu-\lambda & \nu-\lambda \\ 0 & \mu^2-\lambda\mu & \nu^2-\lambda\nu \end{vmatrix} = \begin{vmatrix} \mu-\lambda & \nu-\lambda \\ \mu^2-\lambda\mu & \nu^2-\lambda\nu \end{vmatrix}$$

$$= (\mu-\lambda)(\nu-\lambda)\begin{vmatrix} 1 & 1 \\ \mu & \nu \end{vmatrix} = (\mu-\lambda)(\nu-\lambda)(\nu-\mu)$$

(2) $n$に関する帰納法で示す．$n-1$次のファンデルモンド行列式が$n-1$個の変数の差積になると仮定して，$n$次ファンデルモンド行列式が$n$個の変数の差積となることを示す．(4.11)の左辺において，第$n$行から$n-1$行の$\lambda_1$倍を引き，第$n-1$行から，第$n-2$行の$\lambda_1$倍を引く．これを繰り返して，第2行から第1行の$\lambda_1$倍を引く．

$$\begin{vmatrix} 1 & 1 & \cdots & 1 \\ \lambda_1 & \lambda_2 & \cdots & \lambda_n \\ \vdots & \vdots & & \vdots \\ \lambda_1^{n-2} & \lambda_2^{n-2} & \cdots & \lambda_n^{n-2} \\ \lambda_1^{n-1} & \lambda_2^{n-1} & & \lambda_n^{n-1} \end{vmatrix}$$

$$= \begin{vmatrix} 1 & 1 & 1 & \cdots & 1 \\ 0 & \lambda_2-\lambda_1 & \lambda_3-\lambda_1 & \cdots & \lambda_n-\lambda_1 \\ \vdots & \vdots & \vdots & \vdots & \vdots \\ 0 & \lambda_2^{n-3}(\lambda_2-\lambda_1) & \lambda_3^{n-3}(\lambda_3-\lambda_1) & \cdots & \lambda_n^{n-3}(\lambda_n-\lambda_1) \\ 0 & \lambda_2^{n-2}(\lambda_2-\lambda_1) & \lambda_3^{n-2}(\lambda_3-\lambda_1) & \cdots & \lambda_n^{n-2}(\lambda_n-\lambda_1) \end{vmatrix}$$

$$= (\lambda_n-\lambda_1)(\lambda_{n-1}-\lambda_1)\cdots(\lambda_2-\lambda_1)\begin{vmatrix} 1 & 1 & \cdots & 1 \\ \lambda_2 & \lambda_3 & \cdots & \lambda_n \\ \vdots & \vdots & & \vdots \\ \lambda_2^{n-2} & \lambda_3^{n-2} & \cdots & \lambda_n^{n-2} \end{vmatrix}$$

ここで，帰納法の仮定より，最終項の行列式の部分は$\lambda_2,\ldots,\lambda_n$の差積となる．一方$(\lambda_n-\lambda_1)\cdots(\lambda_2-\lambda_1))$の部分は$\lambda_1,\ldots,\lambda_n$の差積において，$\lambda_1$を含む全ての項の積になっている．以上により，$n$次のファンデルモンド行列式が$n$文字の差積を表すことが示された．■

▲**問 2.** ファンデルモンド行列式の値を

$$(-1)^{n(n-1)/2}\prod_{i<j}(\lambda_i-\lambda_j)$$

と表すこともできる．このことを示せ．ここで，例題の結果との違いは，乗積を$i<j$

となる $i, j$ に対して取っていることである．

●**練習 6.** 以下のようにして，(4.11) の別証明を考える．

(1) ファンデルモンド行列式で，$\lambda_i = \lambda_j$ とおくと，その値は 0 となる．これより，全ての $i \neq j$ について，ファンデルモンド行列式は $\lambda_i - \lambda_j$ で割り切れる．このことより，ファンデルモンド行列式は差積で割り切れることを示せ．

(2) (1) の結果を用い，各 $\lambda_i$ に関する次数と係数を調べることにより，(4.11) を示せ．

●**練習 7.** 次の行列式を計算せよ．

(1) $\begin{vmatrix} a & b & c \\ b & c & a \\ c & a & b \end{vmatrix}$ (2) $\begin{vmatrix} a+b & c & c \\ a & b+c & a \\ b & b & c+a \end{vmatrix}$

(3) $\begin{vmatrix} a & b & b & b \\ a & b & a & a \\ a & a & b & a \\ b & b & b & a \end{vmatrix}$ (4) $\begin{vmatrix} 1 & 1 & 1 & 1 \\ x & a & a & a \\ x & y & b & b \\ x & y & z & c \end{vmatrix}$

(5) $\begin{vmatrix} 1 & 1 & 1 & 1 \\ 1 & 1+x & 1 & 1 \\ 1 & 1 & 1+y & 1 \\ 1 & 1 & 1 & 1+z \end{vmatrix}$ (6) $\begin{vmatrix} 1 & a & b & c+d \\ 1 & b & c & d+a \\ 1 & c & d & a+b \\ 1 & d & a & b+c \end{vmatrix}$

●**練習 8.** $\alpha, \beta$ を実数として，次の行列式の値を求めよ．

$$\begin{vmatrix} \cos\alpha\cos\beta & \cos\alpha\sin\beta & -\sin\alpha \\ \sin\alpha\cos\beta & \sin\alpha\sin\beta & \cos\alpha \\ -\sin\beta & \cos\beta & 0 \end{vmatrix}$$

### 4.2.4 行列の積と行列式

この部分節では $A, B \in \mathrm{Mat}(r;\mathbb{R})$ の積 $AB$ の行列式 $\det(AB)$ について考える．目標は次の定理の証明である．

**定理 4.2.3.** 行列 $A, B \in \mathrm{Mat}(n;\mathbb{R})$ に対して，その積 $AB \in \mathrm{Mat}(n;\mathbb{R})$ の行列式について

$$\det(AB) = \det(A)\det(B) \tag{4.12}$$

が成り立つ．

**証明:** $A, B \in \mathrm{Mat}(n;\mathbb{R})$ をそれぞれ，行ベクトル表示，列ベクトル表示して

$$A = \begin{pmatrix} \boldsymbol{a}^1 \\ \vdots \\ \boldsymbol{a}^n \end{pmatrix}, \qquad B = (\boldsymbol{b}_1, \ldots, \boldsymbol{b}_n)$$

とおく．そのとき

$$AB = \begin{pmatrix} \boldsymbol{a}^1\boldsymbol{b}_1 & \cdots & \boldsymbol{a}^1\boldsymbol{b}_n \\ \vdots & & \vdots \\ \boldsymbol{a}^n\boldsymbol{b}_1 & \cdots & \boldsymbol{a}^n\boldsymbol{b}_n \end{pmatrix}$$

である．$A$ を固定して，$\varphi_A : \mathrm{Mat}(n;\mathbb{R}) \to \mathbb{R}$ を $B \in \mathrm{Mat}(n;\mathbb{R})$ に対して，$\varphi_A(B) = \det(AB)$ で定義する．そのとき，積 $AB$ の定義より，$\varphi_A$ は $B$ の列ベクトル $\boldsymbol{b}_1, \ldots, \boldsymbol{b}_n$ に関して多重線形であり，$\varphi_A$ の定義 (行列式で定義されている) により $\boldsymbol{b}_1, \ldots, \boldsymbol{b}_n$ について交代的である．したがって，定理 4.1.1 により，$\varphi_A(B) = \varphi(E_n)\det(B)$ となる．ここで，$\varphi_A(E_n) = \det(AE_n) = \det(A)$ であるから，

$$\det(AB) = \varphi_A(B) = \det(A)\det(B)$$

が成り立つ． □

▲**問 3.** $\varphi_A(B) = \det(AB)$ が $B$ の列ベクトルに関して，$n$ 重線形で交代的であることを確かめよ．

**系 1.** $n$ 次正方行列 $A \in \mathrm{Mat}(n;\mathbb{R})$ が正則なら，$\det(A) \neq 0$ であり，$\det(A^{-1}) = 1/\det(A)$ である．

**証明:** $A$ が正則なら，逆行列 $A^{-1} \in \mathrm{Mat}(n;\mathbb{R})$ が存在して $AA^{-1} = E_n$ である．定理の結果から

$$\det(A)\det(A^{-1}) = \det(AA^{-1}) = \det(E_n) = 1$$

であるから系が従う． □

命題 4.1.1(4) により，$\det(A) \neq 0$ なら $A$ は正則行列であり，上記の系により，$A$ が正則なら $\det(A) \neq 0$ が示された．よって，次の定理が証明された．

**定理 4.2.4.** 行列 $A \in \mathrm{Mat}(n;\mathbb{R})$ が正則であるための必要十分条件は $\det(A) \neq 0$ となることである．

**例題 3.** 行列 $A \in \mathrm{Mat}(n;\mathbb{R})$ が $A_1 \in \mathrm{Mat}(r;\mathbb{R}), A_2 \in \mathrm{Mat}(s;\mathbb{R})$ および $A_3 \in \mathrm{Mat}(r,s;\mathbb{R})$ を用いて

$$A = \begin{pmatrix} A_1 & A_3 \\ O_{s,r} & A_2 \end{pmatrix}$$

と表されているならば

$$\det \begin{pmatrix} A_1 & A_3 \\ O_{s,r} & A_2 \end{pmatrix} = \det(A_1)\det(A_2) \tag{4.13}$$

となることを示せ．ここで，$r+s=n$ と仮定する．

［**解答**］ まず，行列 $A_2, A_3$ を固定して $\det(A) = \varphi(A_1)$ とおく．そのとき，行列式の列の基本変形により

$$\varphi(E_r) = \begin{vmatrix} E_r & A_3 \\ O_{s,r} & A_2 \end{vmatrix} = \begin{vmatrix} E_r & O_{r,s} \\ O_{s,r} & A_2 \end{vmatrix}$$

ここで，$\varphi(E_r)$ において，$A_2$ を動かして，$\varphi_1 : \mathrm{Mat}(s;\mathbb{R}) \to \mathbb{R}$ を

$$\varphi_1(A_2) = \begin{vmatrix} E_r & O_{r,s} \\ O_{r,s} & A_2 \end{vmatrix}$$

で定義すれば $\varphi_1$ は $A_2$ の各列ベクトルに関して，交代 $s$ 重線形形式であり，$\varphi_1(E_s) = 1$ であるから，$\varphi(E_r) = \varphi_1(A_2) = \det(A_2)$ となる．そこで，もとに戻って，$\det(A) = \varphi(A_1)$ を $\varphi : \mathrm{Mat}(r;\mathbb{R}) \to \mathbb{R}$ と考えると，$\varphi$ は交代 $r$ 重線形形式であり，$\varphi(E_r) = \det(A_2)$ であるから，$\det(A) = \varphi(A_1) = \det(A_2)\det(A_1)$ が示された．■

▲**問 4.** $A \in \mathrm{Mat}(n;\mathbb{R})$ が上三角行列であるとき，すなわち

$$A = \begin{pmatrix} a_{11} & a_{12} & \cdots & \cdots & a_{1n} \\ 0 & a_{22} & \cdots & \cdots & a_{2n} \\ 0 & 0 & \ddots & \vdots & \vdots \\ \vdots & \vdots & \ddots & a_{n-1,n-1} & a_{n-1n} \\ 0 & 0 & \cdots & 0 & a_{nn} \end{pmatrix}$$

ならば，$\det(A)$ は対角成分の積として，$\det(A) = a_{11}a_{22}\cdots a_{nn}$ であることを示せ．

●**練習 9.** 行列 $A \in \mathrm{Mat}(n;\mathbb{R})$ が $A_1 \in \mathrm{Mat}(r;\mathbb{R}), A_2 \in \mathrm{Mat}(s;\mathbb{R})$ および $A_4 \in \mathrm{Mat}(r,s;\mathbb{R})$ を用いて

$$A = \begin{pmatrix} A_1 & O_{r,s} \\ A_4 & A_2 \end{pmatrix}$$

と表されているならば，

$$\det\begin{pmatrix} A_1 & O_{r,s} \\ A_4 & A_2 \end{pmatrix} = \det(A_1)\det(A_2) \qquad (4.14)$$

となることを示せ．またその特別な場合として，$A$ が下三角行列なら $\det(A)$ は対角成分の積であることを示せ．

●**練習 10.** 次のような行列 $A$ について次の問いに答えよ．

$$A = \begin{pmatrix} a & -b & -c & -d \\ b & a & -d & c \\ c & d & a & -b \\ d & -c & b & a \end{pmatrix} \qquad (4.15)$$

について次の問いに答えよ．

(1) $A^tA$ を求めよ．

(2) (1) の結果を用いて，$\det(A) = (a^2+b^2+c^2+d^2)^2$ となることを示せ．

## 4.3 余因子行列とクラーメルの公式

### 4.3.1 余因子展開と余因子行列

これまでに，$A \in \mathrm{Mat}(n;\mathbb{R})$ の行列式，$\det(A) = |A|$ について，$i$ 行に関する余因子展開 (4.9) と $j$ 列に関する余因子展開 (4.10) を示した．本節では，このような余因子展開式を少し拡張することを考える．

まず，$i$ 行に関する余因子展開式

$$|A| = (-1)^{i+1}a_{i1}|A_{i1}| + \cdots + (-1)^{i+j}a_{ij}|A_{ij}| + \cdots + (-1)^{n+i}a_{in}|A_{in}|$$

の右辺において，$a_{ij} \mapsto a_{kj} (k \neq i)$ としてみると

$$(-1)^{i+1}a_{k1}|A_{i1}| + \cdots + (-1)^{i+j}a_{kj}|A_{ij}| + \cdots + (-1)^{n+i}a_{kn}|A_{in}|$$

を得る．これは残りはそのままにして，$A$ の $i$ 行を，$A$ の $k$ 行 $(i \neq k)$ で置き換えた行列の行列式に対する $i$ 行に関する余因子展開である．このような行列においては，$i$ 行と $k$ 行が同じであるから，その行列式は 0 となる．よって，

$$(-1)^{i+1}a_{k1}|A_{i1}| + \cdots + (-1)^{i+j}a_{kj}|A_{ij}| + \cdots + (-1)^{n+i}a_{kn}|A_{in}| = \delta_{ki}\det(A) \qquad (4.16)$$

を得る．ここで $\delta_{ik}$ は**クロネッカー** (Kronecker) **のデルタ**と呼ばれ，$i = k$ な

ら 1，$i \neq k$ なら 0 として定義される．

全く同様な議論を $j$ 列に関する展開 (4.10) に対して行うと

$$(-1)^{j+1}a_{1l}|A_{1j}| + \cdots + (-1)^{i+j}a_{il}|A_{ij}| + \cdots + (-1)^{j+n}a_{nl}|A_{nj}| = \delta_{jl}\det(A) \qquad (4.17)$$

を得る．

ここで，いくつか言葉を準備する．$(i,j)$ 小行列式を $|A_{ij}|$ とするとき，$(-1)^{i+j}|A_{ij}|$ を $A$ の $(i,j)$ **余因子**と呼ぶ．さらに，$A$ の**余因子行列** $\tilde{A} = (\tilde{a}_{ij})$ を，その $i,j$ 成分 $\tilde{a}_{ij}$ が $(j,i)$ 余因子であるような行列として定義する．すなわち

$$\tilde{A} = \begin{pmatrix} \tilde{a}_{11} & \cdots & \tilde{a}_{1n} \\ \vdots & \ddots & \vdots \\ \tilde{a}_{n1} & \cdots & \tilde{a}_{nn} \end{pmatrix} = \begin{pmatrix} (-1)^2|A_{11}| & \cdots & (-1)^{1+n}|A_{n1}| \\ \vdots & \ddots & \vdots \\ (-1)^{n+1}|A_{1n}| & \cdots & (-1)^{n+n}|A_{nn}| \end{pmatrix}$$

とおく．そのとき，(4.16) は

$$a_{k1}\tilde{a}_{1i} + \cdots + a_{kj}\tilde{a}_{ji} + \cdots + a_{kn}\tilde{a}_{ni} = \begin{cases} \det(A) & (k = i) \\ 0 & (k \neq i) \end{cases}$$

であり，これより，$A\tilde{A} = \det(A)E_n$ であることが従い，(4.17) は

$$\tilde{a}_{j1}a_{1l} + \cdots + \tilde{a}_{ji}a_{il} + \cdots + \tilde{a}_{jn}a_{nl} = \begin{cases} \det(A) & (j = l) \\ 0 & (j \neq l) \end{cases}$$

となり，これより，$\tilde{A}A = \det(A)E_n$ が従う．

よって次の定理が示された．

**定理 4.3.1.**　$A \in \mathrm{Mat}(n;\mathbb{R})$ の余因子行列を $\tilde{A} \in \mathrm{Mat}(n;\mathbb{R})$ とおくと，次が成り立つ．

(1) $\tilde{A}A = A\tilde{A} = \det(A)E_n$ である．

(2) $\det(A) \neq 0$ ならば，$A$ の逆行列は，余因子行列 $\tilde{A}$ を用いて

$$A^{-1} = \frac{1}{|A|}\tilde{A}$$

で与えられる．

---

**例題 4.** $A=\begin{pmatrix} a & b \\ c & d \end{pmatrix}$ の余因子行列を求め，$\det(A)=ad-bc\neq 0$ のとき，$A$ の逆行列を求めよ．

---

［解答］ まず，$A$ の余因子行列 $\tilde{A}$ を求める．$\tilde{a}_{11}$ は $A$ の 1 行 1 列を除いた行列 $A_{11}$ のの行列式であるが，$A_{11}$ はスカラー $d$ である．同様にして $\tilde{a}_{22}$ は，$A$ から 2 行 2 列を除いた行列 $A_{22}$(実際にはスカラー）であり，$\tilde{a}_{22}=a$ となる．次に $\tilde{a}_{12}$ を求める．$A$ から 2 行 1 列を除いてできる行列 $A_{21}=b$(スカラー）に $(-1)^3=-1$ をかけて $\tilde{a}_{12}=-b$ を得る．同様にして $\tilde{a}_{21}=-c$ となる．よって，

$$\tilde{A}=\begin{pmatrix} d & -b \\ -c & a \end{pmatrix}$$

を得る．よって，$|A|=ad-bc\neq 0$ ならば

$$A^{-1}=\frac{1}{|A|}\tilde{A}=\frac{1}{ad-bc}\begin{pmatrix} d & -b \\ -c & a \end{pmatrix}$$

となる． ∎

---

**例題 5.** 次の行列 $A\in \mathrm{Mat}(3;\mathbb{R})$ について次の問いに答えよ．

$$A=\begin{pmatrix} 2 & -2 & -3 \\ -3 & 5 & 2 \\ 1 & -3 & 3 \end{pmatrix}$$

(1) $\det(A)$ を求めよ．

(2) $A$ の余因子行列 $\tilde{A}$ を求めよ．

(3) $\det(A)\neq 0$ なら $A^{-1}$ を求めよ

---

［解答］ (1) まず行列式の値を計算する．

$$\begin{vmatrix} 2 & -2 & -3 \\ -3 & 5 & 2 \\ 1 & -3 & 3 \end{vmatrix}=\begin{vmatrix} 0 & 4 & -9 \\ 0 & -4 & 11 \\ 1 & -3 & 3 \end{vmatrix}=\begin{vmatrix} 4 & -9 \\ -4 & 11 \end{vmatrix}=44-36=8$$

(2) 余因子行列 $\tilde{A}=(\tilde{a}_{ij})$ を求める．

$$\tilde{a}_{11}=|A_{11}|=\begin{vmatrix} 5 & 2 \\ -3 & 3 \end{vmatrix}=21,\qquad \tilde{a}_{12}=-|A_{21}|=-\begin{vmatrix} -2 & -3 \\ -3 & 3 \end{vmatrix}=15,$$

$$\tilde{a}_{13}=|A_{31}|=\begin{vmatrix} -2 & -3 \\ 5 & 2 \end{vmatrix}=11,\qquad \tilde{a}_{21}=-|A_{12}|=-\begin{vmatrix} -3 & 2 \\ 1 & 3 \end{vmatrix}=11,$$

$$\tilde{a}_{22} = |A_{22}| = \begin{vmatrix} 2 & -3 \\ 1 & 3 \end{vmatrix} = 9, \qquad \tilde{a}_{23} = -|A_{32}| = -\begin{vmatrix} 2 & -3 \\ -3 & 2 \end{vmatrix} = 5,$$

$$\tilde{a}_{31} = |A_{13}| = \begin{vmatrix} -3 & 5 \\ 1 & -3 \end{vmatrix} = 4, \qquad \tilde{a}_{32} = -|A_{23}| = -\begin{vmatrix} 2 & -2 \\ 1 & -3 \end{vmatrix} = 4,$$

$$\tilde{a}_{33} = |A_{33}| = \begin{vmatrix} 2 & -2 \\ -3 & 5 \end{vmatrix} = 4$$

よって，余因子行列は

$$\tilde{A} = \begin{pmatrix} 21 & 15 & 11 \\ 11 & 9 & 5 \\ 4 & 4 & 4 \end{pmatrix}$$

となる．

(3) (1) と (2) の結果より，$A$ の逆行列は

$$A^{-1} = \begin{pmatrix} 21/8 & 15/8 & 11/8 \\ 11/8 & 9/8 & 5/8 \\ 1/2 & 1/2 & 1/2 \end{pmatrix}$$

となる． ∎

**●練習 11.**　次の行列の逆行列の行列式と余因子行列を求め，さらに，その結果を用いて逆行列を求めよ．

(1) $\begin{pmatrix} 1 & 2 & 1 \\ 2 & 3 & 1 \\ 1 & 2 & 2 \end{pmatrix}$　(2) $\begin{pmatrix} 1 & 4 & 3 \\ 4 & 3 & 2 \\ 3 & 2 & 1 \end{pmatrix}$　(3) $\begin{pmatrix} 1 & 3 & 5 \\ 2 & 1 & 3 \\ 3 & 4 & 1 \end{pmatrix}$

(4) $\begin{pmatrix} 2 & -1 & -2 \\ -1 & 0 & 3 \\ 3 & -2 & 5 \end{pmatrix}$

**●練習 12.**　行列

$$A = \begin{pmatrix} a & 0 & 0 \\ d & b & 0 \\ f & e & c \end{pmatrix}$$

について次の問いに答えよ．

(1) $\det(A)$ を求めよ．また，$A$ が正則であるための条件を求めよ．

(2) $A$ の余因子行列を求めよ．

(3) $A$ が (1) で求めた条件を満たすとき $A^{-1}$ を求めよ．

### 4.3.2 クラーメルの公式

**定理 4.3.2 (クラーメル (Cramer) の公式).** $A \in \mathrm{Mat}(n;\mathbb{R})$ を正則行列とし，$n$ 次元ベクトル $\boldsymbol{b} \in \mathbb{R}^n$ に対して，変数ベクトル $\boldsymbol{x} = {}^t(x_1, x_2, \ldots, x_n)$ についての連立方程式

$$A\boldsymbol{x} = \begin{pmatrix} a_{11} & \cdots & a_{1n} \\ \vdots & \ddots & \vdots \\ a_{n1} & \cdots & a_{nn} \end{pmatrix} \begin{pmatrix} x_1 \\ \vdots \\ x_n \end{pmatrix} = \begin{pmatrix} b_1 \\ \vdots \\ b_n \end{pmatrix} = \boldsymbol{b} \tag{4.18}$$

を考える．そのとき，$A$ は正則なので，方程式 (4.18) は一意的な解 $\boldsymbol{x} = A^{-1}\boldsymbol{b}$ を持つが，その解は $A$ を列ベクトル表示で $A = (\boldsymbol{a}_1, \cdots, \boldsymbol{a}_i, \cdots \boldsymbol{a}_n)$ と表すとき，

$$x_i = \frac{\det(\boldsymbol{a}_1, \cdots, \boldsymbol{b}, \cdots, \boldsymbol{a}_n)}{\det(A)} \tag{4.19}$$

で表すことができる．ここで，(4.19) の分子は $A$ の $i$ 列の列ベクトル $\boldsymbol{a}_i$ を $\boldsymbol{b}$ で置き換えたものの行列式を表す．

**証明:** $\boldsymbol{x}$ を，$A\boldsymbol{x} = \boldsymbol{b}$ の解とすれば，行列のブロック計算により

$$\boldsymbol{b} = A\boldsymbol{x} = \boldsymbol{a}_1 x_1 + \cdots + \boldsymbol{a}_i x_i + \cdots + \boldsymbol{a}_n x_n = \sum_{j=1}^{n} \boldsymbol{a}_j x_j$$

が成り立つ．よって，行列式の列に関する多重線形性を用い，さらに行列の列ベクトルが 1 次従属になるとき，行列式の値が 0 となることを用いると

$$\begin{aligned} &\det(\boldsymbol{a}_1, \cdots, \boldsymbol{b}, \cdots, \boldsymbol{a}_n) = \det(\boldsymbol{a}_1, \cdots, \sum_{j=1}^{n} \boldsymbol{a}_j x_j, \cdots, \boldsymbol{a}_n) \\ &= \sum_{j=1}^{n} x_j \det(\boldsymbol{a}_1, \cdots, \overbrace{\boldsymbol{a}_j}^{i}, \cdots, \boldsymbol{a}_n) = x_i \det(\boldsymbol{a}_1, \cdots, \boldsymbol{a}_i, \cdots, \boldsymbol{a}_n) \\ &= x_i \det(A) \end{aligned}$$

を得る．これより直ちに定理の結論が得られる． □

**●練習 13.** 行列 $A$ を練習 10 で与えた 4 次の正方行列とする．そのとき，$\boldsymbol{b} = {}^t(1, 0, 0, 0)$ に対して，変数 $\boldsymbol{x} = {}^t(x_1, x_2, x_3, x_4)$ に対する連立方程式 $A\boldsymbol{x} = \boldsymbol{b}$ の解の表示をクラメールの公式を用いて導け．

**●練習 14.** パラメータ $a$ を含む次の連立 1 次方程式が一意的な解を持つための $a$ に対する条件を求め，その条件の下で，連立 1 次方程式の一意的な解をクラーメルの

公式を用いて求めよ．

(1) $\begin{pmatrix} 5 & a \\ 3 & 2 \end{pmatrix}\begin{pmatrix} x \\ y \end{pmatrix} = \begin{pmatrix} a+1 \\ 2a \end{pmatrix}$

(2) $\begin{pmatrix} a & 2a & 3a \\ 0 & a+1 & 2a+2 \\ 0 & 0 & a-1 \end{pmatrix}\begin{pmatrix} x \\ y \\ z \end{pmatrix} = \begin{pmatrix} 0 \\ a \\ a^2 \end{pmatrix}$

●**練習 15.**　次の問いに答えよ．

(1) 次の行列 $A$ の行列式を計算し，$A$ が正則となるための条件を求めよ．

$$\begin{pmatrix} 1 & 1 & 1 \\ a & b & c \\ a^2 & b^2 & c^2 \end{pmatrix}$$

(2) 連立方程式

$$\begin{pmatrix} 1 & 1 & 1 \\ a & b & c \\ a^2 & b^2 & c^2 \end{pmatrix}\begin{pmatrix} x \\ y \\ z \end{pmatrix} = \begin{pmatrix} 1 \\ d \\ d^2 \end{pmatrix}$$

が一意的な解をもつための条件を述べ，その条件下での一意的な解をクラーメルの公式を用いて求めよ．

## 4.4　置換の符号を用いた行列式の具体的な表示と一意性

### 4.4.1　置　　換

$X = \{1, 2, \dots, n\}$ として，集合 $X$ から集合 $X$ への写像 $\sigma : X \to X$ であって，$i \neq j$ なら $\sigma(i) \neq \sigma(j)$ を満たすものを，$X$ のまたは $n$ 文字の**置換** (permutation) という．置換を表す文字としては $\sigma$(シグマ), $\tau$(タウ) などのギリシャ文字を用いる．

$X$ の置換全体からなる集合を $S_n$ と表す．一つの置換 $\sigma \in S_n$ に対して，$\sigma(i) = k_i$ とおいて

$$\sigma = \begin{pmatrix} 1 & 2 & \cdots & n \\ \sigma(1) & \sigma(2) & \cdots & \sigma(n) \end{pmatrix} = \begin{pmatrix} 1 & 2 & \cdots & n \\ k_1 & k_2 & \cdots & k_n \end{pmatrix} \tag{4.20}$$

と表すことができる．そのとき $(k_1, k_2, , \dots, k_n)$ は $(1, 2, \dots, n)$ の一つの順列を表すので，置換の数は $n!$ 個ある．とくに $\sigma(i) = i$ $(i = 1, \dots, n)$ を満たす置換を**恒等置換**と呼び，$\varepsilon$ で表す．すなわち

$$\varepsilon = \begin{pmatrix} 1 & 2 & \cdots & n \\ 1 & 2 & \cdots & n \end{pmatrix}$$

である.

**◆例 2.** $n = 3$ のとき，$S_3$ は $3! = 6$ 個の要素からなり，それらをすべて書き下すと

$$\varepsilon = \begin{pmatrix} 1 & 2 & 3 \\ 1 & 2 & 3 \end{pmatrix}, \quad \begin{pmatrix} 1 & 2 & 3 \\ 2 & 1 & 3 \end{pmatrix}, \quad \begin{pmatrix} 1 & 2 & 3 \\ 1 & 3 & 2 \end{pmatrix},$$
$$\begin{pmatrix} 1 & 2 & 3 \\ 3 & 2 & 1 \end{pmatrix}, \quad \begin{pmatrix} 1 & 2 & 3 \\ 2 & 3 & 1 \end{pmatrix}, \quad \begin{pmatrix} 1 & 2 & 3 \\ 3 & 1 & 2 \end{pmatrix}$$

となる.

置換は $X$ から $X$ への写像であるから，置換の積を写像としての積（合成）で定義することができる．すなわち，$\sigma, \tau \in S_n$ に対して，置換の積 $\sigma \cdot \tau \in S_n$ を $\sigma \cdot \tau(i) = \sigma(\tau(i))$ で定義することができる．恒等置換 $\varepsilon$ は，任意の置換 $\sigma \in S_n$ について，$\sigma \cdot \varepsilon = \varepsilon \cdot \sigma = \sigma$ を満たす (このことを $\varepsilon$ は置換の積に関する単位元であるということがある).

**◆例 3.** $S_3$ において，$\sigma = \begin{pmatrix} 1 & 2 & 3 \\ 2 & 1 & 3 \end{pmatrix}$，$\tau = \begin{pmatrix} 1 & 2 & 3 \\ 1 & 3 & 2 \end{pmatrix} \in S_3$ とする．そのとき，$\sigma \cdot \tau(1) = \sigma(\tau(1)) = \sigma(1) = 2$, $\sigma \cdot \tau(2) = \sigma(\tau(2)) = \sigma(3) = 3$, $\sigma \cdot \tau(3) = \sigma(2) = 1$ であるから，

$$\sigma \cdot \tau = \begin{pmatrix} 1 & 2 & 3 \\ 2 & 1 & 3 \end{pmatrix} \cdot \begin{pmatrix} 1 & 2 & 3 \\ 1 & 3 & 2 \end{pmatrix} = \begin{pmatrix} 1 & 2 & 3 \\ 2 & 3 & 1 \end{pmatrix},$$

を得る．全く同様にして

$$\tau \cdot \sigma = \begin{pmatrix} 1 & 2 & 3 \\ 1 & 3 & 2 \end{pmatrix} \cdot \begin{pmatrix} 1 & 2 & 3 \\ 2 & 1 & 3 \end{pmatrix} = \begin{pmatrix} 1 & 2 & 3 \\ 3 & 1 & 2 \end{pmatrix}$$

を得る．この例からも，一般的には $\sigma \cdot \tau \neq \tau \cdot \sigma$ であることもわかる.

$\sigma \in S_n$ に対して，

$$\sigma \cdot \tau = \tau \cdot \sigma = \varepsilon (\text{恒等置換})$$

を満たす置換 $\tau$ を置換 $\sigma$ の**逆置換**といい，置換 $\sigma$ の逆置換は必ず一意的に存在するのでそれを $\sigma^{-1}$ で表わす．置換 $\sigma$ が (4.20) で与えられるとき，$\sigma^{-1}(k_i) = i$

であるから，逆置換 $\sigma^{-1}$ は

$$\sigma^{-1} = \begin{pmatrix} k_1 & k_2 & \cdots & k_n \\ 1 & 2 & \cdots & n \end{pmatrix}$$

で表わすことができる．しかしこれは，置換の標準的な表記法ではない．実際は，第 1 行にある $k_1, \ldots, k_n$ が 1 から $n$ の順になるように列を並べ換えたものが $\sigma^{-1}$ の標準的な表示である．

**◆例 4.** $S_5$ の元

$$\sigma = \begin{pmatrix} 1 & 2 & 3 & 4 & 5 \\ 4 & 5 & 1 & 2 & 3 \end{pmatrix} \in S_5$$

の逆元 $\sigma^{-1}$ は

$$\sigma^{-1} = \begin{pmatrix} 4 & 5 & 1 & 2 & 3 \\ 1 & 2 & 3 & 4 & 5 \end{pmatrix}$$

である．これを標準的に表すと

$$\sigma^{-1} = \begin{pmatrix} 1 & 2 & 3 & 4 & 5 \\ 3 & 4 & 5 & 1 & 3 \end{pmatrix}$$

となる．

置換 $\sigma \in S_n$ に対して，$\sigma$ によって，不変な要素 $i$ があるならば，すなわち $\sigma(i) = i$ であるなら，置換の表現 (4.20) において，$i \mapsto \sigma(i) = k_i = i$ となる列を省いて表示してもよいと約束する．

**◆例 5.** $S_5$ において，次のような表示が許される．

$$\begin{pmatrix} 1 & 2 & 3 & 4 & 5 \\ 4 & 5 & 3 & 2 & 1 \end{pmatrix} = \begin{pmatrix} 1 & 2 & 4 & 5 \\ 4 & 5 & 2 & 1 \end{pmatrix}, \qquad \begin{pmatrix} 1 & 2 & 3 & 4 & 5 \\ 1 & 4 & 3 & 2 & 5 \end{pmatrix} = \begin{pmatrix} 2 & 4 \\ 4 & 2 \end{pmatrix}$$

置換 $\sigma \in S_n$ が次のような表示をもつとき，$\sigma$ は**長さ $k$ の巡回置換**であると呼ばれる．

$$\sigma = \begin{pmatrix} i_i & i_2 & \cdots & i_{k-1} & i_k \\ i_2 & i_3 & \cdots & i_k & i_1 \end{pmatrix} \tag{4.21}$$

ここで，(4.21) において，$\{i_1, i_2, \cdots, i_k\}$ に含まれない $j$ については，上記の約束により，$\sigma(j) = j$ であるとしている．(4.21) で表される長さ $k$ の巡回置換を $(i_1\ i_2\ \cdots\ i_k)$ と略記する．特に長さが 2 の巡回置換 $(i\ j)$ を**互換**という．互換は $i \neq j$ について $i$ と $j$ だけを入れ換え，他の文字を不変にする置換である．

▲**問 5.** $\sigma$ を長さ $k$ の巡回置換とするとき，$\sigma$ の $k$ 個の積 $\sigma^k=\varepsilon$ となる．特に互換 $\sigma$ については，$\sigma^{-1}=\sigma$ が成り立つ．以上を示せ．

●**練習 16.** 次の問いに答えよ．

(1) $S_3$ の要素は恒等置換，互換および長さ 3 の巡回置換からなる．$S_3$ の要素のなかで，互換であるものと，長さ 3 の巡回置換を選びだせ．

(2) $S_4$ の中で，長さ 2 の巡回置換，3 の巡回置換，長さ 4 の巡回置換を全て数え上げよ．

(3) $S_4$ の中で，巡回置換でないものを全て数え上げよ．

次の 3 つの命題は置換の符号を計算するにあたり，基本的な役割を果たす．

**命題 4.4.1.** 任意の置換 $\sigma\in S_n$ は，文字を共有しない巡回置換の積に分解される．これらの巡回置換は可換であり，積に表れる巡回置換は一意的に定まる．

証明を与える代わりに，具体的な置換に対して，それを巡回置換の積に分解する具体的な手続きを提示する．

$$\sigma=\begin{pmatrix}1&2&3&4&5&6&7&8&9&10&11&12\\4&3&7&5&6&9&2&8&1&12&11&10\end{pmatrix}\in S_{12}$$

を例にとる．

$$1\overset{\sigma}{\mapsto}4\overset{\sigma}{\mapsto}5\overset{\sigma}{\mapsto}6\overset{\sigma}{\mapsto}9\overset{\sigma}{\mapsto}1,\qquad 2\overset{\sigma}{\mapsto}3\overset{\sigma}{\mapsto}7\overset{\sigma}{\mapsto}2,\qquad 10\overset{\sigma}{\mapsto}12\overset{\sigma}{\mapsto}10$$

であることに注意すれば，$\sigma$ は次のような互いに可換な 3 個の巡回置換の積に分解されることがわかる．

$$\begin{aligned}\sigma&=\begin{pmatrix}1&4&5&6&9\\4&5&6&9&1\end{pmatrix}\cdot\begin{pmatrix}2&3&7\\3&7&2\end{pmatrix}\cdot\begin{pmatrix}10&12\\12&10\end{pmatrix}\\&=(1\,4\,5\,6\,9)\cdot(2\,3\,7)\cdot(10\,12)\end{aligned}$$

**命題 4.4.2.** 長さ $k$ の巡回置換は，$k-1$ 個の互換の積として表すことができる．

**証明:** 容易にわかるように，長さ $k$ の巡回置換 $\sigma$ について

$$\sigma=(i_1\ i_2\ \cdots\ i_{k-1}\ i_k)=(i_1\ i_k)\cdot(i_1\ i_{k-1})\cdots(i_1\ i_3)\cdot(i_1\ i_2)$$

が成立ち，$k-1$ 個の互換の積となることがわかる． □

▲**問 6.** 直接計算で $(1\,2\,3\,4\,5)=(1\,5)\cdot(1\,4)\cdot(1\,3)\cdot(1\,2)$ を確かめよ．

**命題 4.4.3.** 任意の置換 $\sigma \in S_n$ は，互換の積として表わすことができる．ここで，置換 $\sigma$ を互換の積として表わす仕方は一通りではないが，積に含まれる互換の数の奇偶は $\sigma$ により一意的に定まる．

**証明**: 命題の前半は命題 4.4.1 と命題 4.4.2 により明らかである．後半を示そう．そのために，一意性は示されていないが，存在することが示された行列式写像 det を用いる．まず次の補題に注目する．

**補題 4.4.1.** $\sigma \in S_n$ が $r$ 個の互換 $\tau_1, \ldots, \tau_r$ を用いて $\sigma = \tau_1 \cdots \tau_r$ と表わされたとする．そのとき列ベクトル表示された行列 $A = (\boldsymbol{a}_1, \ldots, \boldsymbol{a}_n) \in \mathrm{Mat}(n; \mathbb{R})$ について，

$$\det(\boldsymbol{a}_{\sigma(1)}, \boldsymbol{a}_{\sigma(2)}, \cdots, \boldsymbol{a}_{\sigma(n)}) = (-1)^r \det(\boldsymbol{a}_1, \boldsymbol{a}_2, \cdots, \boldsymbol{a}_n) \tag{4.22}$$

が成り立つ．

▲**問 7.** 行列式関数 det の交代性を用いて，互換 $\tau \in S_n$ と任意の $\sigma \in S_n$ に対して

$$\det(\boldsymbol{a}_{\tau\cdot\sigma(1)}, \cdots, \boldsymbol{a}_{\tau\cdot\sigma(n)}) = (-1) \det(\boldsymbol{a}_{\sigma(1)}, \boldsymbol{a}_{\sigma(2)}, \cdots, \boldsymbol{a}_{\sigma(n)}) \tag{4.23}$$

が成り立つことを示せ．またこの結果を用いて，帰納法により補題 4.4.1 を示せ．

補題 4.4.1 を用いて命題 4.4.3 の証明を完成させる．置換 $\sigma$ が互換の積として二通りの表現 $\sigma = \tau_1 \cdots \tau_r = \tau'_1 \cdots \tau'_s$ をもつと仮定する．そのとき，補題 4.4.1 によれば，

$$\det(\boldsymbol{a}_{\sigma(1)}, \boldsymbol{a}_{\sigma(2)}, \cdots, \boldsymbol{a}_{\sigma(n)}) = (-1)^r \det(\boldsymbol{a}_1, \boldsymbol{a}_2, \cdots, \boldsymbol{a}_n)$$
$$\det(\boldsymbol{a}_{\sigma(1)}, \boldsymbol{a}_{\sigma(2)}, \cdots, \boldsymbol{a}_{\sigma(n)}) = (-1)^s \det(\boldsymbol{a}_1, \boldsymbol{a}_2, \cdots, \boldsymbol{a}_n)$$

が得られる．これより，$(-1)^r = (-1)^s$ となり，$r, s$ の奇偶は一致する． □

以上 3 つの命題から，任意の置換 $\sigma \in S_n$ は互換の積で表され，さらに，任意に置換を互換の積に分解したとき，積に表れる互換の数は一意的には定まらないが，その奇偶は一意的に定まることがわかる．したがって，置換全体は，偶数個の互換の積で表される置換と奇数個の互換の積で表される置換に分類することができる．前者を**偶置換**，後者を**奇置換**と呼ぶ．

▲**問 8.** $\sigma \in S_n$ と互換 $\tau$ について $\sigma$ が偶置換なら $\tau \cdot \sigma$ は奇置換であり，$\sigma$ が奇

置換なら $\tau \cdot \sigma$ は偶置換であることを示せ．また，これより $S_n$ の偶置換の奇置換の数は等しく，ともに $n!/2$ 個あることを示せ．

$\sigma \in S_n$ に対して，**置換の符号** $\mathrm{sgn}(\sigma)$ を

$$\mathrm{sgn}(\sigma) = \begin{cases} +1 & (\sigma\text{は偶置換}) \\ -1 & (\sigma\text{は奇置換}) \end{cases} \tag{4.24}$$

で定義する．

置換の符号が一意的に定まることから，次の命題の証明は容易である．

**命題 4.4.4.** (1) $\sigma, \rho \in S_n$ に対して，$\mathrm{sgn}(\sigma \cdot \rho) = \mathrm{sgn}(\sigma)\mathrm{sgn}(\rho)$
(2) $\sigma \in S_n$ に対して $\mathrm{sgn}(\sigma^{-1}) = \mathrm{sgn}(\sigma)$

**証明**: (1) 置換 $\sigma, \tau$ を互換の積として $\sigma = \tau_1 \cdots \tau_r, \rho = \tau_1' \cdots \tau_s'$ と表わす．そのとき，$\mathrm{sgn}(\sigma) = (-1)^r$, $\mathrm{sgn}(\rho) = (-1)^s$ であり，$\sigma \cdot \rho = \tau_1 \cdots \tau_r \cdot \tau_1' \cdots \tau_s'$ となる．置換の符号は一意的に決まることより，$\mathrm{sgn}(\sigma \cdot \rho) = (-1)^{r+s}$ であるから主張 (1) が従う．
(2) については，(1) の結果より，$1 = \mathrm{sgn}(\varepsilon) = \mathrm{sgn}(\sigma \cdot \sigma^{-1}) = \mathrm{sgn}(\sigma)\mathrm{sgn}(\sigma^{-1})$ であることより直ちに従う． □

次の部分節で，置換の符号を用いた行列式の表示を導く．

### 4.4.2 置換の符号と行列式の表示

本部分節では，置換の符号を用いた行列式の表示式を導くことにより，懸案であった定理 4.1.1 における，行列式写像の一意性の証明を行い，定理の証明を完成させる．さらに，この表示を用いることにより，もう一つの懸案であった定理 4.2.2 を証明する．行列 $A \in \mathrm{Mat}(n; \mathbb{R})$ を列ベクトル表示で，$A = (\boldsymbol{a}_1, \boldsymbol{a}_1, \cdots, \boldsymbol{a}_n)$ と表す．各列ベクトル $\boldsymbol{a}_j = {}^t(a_{1j}, a_{2j}, \ldots, a_{nj})$ を標準基底 $\boldsymbol{e}_1, \ldots, \boldsymbol{e}_n$ で表せば

$$\boldsymbol{a}_j = \sum_{k=1}^{n} a_{kj} \boldsymbol{e}_k$$

となる．ここで，det 関数の多重線形性を用いると

$$\begin{aligned}
&\det(A)\\
&\quad = \det\left(\textstyle\sum_{k_1=1}^n a_{k_1 1}\boldsymbol{e}_{k_1},\ \sum_{k_2=1}^n a_{k_2 2}\boldsymbol{e}_{k_2},\ \cdots\ ,\sum_{k_n=1}^n a_{k_n n}\boldsymbol{e}_{k_n}\right)\\
&\quad = \sum_{k_1=1}^n \sum_{k_2=1}^n \cdots \sum_{k_n=1}^n a_{k_1 1}a_{k_2 2}\cdots a_{k_n n}\det(\boldsymbol{e}_{k_1},\boldsymbol{e}_{k_2},\cdots,\boldsymbol{e}_{k_n}) \quad (4.25)
\end{aligned}$$

上記の和は $n^n$ 個の全ての $k_1, k_2, \ldots, k_n = 1, \cdots, n$ について取られるが，$\boldsymbol{e}_{k_1}, \boldsymbol{e}_{k_2}, \cdots, \boldsymbol{e}_{k_n}$ の中に同じものがあると $\det(\boldsymbol{e}_{k_1}, \boldsymbol{e}_{k_2}, \cdots, \boldsymbol{e}_{k_n}) = 0$ となるので，(4.25) の和は，結局 $(k_1, \ldots, k_n)$ が $(1, 2, \ldots, n)$ の順列になっているもの全体だけについて取れば十分である．ここで

$$\sigma = \begin{pmatrix} 1 & 2 & \cdots & n \\ k_1 & k_2 & \cdots & k_n \end{pmatrix}$$

とおくと $\sigma \in S_n$ であり，和は $S_n$ 全体について取られる．そのとき，(4.25) は

$$\det(A) = \sum_{\sigma\in S_n} a_{\sigma(1)1}a_{\sigma(2)2}\cdots a_{\sigma(n)n}\det(\boldsymbol{e}_{\sigma(1)},\boldsymbol{e}_{\sigma(2)},\cdots,\boldsymbol{e}_{\sigma(n)}) \quad (4.26)$$

となる．ここで補題 4.4.1 と置換の符号の定義により，

$$\det(\boldsymbol{e}_{\sigma(1)},\boldsymbol{e}_{\sigma(2)},\cdots,\boldsymbol{e}_{\sigma(n)}) = \mathrm{sgn}(\sigma)\det(\boldsymbol{e}_1,\boldsymbol{e}_2,\cdots,\boldsymbol{e}_n)$$

が従うことと，$\det(E_n) = 1$ であることを用いると

$$\det(A) = \sum_{\sigma\in S_n} \mathrm{sgn}(\sigma)a_{\sigma(1)1}a_{\sigma(2)2}\cdots a_{\sigma(n)n} \quad (4.27)$$

を得る．(4.27) が，置換の符号を用いた，行列式の表示式である．

以上により，$\mathrm{Mat}(n;\mathbb{R})$ の列ベクトル上で定義された，(I) $n$ 重交代形式であって，(II)$E_n$ 上で値 1 をとるものは，一意的に定まり，(4.27) で表されることがわかった．これで，行列式写像の一意性が示された．

次に，一般の $n$ 重交代形式 $\varphi : \mathrm{Mat}(n;\mathbb{R}) \to \mathbb{R}$ について，(4.26) を導いたと同様な計算を行い，置換の符号の定義を用いれば，

$$\begin{aligned}
\varphi(A) &= \varphi(\boldsymbol{a}_1,\ldots,\boldsymbol{a}_n)\\
&= \sum_{\sigma\in S_n} a_{\sigma(1)1}a_{\sigma(2)2}\cdots a_{\sigma(n)n}\varphi(\boldsymbol{e}_{\sigma(1)},\boldsymbol{e}_{\sigma(2)},\cdots,\boldsymbol{e}_{\sigma(n)})\\
&= \sum_{\sigma\in S_n} a_{\sigma(1)1}a_{\sigma(2)2}\cdots a_{\sigma(n)n}\mathrm{sgn}(\sigma)\varphi(\boldsymbol{e}_1,\boldsymbol{e}_2,\cdots,\boldsymbol{e}_n)
\end{aligned}$$

を得る．ここで，行列式の表示 (4.27) を用いれば

$$\varphi(A) = \varphi(\boldsymbol{a}_1,\ldots,\boldsymbol{a}_n) = \det(A)\varphi(\boldsymbol{e}_1,\ldots,\boldsymbol{e}_n) = \det(A)\varphi(E_n)$$

が成り立つことがわかる．これが，定理 4.1.1 の最後の主張であった．以上で

定理 4.1.1 の証明が完成した．

最後に，定理 4.2.2 の主張である $\det({}^tA) = \det(A)$ の証明を行う．${}^tA = B = (b_{ij})$ とおけば，$b_{ij} = a_{ji}$ である．よって，(4.27) により，

$$
\begin{aligned}
\det({}^tA) &= \sum_{\sigma \in S_n} \mathrm{sgn}(\sigma) b_{\sigma(1)1} b_{\sigma(2)2} \cdots b_{\sigma(n)n} \\
&= \sum_{\sigma \in S_n} \mathrm{sgn}(\sigma) a_{1\sigma(1)} a_{2\sigma(2)} \cdots a_{n\sigma(n)} \qquad (4.28)
\end{aligned}
$$

となる．よって，示すべきは，(4.27) の右辺と，(4.28) の右辺が等しいことである．(4.27) の右辺はすべての $i = 1, \ldots, n$ に対して $a_{\sigma(i)i}$ の形の要素の積に符号 $\mathrm{sgn}(\sigma)$ をかけて加えたものになっている．そこで，$\sigma(i) = k$ とおくと，$i = \sigma^{-1}(k)$ なので，$a_{\sigma(i)i} = a_{k\sigma^{-1}(k)}$ となる．これを $i = 1, \ldots, n$ についてかけ合わせると，$\sigma$ は $\{1, 2, \ldots, n\}$ の置換を引き起こすので $k$ も $k = 1, \ldots, n$ を動くことになり，$\rho = \sigma^{-1}$ とおいて，$\mathrm{sgn}(\rho) = \mathrm{sgn}(\sigma^{-1}) = \mathrm{sgn}(\sigma)$ を用いると

$$\mathrm{sgn}(\sigma) a_{\sigma(1)1} \cdots a_{\sigma(n)n} = \mathrm{sgn}(\rho) a_{1\rho(1)} \cdots a_{n\rho(n)}$$

を得る．$\sigma$ が $S_n$ 全体を動けば，$\rho = \sigma^{-1}$ も $S_n$ 全体を動く．よって，(4.27) の右辺は

$$\sum_{\rho \in S_n} \mathrm{sgn}(\rho) a_{1\rho(1)} a_{2\rho(2)} \cdots a_{n\rho(n)}$$

となる．これは (4.28) の右辺である．よって，定理 4.2.2 の証明が完成した．

## 第 4 章 補充問題

**問題 1.** (1) $\omega \neq 1$ を 1 の立方根の一つとするとき，次の行列式の値を求めよ．

$$
\begin{vmatrix} 1 & \omega & \omega^2 \\ \omega & \omega^2 & 1 \\ \omega^2 & 1 & \omega \end{vmatrix}, \quad
\begin{vmatrix} 1 & \omega & \omega^2 & \omega^3 \\ \omega & \omega^2 & \omega^3 & 1 \\ \omega^2 & \omega^3 & 1 & \omega \\ \omega^3 & 1 & \omega & \omega^2 \end{vmatrix}
$$

の値を求めよ．

(2) $\omega$ を 1 の $n$ 乗根とするとき，次の行列式の値を求めよ．

$$
\begin{vmatrix} 1 & \omega & \cdots & \cdots & \omega^{n-1} \\ \omega & \omega^2 & \cdots & \omega^{n-1} & 1 \\ \vdots & \vdots & \vdots & \vdots & \vdots \\ \omega^{n-1} & 1 & \omega & \cdots & \omega^{n-2} \end{vmatrix}, \quad
\begin{vmatrix} 1 & \omega & \cdots & \cdots & \omega^{n} \\ \omega & \omega^2 & \cdots & \omega^{n} & 1 \\ \vdots & \vdots & \vdots & \vdots & \vdots \\ \omega^{n} & 1 & \omega & \cdots & \omega^{n-1} \end{vmatrix}
$$

**問題 2.** 次の等式を示せ.

(1) $$\begin{vmatrix} 0 & a & b & c \\ a & 0 & d & e \\ b & d & 0 & f \\ c & e & f & 0 \end{vmatrix} = a^2f^2 + b^2e^2 + c^2d^2 - 2bcde - cadf - 2abef$$

(2) $$\begin{vmatrix} 0 & a & b & c \\ -a & 0 & d & -e \\ -b & -d & 0 & f \\ -c & e & -f & 0 \end{vmatrix} = (af + be + cd)^2$$

**問題 3.** $A, B \in \mathrm{Mat}(n; \mathbb{R})$ について，次の問いに答えよ.

(1) $\det \begin{pmatrix} A & B \\ B & A \end{pmatrix} = \det(A+B)\det(A-B)$ であることを示せ.

(2) $\det \begin{pmatrix} A & -B \\ B & A \end{pmatrix} = |\det(A+iB)|^2$ であることを示せ.

**問題 4.** 次の問いに答えよ

(1) $A \in \mathrm{Mat}(m; \mathbb{R})$, $D \in \mathrm{Mat}(n; \mathbb{R})$ で，$B \in \mathrm{Mat}(m, n; \mathbb{R})$, $C \in \mathrm{Mat}(n, m; \mathbb{R})$ であり，$A$ を正則行列として，

$$\det \begin{pmatrix} A & B \\ C & D \end{pmatrix} = \det(A)\det(D - CA^{-1}B)$$

が成り立つことを示せ.

(2) $A, B \in \mathrm{Mat}(n; \mathbb{R})$ として

$$\det \begin{pmatrix} A & O \\ -E_n & B \end{pmatrix} = \det(AB)$$

が成り立つことを示せ．これより，$\det(AB) = \det(A)\det(B)$ の別証明が得られる.

**問題 5.** 巡回行列 $C_n = C_n(a_0, a_1, \ldots, a_{n-1})$ を

$$C_n = \begin{pmatrix} a_0 & a_1 & \cdots & a_{n-1} \\ a_{n-1} & a_0 & \cdots & a_{n-2} \\ \vdots & \vdots & \ddots & \vdots \\ a_1 & a_2 & \cdots & a_0 \end{pmatrix}$$

で定義する．次の問いに答えよ.

(1) $\det C_2$ を求めよ.

(2) $\det C_3$ を求めよ.

(3) 1 の $n$ 乗根を $\omega_0 = 1, \omega_1, \ldots, \omega_{n-1}$ とするとき

$$\det(C_n) = \begin{vmatrix} a_0 & a_1 & \cdots & a_{n-1} \\ a_{n-1} & a_0 & \cdots & a_{n-2} \\ \vdots & \vdots & \ddots & \vdots \\ a_1 & a_2 & \cdots & a_0 \end{vmatrix}$$

$$= \prod_{i=0}^{n-1} (a_0 + a_1\omega_i + \cdots a_{n-1}\omega_i^{n-1})$$

が成り立つことを示せ.

**問題 6.** 次の問いに答えよ.

(1) 3次方程式 $f(x) = ax^3+bx^2+cx+d = 0$ と2次方程式 $g(x) = px^2+qx+r = 0$ が共通根を持つための必要十分条件は

$$\mathrm{Res}(f,g) = \begin{vmatrix} a & 0 & p & 0 & 0 \\ b & a & q & p & 0 \\ c & b & r & q & p \\ d & c & 0 & r & q \\ 0 & d & 0 & 0 & r \end{vmatrix} = 0$$

であることを示せ. ここで得られた $\mathrm{Res}(f,g)$ を $f, g$ の**終結式** (Resultant) と呼ぶ.

(2) (1) の結果を $n$ 次方程式 $f(x) = 0$ と, $m$ 次方程式 $g(x) = 0$ の場合に拡張し, 一般の場合の終結式を定義して, 二つの方程式が共通根を持つための条件を終結式を用いて述べよ.

**問題 7 (コーシー・ビネ (Cauchy-Binet) の公式).** $m, n$ を $n \geqq m$ を満たす自然数とする. $A \in \mathrm{Mat}(m,n;\mathbb{R})$ および $B \in \mathrm{Mat}(n,m;\mathbb{R})$ に対して, $I$ を $\{1,2,\ldots,n\}$ の $m$ 個の要素からなる部分集合全体からなる集合とす る. 次に, $A_I$ を $A$ の $n$ 個の列から $I$ で指定される列を選んで作った $m$ 次の正方行列, $B^I$ を $B$ の $n$ 個の行から $I$ で指定される $I$ 個の行を選んで作った $m$ 次正方行列とする. そのとき公式

$$\det(AB) = \sum_I \det(A_I)\det(B^I)$$

を示せ. ここで, 和は $\{1,2,\ldots,n\}$ の $m$ 個の要素からなる部分集合全体に対してとられる.

**問題 8.** $A \in \mathrm{Mat}(n;\mathbb{R})$ に対して, $A$ の余因子行列を $\tilde{A}$ とする. そのとき次の問いに答えよ.

(1) $\det(A) \neq 0$ のとき $\det(\tilde{A}) = (\det(A))^{n-1}$ であることを示せ.

(2) $\det(A) = 0$ のときは, $\det(A + xE_n)$ を考えることにより, $\det(\tilde{A}) = 0$ であることを示せ.

**問題 9.** 成分がすべて整数である $n$ 次正方行列の全体を $\mathrm{Mat}(n;\mathbb{Z})$ とおく. $A \in \mathrm{Mat}(n;\mathbb{Z})$ に対して, $A^{-1} \in \mathrm{Mat}(n;\mathbb{Z})$ であるための必要十分条件は $\det(A) = \pm 1$ となることであることを示せ.

**問題 10.** $A \in \mathrm{Mat}(m, n; \mathbb{Z})$ を列ベクトル表示で $A = (\boldsymbol{a}_1, \ldots, \boldsymbol{a}_n)$ とおくとき，各列ベクトル $\boldsymbol{a}_j$ の非零成分がちょうど 2 つあり，一つが $-1$ で，もう一つが $+1$ であると仮定する．そのとき $A$ の任意の小行列式の値は，0 または $\pm 1$ であることを示せ．そのとき $A$ は完全ユニモジュラーであると呼ばれる．

# 5 抽象ベクトル空間と線形写像

## 5.1 抽象ベクトル空間とその部分空間

本節では，数ベクトル空間の拡張として，体 $\mathbb{K}$ 上の抽象ベクトル空間に関して基本的な解説を行う．本章の議論は幾分抽象的である．まず，体とは，実数全体 $\mathbb{R}$，複素数全体 $\mathbb{C}$ または有理関数全体のように四則演算が定義された集合のことである．以下では体 $\mathbb{K}$ は実数全体 $\mathbb{R}$ または複素数全体 $\mathbb{C}$ のいずれかを表すと考えれば十分であり，体の正確な定義を述べることはしない．

**定義 5.1.1** (ベクトル空間)． $X$ が体 $\mathbb{K}$ 上のベクトル空間であるとは次の性質が満たされるときをいう．

(1) $\boldsymbol{x}, \boldsymbol{y} \in X$ に対して，和 $\boldsymbol{x}+\boldsymbol{y} \in X$ が定義されて次の性質を満たす．
  (a) $\boldsymbol{x}+\boldsymbol{y}=\boldsymbol{y}+\boldsymbol{x}$
  (b) $(\boldsymbol{x}+\boldsymbol{y})+\boldsymbol{z}=\boldsymbol{x}+(\boldsymbol{y}+\boldsymbol{z})$(結合律)
  (c) $\boldsymbol{0} \in X$ が存在して，任意の $\boldsymbol{x} \in X$ に対して，$\boldsymbol{x}+\boldsymbol{0}=\boldsymbol{0}+\boldsymbol{x}=\boldsymbol{x}$ が成り立つ．このような要素を加法に関する単位元または零ベクトルと呼ぶ．
  (d) 任意の $\boldsymbol{x} \in X$ に対して，$\boldsymbol{x}+\boldsymbol{y}=\boldsymbol{0}$ となる $\boldsymbol{y} \in X$ が存在する．このような $\boldsymbol{y}$ を $-\boldsymbol{x}$ と表し，$\boldsymbol{x}$ の逆元と呼ぶ．

(2) $\lambda \in \mathbb{K}$ と $\boldsymbol{x} \in X$ に対して，スカラー倍 $\lambda\boldsymbol{x} \in X$ が定義されて次の性質をみたす．
  (a) $\lambda(\boldsymbol{x}+\boldsymbol{y})=\lambda\boldsymbol{x}+\lambda\boldsymbol{y}, \quad \lambda \in \mathbb{K},\ \boldsymbol{x}, \boldsymbol{y} \in X$
  (b) $(\lambda+\mu)\boldsymbol{x}=\lambda\boldsymbol{x}+\mu\boldsymbol{x}, \quad \lambda, \mu \in \mathbb{K},\ \boldsymbol{x} \in X$
  (c) $(\lambda\mu)\boldsymbol{x}=\lambda(\mu\boldsymbol{x}), \quad \lambda, \mu \in \mathbb{K},\ \boldsymbol{x} \in X$

(d) $1\boldsymbol{x} = \boldsymbol{x},\ \boldsymbol{x} \in X$

抽象ベクトル空間の例を挙げる.

**◆例 1.**

(1) 2 章ですでに学んだように, $\mathbb{K}^n$ を $\mathbb{K}$ の元を成分とする長さ $n$ の列ベクトル

$$\boldsymbol{x} = \begin{pmatrix} x_1 \\ \vdots \\ x_n \end{pmatrix} \quad x_1, \ldots, x_n \in \mathbb{K}$$

全体からなる集合とする. $\mathbb{K}^n$ は (体)$\mathbb{K}$ 上のベクトル空間となり, **数ベクトル空間**と呼ばれる. 全く同様に, $\mathbb{K}$ の元を成分とする長さ $n$ の行ベクトル全体の集合

$$(\mathbb{K}^n)^* = \{(x_1, \ldots, x_n) | x_1, \ldots, x_n \in \mathbb{K}\}$$

が $\mathbb{K}$ 上のベクトル空間となることもあきらかである.

(2) $\mathrm{Mat}(m, n; \mathbb{K})$ を, 成分が $\mathbb{K}$ の元であるような $m$ 行 $n$ 列の行列全体とする. $\mathrm{Mat}(m, n; \mathbb{K})$ は行列の通常の和とスカラー倍によって $\mathbb{K}$ 上のベクトル空間になる.

(3) $a_0, \ldots, a_k \in \mathbb{K}$ として,

$$f(x) = a_0 + a_1 x + a_2 x^2 + \cdots + a_k x^k$$

を不定元 $x$ に関する, $\mathbb{K}$ 係数の多項式と呼ぶ. $a_k \neq 0$ なら $f(x)$ の $x$ に関する**次数**は $k$ であるという. 不定元 $x$ に関する $\mathbb{K}$ 係数の多項式全体の集合 $\mathbb{K}[x]$ は通常の多項式の加法と定数倍により, $\mathbb{K}$ 上のベクトル空間になる.

(4) $a_{ij} \in \mathbb{K}$ $(i = 1, 2, \ldots,\ j = 1, 2, \ldots)$ として,

$$f(x, y) = \sum_{i,j} a_{ij} x^i y^j \quad (\text{有限和})$$

を不定元（変数）$x, y$ に関する 2 変数多項式という. $x, y$ を不定元とする $\mathbb{K}$ 係数の 2 変数多項式全体を $\mathbb{K}[x, y]$ で表す. $\mathbb{K}[x, y]$ は $\mathbb{K}$ 上のベクトル空間となる.

さらに, 不定元（変数）$x_1, \ldots, x_n$ に関する単項式を

$$x^\alpha = x_1^{\alpha_1} \cdots x_n^{\alpha_n} \tag{5.1}$$

で定義する. $\alpha = (\alpha_1, \ldots, \alpha_n)$ ($\alpha_i$は非負整数) を単項式のべき指数という. また, $|\alpha| = \alpha_1 + \cdots + \alpha_n$ を単項式 (5.1) の**次数**または**総次数**と呼ぶ. $\mathbb{K}$ の元 $a_\alpha$ と単項式 $x^\alpha$ をかけたものの有限和

$$f(x_1, \ldots, x_n) = \sum_\alpha a_\alpha x^\alpha \quad (\text{有限和}) \tag{5.2}$$

を, 不定元 $x_1, \ldots, x_n$ に関する多項式と呼ぶ. 多項式 $f(x_1, \ldots, x_n)$ に含まれる (係数が零でない) 単項式の中で次数が最大のものの次数を, **多項式 (5.2) の次

**数**という．$x_1, \dots, x_n$ に関する $\mathbb{K}$ 係数の多項式全体を $\mathbb{K}[x_1, \dots, x_n]$ で表すと，$\mathbb{K}[x_1, \dots, x_n]$ は，通常の多項式の和と定数倍に関して，$\mathbb{K}$ 上のベクトル空間になる．

(5) $(a,b) \subset \mathbb{R}$ $(a<b)$ を開区間として，$(a,b)$ で定義された連続な実数値関数の全体を $C(a,b)$ または $C^0(a,b)$ で表す．そのとき，$f, g \in C(a,b)$ に対して，和 $f+g \in C(a,b)$ を $(f+g)(x) = f(x)+g(x)$ で，$\lambda \in \mathbb{R}$ に対して，スカラー倍 $\lambda f$ を $(\lambda f)(x) = \lambda f(x)$ で定義すれば，$C(a,b) = C^0(a,b)$ は体 $\mathbb{R}$ 上のベクトル空間になる．

**定義 5.1.2** (**部分空間**)．　$X$ を体 $\mathbb{K}$ 上のベクトル空間とする．部分集合 $V \subset X$ が $X$ の**部分空間**であるとは，次の (1),(2),(3) が満たされるときをいう．

(1) $V \neq \emptyset$（空集合でない）

(2) 任意の $\boldsymbol{x}, \boldsymbol{y} \in V$ に対して $\boldsymbol{x}+\boldsymbol{y} \in V$

(3) 任意の $\lambda \in \mathbb{K}$ と $\boldsymbol{x} \in V$ に対して $\lambda\boldsymbol{x} \in V$ である．

特に $\{\mathbf{0}\}$ と $X$ 自身は $X$ の部分空間であり，$X$ の**自明な部分空間**と呼ばれる．

◆**例 2.**　(1) $A \in \mathrm{Mat}(m,n;\mathbb{R})$ に対して，$A$ によって定義される線形写像 $L_A : \mathbb{R}^n \to \mathbb{R}^m$ の像空間 $\mathrm{Im}\, L_A = \mathrm{Im}\,(A) \subset \mathbb{R}^m$ と核 $\mathrm{Ker}\,(L_A) = \mathrm{Ker}\,(A) \subset \mathbb{R}^n$ は，それぞれ，$\mathbb{R}^m$, $\mathbb{R}^n$ の部分空間となる．

(2) $\mathbb{K}[x]_m \subset \mathbb{K}[x]$ を，$\mathbb{K}[x]$ の多項式であって，次数が $m$ 以下の多項式の全体として定義すれば，$\mathbb{K}[x]_m$ は $\mathbb{K}[x]$ の部分空間である．

(3) 全く同様にして，$m$ を非負整数として，$\mathbb{K}[x_1, \dots, x_n]$ の多項式 $f(x_1, \dots, x_n)$ であって，総次数が $m$ 以下であるものの全体を $\mathbb{K}[x_1, \dots, x_n]_m$ で表す．さらに $k$ を非負整数として，$\mathbb{K}[x_1, \dots, x_n]$ の多項式 $f(x_1, \dots, x_n)$ であって，$f(x_1, \dots, x_n)$ の和に含まれるすべての単項式が全て (総) 次数 $k$ をもつものを $k$ 次の**斉次多項式**という．$k$ 次の斉次多項式全体を $\mathbb{K}[x_1, \dots, x_n]^{(k)}$ で表す．すなわち

$$\mathbb{K}[x_1, \dots, x_n]^{(k)} = \{ f \in \mathbb{K}[x_1, \dots, x_n] \,|\, f = \sum_{|\alpha|=k} a_\alpha x^\alpha \}$$

となる．$k \leqq m$ なら常に $\mathbb{K}[x_1, \dots, x_n]^{(k)} \subset \mathbb{K}[x_1, \dots, x_n]_m$ であり，これらはともに，$\mathbb{K}[x_1, \dots, x_n]$ の部分空間となる．

(4) 開区間 $(a,b) \subset \mathbb{R}$ と非負整数 $k$ に対して，開区間 $(a,b)$ で $k$ 階連続的微分可能な実数値関数の全体を $C^k(a,b)$ で表す．ここで $k$ 階連続的微分可能な関数とは，$k$ 階までの導関数が全て存在して連続になる関数のことである．$C^0(a,b) \supset C^1(a,b) \supset \cdots \supset C^m(a,b) \supset \cdots$ であり，後者は前者の部分空間である．

## 5.2　1 次結合，1 次独立性と従属性

体 $\mathbb{K}$ 上のベクトル空間 $V$ のベクトル $\boldsymbol{v}_1, \ldots, \boldsymbol{v}_m \in V$ とスカラー $c_1, \ldots, c_m \in \mathbb{K}$ について

$$c_1\boldsymbol{v}_1 + \cdots + c_m\boldsymbol{v}_m \tag{5.3}$$

を $\boldsymbol{v}_1, \ldots, \boldsymbol{v}_m$ の $\mathbb{K}$ 係数の **1 次結合**という．

**命題 5.2.1.**　$V$ を $\mathbb{K}$ 上のベクトル空間とする．$\boldsymbol{v}_1, \ldots, \boldsymbol{v}_m \in V$ として，$\boldsymbol{v}_1, \ldots, \boldsymbol{v}_m$ の 1 次結合全体からなる集合を

$$\langle \boldsymbol{v}_1, \ldots, \boldsymbol{v}_m \rangle = \{c_1\boldsymbol{v}_1 + \cdots + c_m\boldsymbol{v}_m | c_1, \ldots, c_m \in \mathbb{K}\} \tag{5.4}$$

とおく．そのとき，$\langle \boldsymbol{v}_1, \ldots, \boldsymbol{v}_m \rangle$ は $V$ の部分空間となる．このような部分空間を $\boldsymbol{v}_1, \ldots, \boldsymbol{v}_m$ **で生成される (有限生成の) 部分空間**という．

**証明:** 証明は容易である．□

▲**問 1.**　上記命題を示せ．

$\boldsymbol{v}_1, \ldots, \boldsymbol{v}_m \in V$ が，$c_1, \ldots, c_m \in \mathbb{K}$　に対して

$$c_1\boldsymbol{v}_1 + \cdots + c_m\boldsymbol{v}_m = \boldsymbol{0} \tag{5.5}$$

を満たすとき，(5.5) を 1 次従属関係式という．とくに 1 次従属関係式 (5.5) が成り立つのは，$c_1 = \cdots = c_m = 0$ であるときに限るとき，$\boldsymbol{v}_1, \ldots, \boldsymbol{v}_m$ は **1 次独立**であるという．ベクトル $\boldsymbol{v}_1, \cdots, \boldsymbol{v}_m$ は，1 次独立でないとき，**1 次従属**であるという．すなわち，すべては 0 ではないスカラー $c_1, \ldots, c_m$ に対して (5.5) が成り立つとき，これらのベクトルは 1 次従属であると呼ばれる．

## 5.3　ベクトル空間の基底と次元

体 $\mathbb{K}$ 上のベクトル空間 $V$ を考える．ベクトル空間 $V$ が $\boldsymbol{u}_1, \ldots, \boldsymbol{u}_m \in V$ で生成されると仮定する．そのとき $V$ の任意のベクトル $\boldsymbol{v}$ は

$$\boldsymbol{u} = c_1\boldsymbol{u}_1 + \cdots + c_m\boldsymbol{u}_m \tag{5.6}$$

と表される．そのとき表示 (5.6) は，必ずしも一意的ではない．なぜなら，たとえば，$c_m \neq 0$ であって，$\boldsymbol{u}_m$ が $\boldsymbol{u}_1, \ldots, \boldsymbol{u}_{m-1}$ の 1 次結合として

$$\boldsymbol{u}_m = d_1\boldsymbol{u}_1 + \cdots + d_{m-1}\boldsymbol{u}_{m-1}$$

と表されるなら，(5.6) は

$$\boldsymbol{u} = (c_1 + c_m d_1)\boldsymbol{u}_1 + \cdots + (c_{m-1} + c_m d_{m-1})\boldsymbol{u}_{m-1}$$

とも表すことができるので，$\boldsymbol{u}$ は別の表示をもつことがわかる．ここで，もし生成元 $\boldsymbol{u}_1, \ldots, \boldsymbol{u}_m$ が 1 次独立ならば，表示 (5.6) は一意的である．

▲**問 2.** 生成元 $\boldsymbol{u}_1, \ldots, \boldsymbol{u}_m$ が 1 次独立ならば，表示 (5.6) は一意的であることを示せ．

一般に，ベクトル空間 $U$ の生成元 $\boldsymbol{u}_1, \ldots, \boldsymbol{u}_m$ が与えられたとき，その中から 1 次独立な生成元 $\boldsymbol{v}_1, \ldots, \boldsymbol{v}_s$ を選びだすことができる．その方法をアルゴリズムとして述べる．

まず $\boldsymbol{u}_1 \neq \boldsymbol{0}$ なら $\boldsymbol{v}_1 = \boldsymbol{u}_1$ とおく．次に $\boldsymbol{v}_1 (= \boldsymbol{u}_1)$ と $\boldsymbol{u}_2$ が 1 次独立かどうかを調べ，1 次独立なら $\boldsymbol{v}_2 = \boldsymbol{u}_2$ とする．そうでなければ $\boldsymbol{u}_2$ を捨てて $\boldsymbol{u}_3$ を調べる．$\boldsymbol{u}_1, \ldots, \boldsymbol{u}_{k-1}$ まで調べて，$\boldsymbol{v}_1, \ldots, \boldsymbol{v}_{l-1}$ を得たとする．次に $\boldsymbol{u}_k$ が $\boldsymbol{v}_1, \ldots, \boldsymbol{v}_{l-1}$ の 1 次結合で表すことができなければ $\boldsymbol{v}_l = \boldsymbol{u}_k$ とし，そうでなければ，$\boldsymbol{u}_k$ を捨てて $\boldsymbol{u}_{k+1}$ を調べる．この手続きを $\boldsymbol{u}_m$ まで続ければよい．そのとき得られた $\boldsymbol{v}_1, \ldots, \boldsymbol{v}_s$ が $V$ の 1 次独立な生成元である．

このように，部分空間 $V$ の生成元 $\{\boldsymbol{u}_1, \ldots, \boldsymbol{u}_m\}$ から出発して，その中から 1 次独立な生成元 $\{\boldsymbol{v}_1, \ldots, \boldsymbol{v}_s\}$ を選びだすことができる．そのとき，1 次独立な生成元の集合は，同じ数の要素からなることを示そう．そのための準備として 1 次独立なベクトルの集合に関する次のような補題を示す．この補題自身も重要な結果である．

**補題 5.3.1.** $I = \{\boldsymbol{u}_1, \ldots, \boldsymbol{u}_m\}$, $J = \{\boldsymbol{v}_1, \ldots, \boldsymbol{v}_n\}$ をともにベクトル空間 $V$ の 1 次独立なベクトルからなる有限集合とする．$m < n$ であるなら，$I \cup \{\boldsymbol{v}_i\} = \{\boldsymbol{u}_1, \ldots, \boldsymbol{u}_m, \boldsymbol{v}_i\}$ が 1 次独立なベクトルの集合となるような，$\boldsymbol{v}_i \in J \setminus I$ が存在する．ここで，$J \setminus I$ は集合 $J$ と $I$ の差集合，すなわち $J$ には属しているが，$I$ には属さない元の集合を表す．

**証明:** まず，次のような事実に注目する．

「$A \in \mathrm{Mat}(m, n; \mathbb{R})$ であって，$m < n$ とする．そのとき $A$ は線形写像 $L_A : \mathbb{R}^n \to \mathbb{R}^m$ を定義するが，$\mathrm{Ker}\,(L_A) = \mathrm{Ker}\,A \subset \mathbb{R}^n$ は零でないベクト

ル $\boldsymbol{c} \neq \boldsymbol{0}$ を含む．すなわち，$\boldsymbol{c}$ は $A\boldsymbol{c} = \boldsymbol{0}$ を満たす.」

この事実を示すには，数ベクトル空間について，

$$\dim(\mathrm{Ker}(A)) = n - \mathrm{rank}(A) \geqq n - m > 0$$

が成り立ち，$\mathrm{Ker}(A) \neq \{\boldsymbol{0}\}$ であることに注意すればよい．

ベクトル空間 $V$ の 1 次独立な生成元からなる集合を $B_1 = \{\boldsymbol{u}_1, \ldots, \boldsymbol{u}_m\}$ および $B_2 = \{\boldsymbol{v}_1, \ldots, \boldsymbol{v}_n\}$ とし，$m < n$ と仮定する．証明は背理法によるものとして，補題の結論を否定して，任意の $\boldsymbol{v}_j$ $(j = 1, \ldots, n)$ に対して，$\{\boldsymbol{u}_1, \ldots, \boldsymbol{u}_m, \boldsymbol{v}_j\}$ は 1 次独立ではないと仮定する．そのとき，$\boldsymbol{u}_1, \ldots, \boldsymbol{u}_m$ が 1 次独立であることにより，全ての $\boldsymbol{v}_j$ は，$\boldsymbol{u}_1, \ldots, \boldsymbol{u}_m$ の 1 次結合として表すことができる．すなわち

$$\boldsymbol{v}_j = a_{1j}\boldsymbol{u}_1 + \cdots + a_{mj}\boldsymbol{u}_m, \quad j = 1, \ldots, n$$

を満たす $a_{ij}$ が存在する．言い換えれば，$A = (a_{ij}) \in \mathrm{Mat}(m, n; \mathbb{R})$ が存在して

$$(\boldsymbol{v}_1, \boldsymbol{v}_2, \cdots, \boldsymbol{v}_n) = (\boldsymbol{u}_1, \boldsymbol{u}_2, \cdots, \boldsymbol{u}_m) \begin{pmatrix} a_{11} & a_{12} & \cdots & a_{1n} \\ a_{21} & a_{22} & \cdots & a_{2n} \\ \vdots & \cdots & \ddots & a_{3n} \\ a_{m1} & \cdots & \cdots & a_{mn} \end{pmatrix}$$

が成り立つ．すでに述べたことにより $A\boldsymbol{c} = \boldsymbol{0}$ となる非零ベクトル $\boldsymbol{c}$ が存在するから，そのような $\boldsymbol{c}$ について

$$\begin{aligned}(\boldsymbol{v}_1, \boldsymbol{v}_2, \cdots, \boldsymbol{v}_n) &\begin{pmatrix} c_1 \\ c_2 \\ \vdots \\ c_n \end{pmatrix} \\ &= (\boldsymbol{u}_1, \boldsymbol{u}_2, \cdots, \boldsymbol{u}_m) \begin{pmatrix} a_{11} & a_{12} & \cdots & a_{1n} \\ a_{21} & a_{22} & \cdots & a_{2n} \\ \vdots & \cdots & \ddots & a_{3n} \\ a_{m1} & \cdots & \cdots & a_{mn} \end{pmatrix} \begin{pmatrix} c_1 \\ c_2 \\ \vdots \\ c_n \end{pmatrix} = \boldsymbol{0}\end{aligned}$$

を得る．これは $\boldsymbol{v}_1, \ldots, \boldsymbol{v}_n$ が 1 次独立であることに反する． □

この補題を用いて，われわれの目標であった次の定理を示すことができる．以後，有限集合 $B$ に対して，$B$ に含まれる元の数を $|B|$ で表すことにする．

**定理 5.3.1.** $V$ を有限生成のベクトル空間とする．そのとき，$V$ の有限個の生成元から出発して，1 次独立な生成元を得ることができる．1 次独立な生成元の数は，最初の生成元のとり方，そこから選ぶ 1 次独立な生成元の選び方によらず，一定になる．

**証明**: $V$ の 1 次独立な生成集合 $B_1, B_2$ があるとする．そのとき，$|B_1| = |B_2|$ を示せばよい．背理法で示す．$|B_1| < |B_2|$ と仮定する．そのとき

(i) 補題 5.3.1 により，$B_1 \cup \{\boldsymbol{v}\}$ が 1 次独立となるような，$\boldsymbol{v} \in B_2 \setminus B_1 \subset V$ が存在する．

(ii) $B_1$ は $V$ を生成するので，$\boldsymbol{v}$ は $B_1$ の要素の 1 次結合として表される．

(i) と (ii) は矛盾している．よって，$|B_1| = |B_2|$ が示された． □

**系 1.** ベクトル空間 $V$ の一つの基底を $B$ とし，$|B| = n$ とする．そのとき，$V$ の 1 次独立な $n$ 個のベクトルからなる集合 $B'$ は $V$ の基底になる．

**証明**: $B'$ のベクトルが $V$ を生成することを示せばよい．任意の $\boldsymbol{v} \in V$ に対して，$J = B' \cup \{\boldsymbol{v}\}$ のベクトルが 1 次従属になることを示せば十分である．背理法で $J$ のベクトルが 1 次独立であると仮定すると，$|J| = n + 1$ であるから，補題 5.3.1 により，$B \cup \{\boldsymbol{v}'\}$ が 1 次独立なベクトルからなる集合になるような $\boldsymbol{v}' \in J \setminus B$ が存在する．これは $B$ が $V$ を生成することに反する． □

定理 5.3.1 により，有限個のベクトルで生成されるベクトル空間 $V$ の 1 次独立な生成元の数は一意的に定まることがわかった．このような 1 次独立な生成元を $V$ の**基底** (basis) と呼ぶ．また基底の要素数をベクトル空間 $V$ の**次元**と呼び，$\dim(V)$ で表す．ベクトル空間 $V$ の部分空間 $U$ もベクトル空間であり，$U$ に対しても，基底と次元の概念を定義することができる．

◆**例 3.** (1) 数ベクトル空間 $\mathbb{R}^n$ の次元は $n$ である．一つの基底として，**標準基底**

$$\boldsymbol{e}_1 = {}^t(1, 0, \ldots, 0, 1), \ldots, \boldsymbol{e}_i = {}^t(0, 0, \ldots, \overset{i}{1}, \cdots, 0), \ldots, \boldsymbol{e}_n = {}^t(0, 0, \ldots, 0, 1)$$

をとることができる．行ベクトルからなる数ベクトル空間 $(\mathbb{R}^n)^*$ についても全く同様である．

(2) $\mathrm{Mat}(m,n;\mathbb{R})$ を，実係数の $(m,n)$ 行列全体のなす $\mathbb{R}$ 上のベクトル空間とする．このベクトル空間の次元は $mn$ であり，標準的な基底として $E_{ij}$，$i = 1,\ldots,m,;j=1,\ldots,n$ をとることができる．ここで，$E_{ij} \in \mathrm{Mat}(m,n;\mathbb{R})$ は $(i,j)$ 成分だけが 1 で他の成分は 0 である行列を表す．

(3) $x$ に関して $n$ 次以下の多項式全体のなすベクトル空間 $\mathbb{K}[x]_n$ の次元は $n+1$ であり，基底は $1,x,x^2,\cdots,x^n$ である．多項式全体のなすベクトル空間 $\mathbb{K}[x]$ は，有限個の元からなる生成元を持たない．

(4) 不定元 $x_1,\ldots,x_n$ に関する $\mathbb{K}$ 係数多項式全体 $\mathbb{K}[x_1,\ldots,x_n]$ を考える．このベクトル空間も有限個の元では生成されない．その部分空間として総次数が $m$ 以下の多項式の全体：$V_m = \mathbb{K}[x_1,\ldots,x_n]_m$ と，$k \leqq m$ として，$k$ 次の斉次多項式全体のなす $V_m$ の部分空間 $V^{(k)} = \mathbb{K}[x_1 \ldots, x_n]^{(k)}$ を考える．$\dim\,(V^{(k)}) = {}_nH_k = \binom{n+k-1}{k}$ であり，$\dim\,(V_m) = {}_{n+1}H_m = \binom{n+m}{m}$ である．

●**練習 1.**　(1) $\dim\,(\mathbb{K}[x_1,\ldots,x_n]^{(k)}) = {}_nH_k = \binom{n+k-1}{k}$ を示せ．

(2) $\dim\,(\mathbb{K}[x_1,\ldots,x_n]_m = {}_{n+1}H_m = \binom{n+m}{m}$ を示せ．

体 $\mathbb{K}$ 上のベクトル空間を $V$ とする．$V_1, V_2$ を $V$ の部分空間とする．そのとき，明らかに $V_1 \cap V_2$ は $V$ の部分空間である．また，$V_1$ と $V_2$ の**和** $V_1 + V_2$ を次のように定義する．

$$V_1 + V_2 = \{\boldsymbol{v}_1 + \boldsymbol{v}_2 | \boldsymbol{v}_1 \in V, \quad \boldsymbol{v}_2 \in V_2\}$$

●**練習 2.**　$V_1 \cap V_2$ と $V_1 + V_2$ は $V$ の部分空間であることを示せ．

次の定理が成り立つ．

**定理 5.3.2.**　$X$ を有限次元のベクトル空間として，その部分空間を $U, V \subset X$ とする．そのとき，

$$\dim\,(U) + \dim\,(V) = \dim\,(U+V) + \dim\,(U \cap V) \tag{5.7}$$

が成り立つ．

**証明**: まず，次の補題を示す．□

**補題 5.3.2.**　ベクトル空間 $X$ において，1 次独立なベクトル $\boldsymbol{v}_1,\ldots,\boldsymbol{v}_k$ があるとき，これらを含む $X$ の基底 $B$ が存在する．特に，$V$ を $X$ の部分空間とするとき，$V$ の任意の基底に対して，それを含む $X$ の基底が存在する．

**補題の証明**: $I=\{\boldsymbol{v}_1,\ldots,\boldsymbol{v}_k\}$ とおき，$X$ の任意の基底を $B$ とおく．そのとき，明らかに $k=|I|<|B|$ である．従って補題 5.3.1 により，$B$ の元であって，$I$ に属さないベクトル $\boldsymbol{v}$ を選んで $B_1=I\cup\{\boldsymbol{v}\}$ が 1 次独立なベクトルからなるようにできる．$|B_1|=k+1<|B|$ であるなら，上記の手続きを $B_1$ 対して行うことができる．この手続きを続けて $I$ を含む 1 次独立なベクトルの集合の列 $B_1\subsetneq B_2\subsetneq\cdots$ が得られ，最終的に，$I\subset B'$ であって，$|B'|=|B|$ となるものが構成される．系 1 により，$B'$ は $I$ を含む $X$ の基底であることがわかる． □

**定理の証明**: $W=U\cap V$ とおくと，$W$ は $X$ の部分空間である．$W$ の基底を $\boldsymbol{w}_1,\ldots,\boldsymbol{w}_m$ とする．補題 5.3.2 により，この $W$ の基底を含む $U,V$ の基底が存在するのでそれらをそれぞれ，

$$\boldsymbol{w}_1,\ldots,\boldsymbol{w}_m,\boldsymbol{u}_1,\ldots,\boldsymbol{u}_k\in U \quad \text{および} \quad \boldsymbol{w}_1,\ldots,\boldsymbol{w}_m,\boldsymbol{v}_1,\ldots,\boldsymbol{v}_l\in V$$

とする．そのとき，$\dim(U)=m+k$ であり，$\dim(V)=m+l$ である．よって (5.7) の左辺は $2m+k+l$ である．

次に，$\boldsymbol{w}_1,\ldots,\boldsymbol{w}_m,\boldsymbol{u}_1,\ldots,\boldsymbol{u}_k,\boldsymbol{v}_1,\ldots,\boldsymbol{v}_l$ が $U+V$ の基底であることを示す．そのためには，これらが $U+V$ の 1 次独立な生成元であることを示す．まず，生成元であることを示す．$U+V$ の任意の元は $\boldsymbol{u}\in U$ と $\boldsymbol{v}\in V$ の和として表すことができる．ここで，$\boldsymbol{u}$ は $\boldsymbol{w}_1,\ldots,\boldsymbol{w}_m,\boldsymbol{u}_1,\ldots,\boldsymbol{u}_k$ の 1 次結合で表すことができ，$\boldsymbol{v}\in V$ は $\boldsymbol{w}_1,\ldots,\boldsymbol{w}_m,\boldsymbol{v}_1,\ldots,\boldsymbol{v}_l$ の 1 次結合で表すことができるので，これらのベクトルが $U+V$ を生成することが示される．次に 1 次独立性を示す．

$$a_1\boldsymbol{w}_1+\cdots+a_m\boldsymbol{w}_m+b_1\boldsymbol{u}_1+\cdots+a_k\boldsymbol{u}_k+c_1\boldsymbol{v}_1+\cdots+c_l\boldsymbol{v}_l=\boldsymbol{0}$$

とおく．ここで，$\boldsymbol{w}_1,\ldots,\boldsymbol{w}_m$ の 1 次結合の部分を $\boldsymbol{w}\in W$ とおき，$\boldsymbol{u}_1,\ldots,\boldsymbol{u}_k$ の 1 次結合の部分を $\boldsymbol{u}$，$\boldsymbol{v}_1,\ldots,\boldsymbol{v}_l$ の 1 次結合の部分を $\boldsymbol{v}$ とおく．$\boldsymbol{w}=\boldsymbol{u}=\boldsymbol{v}=\boldsymbol{0}$ を示せば十分である．$\boldsymbol{u}\neq\boldsymbol{0}$ と仮定すると，$\boldsymbol{u}=-\boldsymbol{w}-\boldsymbol{v}$ となるので，$\boldsymbol{u}\in U\cap V$ となる．これより，$\boldsymbol{u}$ は $\boldsymbol{w}_1,\ldots,\boldsymbol{w}_m$ の 1 次結合で表されることになり，仮定に反する．よって，$\boldsymbol{u}=\boldsymbol{0}$ である．そのとき，$\boldsymbol{w}+\boldsymbol{v}=0$ を得るが，$\boldsymbol{w}_1,\ldots,\boldsymbol{w}_m,\boldsymbol{v}_1,\ldots,\boldsymbol{v}_l$ は $V$ の基底であるから，$\boldsymbol{w}=\boldsymbol{v}=\boldsymbol{0}$ を得る．

以上で，$\boldsymbol{w}_1,\ldots,\boldsymbol{w}_m,\boldsymbol{u}_1,\ldots,\boldsymbol{u}_k,\boldsymbol{v}_1,\ldots,\boldsymbol{v}_l$ が $U+V$ の基底であることが示され，$\dim(U+V)=m+k+l$ であることがわかる．$\dim(U\cap V)=m$ であるから，(5.7) の右辺が $2m+k+l$ となることが示された．以上で定理の証明が終わる． □

## 5.4 線形写像

$U, V$ をそれぞれ体 $\mathbb{K}$ 上のベクトル空間とする．$U$ から $V$ への写像 $T : U \to V$ が**線形写像**であるとは，次の (1),(2) が満たされるときをいう．

(1) $\boldsymbol{u}_1, \boldsymbol{u}_2 \in U$ に対して $T(\boldsymbol{u}_1 + \boldsymbol{u}_2) = T(\boldsymbol{u}_1) + T(\boldsymbol{u}_2)$

(2) $\boldsymbol{u} \in U$ と $\lambda \in \mathbb{K}$ に対して $T(\lambda \boldsymbol{u}) = \lambda T(\boldsymbol{u})$ が成り立つ．

とくに $U = V$ の場合，すなわちあるベクトル空間 $U$ からベクトル空間 $U$ への線形写像を，**線形変換**と呼ぶことにする．

◆**例 4.** $A \in \mathrm{Mat}(m, n; \mathbb{R})$ として，$L_A : \mathbb{R}^n \to \mathbb{R}^m$ を $\boldsymbol{x} = {}^t(x_1, \ldots, x_n) \in \mathbb{R}^n$ に対して $L_A(\boldsymbol{x}) = A\boldsymbol{x} \in \mathbb{R}^m$ で定義すれば $L_A : \mathbb{R}^n \to \mathbb{R}^m$ は線形写像である．

線形写像 $T : U \to V$ に対して，$V$ の部分集合

$$\mathrm{Im}\,(T) = \{T(\boldsymbol{u}) | \boldsymbol{u} \in U)\} \tag{5.8}$$

を線形写像 $T$ の**像**という．$T$ の像を $T(U)$ と表すこともある．次に $U$ の部分集合

$$\mathrm{Ker}\,(T) = \{\boldsymbol{u} \in U | T(\boldsymbol{u}) = 0\} \tag{5.9}$$

を $T$ の**核**という．次の事実は，数ベクトル空間の間の線形写像の性質の類似物であり，その証明も数ベクトル空間の場合と全く同様である．

**命題 5.4.1.** 線形写像 $T : U \to V$ に対して，$\mathrm{Im}\,(T)$ は $V$ の部分空間であり，$\mathrm{Ker}\,(T)$ は $U$ の部分空間である．

上記の命題により $\mathrm{Im}\,(T), \mathrm{Ker}\,(T)$ は部分空間である．よって，線形写像 $T : U \to V$ の**階数** $(\mathrm{rank}\,(T))$ と**退化次数** $(\mathrm{null}\,(T))$ をそれぞれ

$$\mathrm{rank}\,(T) = \dim\,(\mathrm{Im}\,(T)), \qquad \mathrm{null}\,(T) = \dim\,(\mathrm{Ker}\,(T))$$

によって定義することができる．そのとき，数ベクトル空間の間の線形写像について成り立つ，命題 3.2.5 の一般化として次の定理が成り立つ．

**定理 5.4.1.** 線形写像 $T : U \to V$ について

$$\dim U = \mathrm{rank}\,(T) + \mathrm{null}\,(T)$$

が成り立つ．

**証明**: 命題 3.2.5 は行列の基本変形により示すことができた．ここでは一般的な線形写像を考えているので，そのような手段は直接は使えない．ここで与える証明は，いままで抽象ベクトル空間について示したいくつかの主張の証明と同様にやや形式的である．

$\dim(U) = n$ とおく．$W = \mathrm{Ker}(T) \subset U$ は部分空間であり，$W$ の基底を $\boldsymbol{u}_1, \ldots, \boldsymbol{u}_k$ $(k \leqq n)$ とおき，これらを含む $U$ の基底を $\boldsymbol{u}_1, \ldots, \boldsymbol{u}_k, \boldsymbol{u}_{k+1}, \ldots, \boldsymbol{u}_n$ とおく．このような基底が存在することは補題 5.3.2 で保証されている．$\mathrm{null}(T) = k$ であるから，示すべきことは $\mathrm{rank}(T) = \dim(\mathrm{Im}(T)) = n-k$ であることである．そのためには，$\mathrm{Im}(T)$ において，$n-k$ 個の 1 次独立な生成元を見つければよい．

$\boldsymbol{v}_1 = T(\boldsymbol{u}_{k+1}), \ldots, \boldsymbol{v}_{n-k} = T(\boldsymbol{u}_n)$ とおく．$U$ の任意の元

$$\boldsymbol{u} = c_1\boldsymbol{u}_1 + \cdots + c_k\boldsymbol{u}_k + c_{k+1}\boldsymbol{u}_{k+1} + \cdots + c_n\boldsymbol{u}_n$$

に対して

$$\begin{aligned} T(\boldsymbol{u}) &= c_1T(\boldsymbol{u}_1) + \cdots + c_kT(\boldsymbol{u}_k) + c_{k+1}T(\boldsymbol{u}_{k+1}) + \cdots + c_nT(\boldsymbol{u}_n) \\ &= c_{k+1}\boldsymbol{v}_1 + \cdots + c_n\boldsymbol{v}_{n-k} \end{aligned}$$

であるから，$\mathrm{Im}(T)$ は $\boldsymbol{v}_1, \ldots, \boldsymbol{v}_{n-k}$ で生成される．次は $\boldsymbol{v}_1, \ldots, \boldsymbol{v}_{n-k}$ が 1 次独立であることを示そう．

$$\boldsymbol{0} = a_1\boldsymbol{v}_1 + \cdots + a_{n-k}\boldsymbol{v}_{n-k} = T(a_1\boldsymbol{u}_{k+1} + \cdots + a_{n-k}\boldsymbol{u}_n)$$

とおく．よって，$a_1\boldsymbol{u}_{k+1} + \cdots + a_{n-k}\boldsymbol{u}_n \in \mathrm{Ker}(T)$ である．ところが $\mathrm{Ker}(T)$ の基底は $\boldsymbol{u}_1, \ldots, \boldsymbol{u}_k$ であり，$\boldsymbol{u}_1, \ldots, \boldsymbol{u}_k, \boldsymbol{u}_{k+1}, \ldots, \boldsymbol{u}_n$ は $U$ の基底であるから，$a_1 = a_2 = \cdots = a_{n-k} = 0$ を得る．すなわち $\boldsymbol{v}_1, \ldots, \boldsymbol{v}_{n-k}$ は 1 次独立である．以上により $\boldsymbol{v}_1, \ldots, \boldsymbol{v}_{n-k}$ は $\mathrm{Im}(T)$ の基底であり，$\dim(\mathrm{Im}(T)) = n-k$ であることが示された．以上で証明が終了する． □

一般に，$X, Y$ を集合として，$\varphi : X \to Y$ を写像とする．すなわち，任意の $x \in X$ に対して $\varphi(x) = y \in Y$ が一意的に定まるものとする．更に集合 $Z$ に対して，写像 $\psi : Y \to Z$ が定義されているとき，二つの写像の合成 (積)$\psi \cdot \varphi : X \to Z$ を $\psi \cdot \varphi(x) = \psi(\varphi(x)) \in Z$ で定義することができる．

写像 $\varphi : X \to Y$ に対して，写像 $\varphi' : Y \to X$ であって $\varphi' \cdot \varphi = Id_X$ を満たす写像 $\varphi'$ を $\varphi$ の**左逆写像**という．ここで，$Id_X : X \to X$ は $Id_X(x) = x$ で定義され，$X$ の**恒等写像**と呼ばれる．また，写像 $\varphi'' : Y \to X$ であって，$\varphi \cdot \varphi'' = Id_Y$ を満たすものを，$\varphi$ の**右逆写像**という．ここで，$Id_Y : Y \to Y$

は $Y$ の恒等写像である.

写像 $\varphi : X \to Y$ が**単射** (injection) であるとは, $x \neq x' \in X$ ならば, $\varphi(x) \neq \varphi(x')$ が成り立つとき, すなわち, $\varphi(x) = \varphi(x')$ ならば $x = x'$ が成り立つときをいう.

次に, 写像 $\varphi : X \to Y$ が**全射** (surjection) であるとは, 任意の $y \in Y$ について, $\varphi(x) = y$ となる $x \in X$ が存在するときをいう. 全射かつ単射となる写像を**全単射** (bijection) という. $\varphi : X \to Y$ が全単射のときは, 右逆写像と左逆写像は一致するので, これを**逆写像**と呼んで $\varphi^{-1}$ で表す. $\varphi^{-1} \cdot \varphi = Id_X$, $\varphi \cdot \varphi^{-1} = Id_Y$ が成り立つ.

次の補題は重要である.

**補題 5.4.1.** 写像 $\varphi : X \to Y$ について次が成り立つ.

(1) 左逆写像 $\varphi' : Y \to X$ が存在するための必要十分条件は $\varphi$ が単射であることである.

(2) 右逆写像 $\varphi' : Y \to X$ が存在するための必要十分条件は $\varphi$ が全射であることである.

**証明**: (1) $\varphi$ が単射であるとする. そのとき, $\varphi(x) = y$ となる $x \in X$ が (一意に) 存在する $y \in Y$ に対しては, $\varphi'(y) = x$ と定義し, $\varphi(x) = y$ となる $x$ が存在しない $y \in Y$ に対しては適当な $x'$ を選んで, $\varphi'(y) = x'$ と定義する. これが $\varphi$ の左逆写像であることは明らかである.

次に, $\varphi' \cdot \varphi = Id_X$ となる写像が存在すれば, 任意の $\varphi(x) = \varphi(x')$ であるなら, $x = \varphi' \cdot \varphi(x) = \varphi' \cdot \varphi(x') = x'$ が成り立つので $\varphi$ は単射である.

(2) $\varphi$ が全射であるとする. そのとき, 任意の $y \in Y$ に対して $\varphi(x) = y$ となる $x \in X$ が存在するので, $\varphi''(y) = x$ と定義する. $\varphi''$ が $\varphi$ の右逆写像であることは明らかである. また, $\varphi \cdot \varphi'' = Id_Y$ となる写像 $\varphi''$ が存在すれば, 任意の $y \in Y$ に対して $x = \varphi''(y)$ とおけば, $\varphi(x) = y$ となるので, $\varphi$ は全射であることがわかる. □

▲**問 3.** 写像 $\varphi_1 : X \to Y$, $\varphi_2 : Y \to Z$, $\varphi_3 : Z \to W$ の合成についての結合法則 $(\varphi_1 \cdot \varphi_2) \cdot \varphi_2 = \varphi_1 \cdot (\varphi_2 \cdot \varphi_3)$ を示せ.

以上の一般論を線形写像の場合に適用してみよう.

$T:U \to V$ をベクトル空間 $U$ からベクトル空間 $V$ への線形写像とする．そのとき，$T$ が単射であるのは $T(\boldsymbol{u}) = T(\boldsymbol{u}')$ ならは，$\boldsymbol{u} = \boldsymbol{u}'$ が成り立つときである．$T$ の線形性から，条件を「$T(\boldsymbol{u} - \boldsymbol{u}') = \boldsymbol{0}$ から $\boldsymbol{u} - \boldsymbol{u}' = 0$ が従うこと」と言い換えることができるので，$T$ が単射であることは，$\mathrm{Ker}\,(T) = \{\boldsymbol{0}\}$ と同値である．

$T$ が全射であることは，$\mathrm{Im}\,(T) = V$ となることと同値であり，さらにその条件は $\mathrm{rank}\,(T) = \dim\,(V)$ と同値である．

特に $T$ が線形変換 $T:U \to U$ の場合を考えると，定理 5.4.1 によれば，$T$ が単射であるための条件である $\mathrm{null}\,(T) = 0$ と，$T$ が全射であるための条件である $\dim\,(U) = n = \mathrm{rank}\,(T)$ が同値となる．したがって次の命題を得る．

**命題 5.4.2.**　線形変換 $T:U \to U$ について，$T$ が単射であることと全射であることは同値で あり，したがって，$T$ が左逆写像をもつことと右逆写像をもつことも同値である．

これを用いて，次の主張を示すことができる．

**定理 5.4.2.**　$T:U \to U$ を体 $\mathbb{K}$ 上のベクトル空間 $U$ の線形変換とする．$T$ が右逆変換か左逆変換のどちらかが一方が存在すれば，もう片方も存在しそれらは一致して逆変換 $T^{-1}$ となる．

**証明:** $T$ が左逆変換 $T'$ をもつことと，左逆変換 $T''$ をもつことは同値になることを，既に示した．したがって，示すべきことは，これらが一致することである．左逆変換の定義式 $T' \cdot T = Id_U$ に対して，右から $T''$ との合成を考えれば $(T' \cdot T) \cdot T'' = T''$ が得られる．左辺に写像の合成についての結合律を用いると

$$(T' \cdot T) \cdot T'' = T' \cdot (T \cdot T'') = T' \cdot Id_U = T'$$

を得る．よって，$T' = T''$ を得る．　□

**系 2.**　正方行列 $A \in \mathrm{Mat}(n;\mathbb{K})$ に対して右逆行列または左逆行列のどちらかが存在すれば，もう一方も存在して，$A$ は正則になる．

## 5.5 線形変換と表現行列

本節では $\mathbb{K}=\mathbb{R}$ と仮定するが，議論は一般の体 $\mathbb{K}$ の場合も全く同様である．$X$ を $\mathbb{R}$ 上の $n$ 次元ベクトル空間として，その基底を $\boldsymbol{u}_1,\ldots,\boldsymbol{u}_n$ とする．

**定義 5.5.1 (線形変換の表現行列).** $T:X\to X$ を線形変換とすれば，$T(\boldsymbol{u}_j)\in X$ であるから，$T(\boldsymbol{u}_j)$ を $\boldsymbol{u}_1,\ldots,\boldsymbol{u}_n$ の 1 次結合で

$$T(\boldsymbol{u}_j)=\sum_{i=1}^{n}a_{ij}\boldsymbol{u}_i \tag{5.10}$$

と表すことができる．これをわかりやすく書き表せば，次のようになる．

$$\begin{aligned}&\bigl(T(\boldsymbol{u}_1),\quad T(\boldsymbol{u}_2),\quad\cdots,\quad T(\boldsymbol{u}_n)\bigr)\\&=\bigl(\boldsymbol{u}_1,\quad\boldsymbol{u}_2,\quad\cdots,\quad\boldsymbol{u}_n\bigr)\begin{pmatrix}a_{11}&a_{12}&\cdots,&a_{1n}\\a_{21}&\cdots&\cdots&a_{1n}\\\vdots&\ddots&\ddots&\vdots\\a_{n1}&\cdots&\cdots&a_{nn}\end{pmatrix}.\end{aligned} \tag{5.11}$$

ここで行列 $A=(a_{ij})\in\mathrm{Mat}(n;\mathbb{R})$ を，$X$ の基底 $\boldsymbol{u}_1,\cdots,\boldsymbol{u}_n$ に関する，**線形変換 $T$ の表現行列**という．

$T:X\to X$ を線形変換とする．今任意の $\boldsymbol{x}=x_1\boldsymbol{u}_1+\cdots+x_n\boldsymbol{u}_n\in X$ に対して $\boldsymbol{u}=T(\boldsymbol{x})$ とおけば，表現行列の定義 (5.10) により

$$\boldsymbol{y}=T(\boldsymbol{x})=\sum_{j=1}^{n}x_jT(\boldsymbol{u}_j)=\sum_{j=1}^{n}x_j\left(\sum_{i=1}^{n}a_{ij}\boldsymbol{u}_i\right)=\sum_{i=1}^{n}\left(\sum_{j=1}^{n}a_{ij}x_j\right)\boldsymbol{u}_i$$

であることがわかる．以上の計算結果を見やすく書くと

$$\boldsymbol{x}=(\boldsymbol{u}_1,\ldots,\boldsymbol{u}_n)\begin{pmatrix}x_1\\x_2\\\vdots\\x_n\end{pmatrix}\xrightarrow{T}$$

$$\boldsymbol{y}=(T(\boldsymbol{u}_1),\cdots,T(\boldsymbol{u}_n))\begin{pmatrix}x_1\\x_2\\\vdots\\x_n\end{pmatrix}=(\boldsymbol{u}_1,\ldots,\boldsymbol{u}_n)\begin{pmatrix}a_{11}&\cdots&a_{1n}\\\vdots&\ddots&\vdots\\a_{n1}&\cdots&a_{nn}\end{pmatrix}\begin{pmatrix}x_1\\\vdots\\x_n\end{pmatrix}$$

となる．すなわち，$X$ の元を基底 $\boldsymbol{u}_1,\ldots,\boldsymbol{u}_n$ を用いて表すことにより $\mathbb{R}^n$ の元と同一視すれば，線形変換 $T$ は $\mathbb{R}^n$ の線形変換 $L$ と同一視できる．そのと

き，線形変換 $L:\mathbb{R}^n\to\mathbb{R}^n$ は，表現行列 $A$ によって表される線形変換 $L_A$ に一致する．すなわち，

$$\begin{pmatrix} y_1 \\ \vdots \\ y_n \end{pmatrix} = \begin{pmatrix} a_{11} & \cdots & a_{1n} \\ \vdots & \ddots & \vdots \\ a_{n1} & \cdots & a_{nn} \end{pmatrix} \begin{pmatrix} x_1 \\ \vdots \\ x_n \end{pmatrix}$$

が成り立つ．特に $X=\mathbb{R}^n$ のとき，行列 $A\in\mathrm{Mat}(n;\mathbb{R})$ によって定義される線形変換 $L_A$ を考える．$\mathbb{R}^n$ の標準基底を $\boldsymbol{e}_1,\ldots,\boldsymbol{e}_n$ とおけば

$$L_A(\boldsymbol{e}_j) = A\boldsymbol{e}_j = \begin{pmatrix} a_{1j} \\ a_{2j} \\ \vdots \\ a_{nj} \end{pmatrix} = \sum_{i=1}^{n} a_{ij}\boldsymbol{e}_i$$

であるから，次の命題が成り立つ．

**命題 5.5.1.** 行列 $A\in\mathrm{Mat}(n;\mathbb{R})$ によって定義される線形写像 $L_A:\mathbb{R}^n\to\mathbb{R}^n$ の，$\mathbb{R}^n$ の標準基底に関する表現行列は $A$ 自身である．

---

**例題 1.** $V=\mathrm{Mat}(2;\mathbb{R})$ とおく．$V$ は $\mathbb{R}$ 上 4 次元のベクトル空間である．そのとき次の問いに答えよ．

(1) $\dim V=4$ である．$V$ の基底を一つ求めよ．

(2) 行列 $A\in\mathrm{Mat}(2;\mathbb{R})$ を固定して，$A$ により定義される線形写像 $\mathcal{L}_A:V\to V$ を $B\in V$ に対して，$\mathcal{L}_A(B)=AB\in V$ で定義する．そのとき，(1) で求めた $V$ の基底に関する $\mathcal{L}_A$ の表現行列を求めよ．

---

[解答] $V$ の基底として

$$\boldsymbol{E}_1 = E_{11} = \begin{pmatrix} 1 & 0 \\ 0 & 0 \end{pmatrix}, \quad \boldsymbol{E}_2 = E_{12} = \begin{pmatrix} 0 & 1 \\ 0 & 0 \end{pmatrix},$$

$$\boldsymbol{E}_3 = E_{21} = \begin{pmatrix} 0 & 0 \\ 1 & 0 \end{pmatrix}, \quad \boldsymbol{E}_4 = E_{22} = \begin{pmatrix} 0 & 0 \\ 0 & 1 \end{pmatrix}$$

がとれる．そこで $A=\begin{pmatrix} a & b \\ c & d \end{pmatrix}$ とおくと，

$$\mathcal{L}_A(\boldsymbol{E}_1) = \begin{pmatrix} a & 0 \\ c & 0 \end{pmatrix} = a\boldsymbol{E}_1 + c\boldsymbol{E}_3 \quad \mathcal{L}_A(\boldsymbol{E}_2) = \begin{pmatrix} 0 & a \\ 0 & c \end{pmatrix} = a\boldsymbol{E}_2 + c\boldsymbol{E}_4$$

$$\mathcal{L}_A(\boldsymbol{E}_3) = \begin{pmatrix} b & 0 \\ d & 0 \end{pmatrix} = b\boldsymbol{E}_1 + d\boldsymbol{E}_3 \quad \mathcal{L}_A(\boldsymbol{E}_4) = \begin{pmatrix} 0 & b \\ 0 & d \end{pmatrix} = b\boldsymbol{E}_2 + d\boldsymbol{E}_4$$

であるから，$V$ の基底 $\boldsymbol{E}_1, \boldsymbol{E}_2, \boldsymbol{E}_3, \boldsymbol{E}_3$ に関する線形変換 $\mathcal{L}_A$ の表現行列は

$$\begin{pmatrix} a & 0 & b & 0 \\ 0 & a & 0 & b \\ c & 0 & d & 0 \\ 0 & c & 0 & d \end{pmatrix}$$

となる． ∎

●**練習 3.** $V = \mathrm{Mat}(2;\mathbb{R})$ として，$A \in \mathrm{Mat}(2;\mathbb{R})$ を固定して $\mathcal{R}_A : V \to V$ を，$B \in V$ に対して $\mathcal{R}_A(B) = BA \in V$ で定義する．そのとき例題 1 において定義された $V$ の基底に関する $\mathcal{R}_A$ の表現行列を求めよ．

---

**例題 2.** $V = \mathbb{R}[x]_3 = \{a_0 + a_1x + a_2x^2 + a_3x^3 | a_i \in \mathbb{R}\}$ として，$T : V \to V$ を $f \in V$ に対して $T(f) = x^2f'' - 3xf' + 3f$ で定義すると，$T$ は線形写像である．$V$ の基底を $1, x, x^2, x^3$ として，$T$ の行列表現を求めよ．

---

[解答]

$$T(1) = 3 = 3 \cdot 1, \quad T(x) = -3x + 3x = 0,$$
$$T(x^2) = 2x^2 - 6x^2 + 3x^2 = -x^2, \quad T(x^3) = 6x^3 - 3x \cdot 3x^2 + 3x^3 = 0$$

であるから，表現行列は

$$\begin{pmatrix} 3 & 0 & 0 & 0 \\ 0 & 0 & 0 & 0 \\ 0 & 0 & -1 & 0 \\ 0 & 0 & 0 & 0 \end{pmatrix}$$

となる． ∎

---

**例題 3.** $p, q$ を実定数 $(p^2 + q^2 \neq 0)$ として，$V = \{a_1e^{px}\cos qx + a_2e^{px}\sin qx | a_1, a_2 \in \mathbb{R}\}$ とする．そのとき $T = D$ を $f \in V$ に対して $D(f) = f'$($x$ に関する微分) で定義する．そのとき，$D$ は $V$ から $V$ への線形写像を定義する (確かめよ)．$V$ の基底 $f_1 = e^{px}\cos qx$，　$f_2 = e^{px}\cos qx$ に関する，線形変換 $D : V \to V$ の表現行列を求めよ．

---

[解答] 容易な計算で

$$D(f_1) = pf_1 - qf_2, \quad D(f_2) = qf_1 + pf_2$$

であることがわかるから，$V$ の基底 $f_1, f_2$ に関する線形写像 $D$ の表現行列は

$$A = \begin{pmatrix} p & q \\ -q & p \end{pmatrix}$$

で与えられる．$A$ の逆行列は

$$B = A^{-1} = \frac{1}{p^2+q^2}\begin{pmatrix} p & -q \\ q & p \end{pmatrix}$$

となる．$B$ は線形写像 $D^{-1}: V \to V$($x$ に関する積分) の $V$ の基底 $f_1, f_2$ に関する表現行列となる．すなわち

$$\int e^{px}\cos qx\, dx = \frac{e^{px}}{p^2+q^2}(p\cos qx + q\sin qx),$$
$$\int e^{px}\sin qx\, dx = \frac{e^{px}}{p^2+q^2}(-q\cos qx + q\sin qx)$$

が成り立つ．ここで，積分定数は 0 としている．　■

ベクトル空間 $X$ の 2 種類の基底を $\boldsymbol{u}_1, \ldots, \boldsymbol{u}_n$ および $\overline{\boldsymbol{u}}_1, \ldots \overline{\boldsymbol{u}}_n$ とする．これらは基底であるから一方の基底のそれぞれを，他方の基底の 1 次結合として表すことができるので，行列 $P = (p_{ij}) \in \mathrm{Mat}(n;\mathbb{R})$ を用いて

$$(\overline{\boldsymbol{u}}_1, \ldots, \overline{\boldsymbol{u}}_n) = (\boldsymbol{u}_1, \ldots, \boldsymbol{u}_n)\begin{pmatrix} p_{11} & \ldots & p_{1n} \\ \vdots & \ddots & \vdots \\ p_{n1} & \ldots & p_{nn} \end{pmatrix} \tag{5.12}$$

と表すことができる．そのとき，$P$ は正則行列である．この (正則) 行列 $P$ を**基底変換の行列**と呼ぶ．

▲**問 4.**　基底変換の行列 $P$ が正則行列になる理由を考えよ．

ベクトル空間 $X$ の 2 種類の基底を，$\boldsymbol{u}_1, \ldots, \boldsymbol{u}_n$ および $\overline{\boldsymbol{u}}_1, \ldots \overline{\boldsymbol{u}}_n$ とする．線形変換 $T: X \to X$ の 2 種類の基底に関する表現行列をそれぞれ，

$$A = (a_{ij}), \quad B = (b_{ij}) \in \mathrm{Mat}(n;\mathbb{R})$$

とする．$A, B$ の関係を調べよう．議論は形式的である．

まず表現行列の定義から

$$(T(\overline{\boldsymbol{u}}_1), \ldots, T(\overline{\boldsymbol{u}}_n)) = (\overline{\boldsymbol{u}}_1, \ldots, \overline{\boldsymbol{u}}_n)\begin{pmatrix} b_{11} & \ldots & b_{1n} \\ \vdots & \ddots & \vdots \\ b_{n1} & \ldots & b_{nn} \end{pmatrix} \tag{5.13}$$

(5.12) の両辺に左から $T$ を作用させて，$T$ の線形性を用いると

$$(T(\overline{\boldsymbol{u}}_1),\dots,T(\overline{\boldsymbol{u}}_n))=(T(\boldsymbol{u}_1),\dots,T(\boldsymbol{u}_n))\begin{pmatrix}p_{11}&\cdots&p_{1n}\\\vdots&\ddots&\vdots\\p_{n1}&\cdots&p_{nn}\end{pmatrix}$$

を得る．この式に (5.11) と (5.13) を代入すれば

$$(\overline{\boldsymbol{u}}_1,\dots,\overline{\boldsymbol{u}}_n)B=(\boldsymbol{u}_1,\dots,\boldsymbol{u}_n)AP \tag{5.14}$$

ここで，(5.12) を用いると，

$$(\boldsymbol{u}_1,\dots,\boldsymbol{u}_n)PB=(\boldsymbol{u}_1,\dots,\boldsymbol{u}_n)AP \tag{5.15}$$

を得る．ここで $\boldsymbol{u}_1,\dots,\boldsymbol{u}_n$ の 1 次独立性から

$$PB=AP$$

を得る．$P$ は正則であるから次の命題が示された．

**命題 5.5.2.** $T:X\to X$ をベクトル空間 $X$ の線形変換とする．$X$ の 2 種類の基底 $\{\boldsymbol{u}_1,\dots,\boldsymbol{u}_n\}$ および $\{\overline{\boldsymbol{u}}_1,\dots,\overline{\boldsymbol{u}}_n\}$ に関する $T$ の表現行列をそれぞれ，$A,B$ とするとき，

$$B=P^{-1}AP \tag{5.16}$$

が成り立つ．ここで，$P$ は基底変換の行列であり，(5.12) で定義される．

●**練習 4.** 実数体上のベクトル空間 $V=\mathbb{R}[x]_2$ の線形変換 $T:V\to V$ を $f(x)\in V=\mathbb{R}[x]_2$ に対して，

$$T(f)=af(x)+(x+b)f'(x)+(x^2+cx+d)f(0)$$

で定義する．ここで，$a,b,c,d$ は実定数である．次の問いに答えよ．

(1) $V=\mathbb{R}[x]_2$ の基底 $1,x,x^2$ に関する線形変換 $T$ の表現行列を求めよ．

(2) $a=c=1=1,b=d=0$ のとき，$V$ の基底 $-2+2x+x^2$，$x,x^2$ に関する $T$ の表現行列を求めよ．

●**練習 5.** 線形変換 $T:\mathbb{R}[x]_2\to\mathbb{R}[x]_2$ を $f\in\mathbb{R}[x]_2$ に対して，

$$T(f)=f+(x+2)f'+\left(-\frac{1}{2}x+\frac{3}{2}\right)f''$$

で定義する．そのとき次の問いに答えよ．

(1) $\mathbb{R}[x]_2$ の基底 $1,x,x^2$ に関する $T$ の表現行列を求めよ．

(2) $\mathbb{R}[x]_2$ の基底として，$1,2+x,9+6x+2x^2$ が取れることを示せ．

(3) $\mathbb{R}[x]_2$ の基底 $1,2+x,9+6x+2x^2$ に関する $T$ の表現行列を求めよ．

## 5.6 部分空間の直和と射影

体 $\mathbb{K}$ 上の (有限次元) ベクトル空間を $X$ として，その部分空間 $U, V$ とする．$X$ が部分空間 $U$ と $V$ の和であるとは，任意の $\boldsymbol{x} \in X$ が $\boldsymbol{u} \in U$, $\boldsymbol{v} \in V$ を用いて $\boldsymbol{x} = \boldsymbol{u} + \boldsymbol{v}$ と表されるときをいうのであり，そのとき

$$X = U + V \tag{5.17}$$

と表すのであった．さらに，このような和の表現が常に一意的になるとき，すなわち，$\boldsymbol{x} = \boldsymbol{u} + \boldsymbol{v} = \boldsymbol{u}' + \boldsymbol{v}'$ であって，$\boldsymbol{u}, \boldsymbol{u}' \in U$ であり，$\boldsymbol{v}, \boldsymbol{v}' \in V$ なら，$\boldsymbol{u} = \boldsymbol{u}'$ および $\boldsymbol{v} = \boldsymbol{v}'$ が成り立つとき，和 (5.17) は**直和**であると呼ばれる．直和である場合は (5.17) は

$$X = U \oplus V \tag{5.18}$$

と表される．次の命題が成り立つ．

**命題 5.6.1.**　部分空間の和 $X = U + V$ に対して，次の主張は同値である．
(1) $X = U \oplus V$ である．
(2) $U \cap V = \{\boldsymbol{0}\}$ が成り立つ．

$X$ をベクトル空間とし，$U \subset X$ をその部分空間とするとき，$X = U \oplus V$ となる部分空間 $V$ を $U$ の**補空間**という．$X = U \oplus V$ は $X$ の直和分解であると呼ばれ，$U, V$ は $X$ の直和成分と呼ばれる．次の命題は，前節の議論により明らかである．

**命題 5.6.2.**　$X$ の部分空間 $U \subset X$ に対して，補空間 $V \subset X$ が存在する．また $\dim X = \dim U + \dim V$ が成り立つ．

次に，直和分解 $X = U \oplus V$ があるなら，任意の $\boldsymbol{x} \in X$ は $\boldsymbol{x} = \boldsymbol{u} + \boldsymbol{v}$ ($\boldsymbol{u} \in U$, $\boldsymbol{v} \in V$) と一意的に分解できる．このとき，2 つの線形写像 $P_U, P_V : X \to X$ を $P_U : \boldsymbol{x} \mapsto \boldsymbol{u}$, $P_V : \boldsymbol{x} \mapsto \boldsymbol{v}$ で定義する．そのとき，明らかに $\mathrm{Im}\,(P_U) = U$, $\mathrm{Im}\,(P_V) = V$ であり，

$$P_U + P_V = \mathrm{I}_X \tag{5.19}$$

および

$$P_U^2 = P_U, \quad P_V^2 = P_V, \quad P_U P_V = P_V P_U = 0 \tag{5.20}$$

が成り立つ．ここで，$\mathrm{I}_X : X \to X$ は恒等写像 $\mathrm{I}_X(\boldsymbol{x}) = \boldsymbol{x}$ を表わす．

線形変換 $P_U, P_V$ を直和分解 $X = U \oplus V$ に付随する**射影作用素** (または**射影子**) という．逆に (5.19),(5.20) を満たす，線形変換 $P_U, P_V : X \to X$ が存在すれば，直和分解が構成される，すなわち次の命題が成り立つ．

**命題 5.6.3.** $P_1, P_2 : X \to X$ は線形変換で，$P_1 + P_2 = \mathrm{I}_V$ であり，$P_1^2 = P_1$，$P_2^2 = P_2$，$P_1P_2 = P_2P_1 = 0$ を満たすとする．そのとき，$\mathrm{Im}\ P_1 = U_1$，$\mathrm{Im}\ P_2 = U_2$ とおけば直和分解 $X = U_1 \oplus U_2$ が得られる．

**証明:** $P_1 + P_2 = \mathrm{I}_X$ により，任意の $\boldsymbol{x} \in X$ に対して，$\boldsymbol{x} = P_1(\boldsymbol{x}) + P_2(\boldsymbol{x})$ が成り立ち，$X = U_1 + U_2$ となることが従う．次に示すべきは，この和が直和になることである．そのためには，$U_1 \cap U_2 = \{\mathbf{0}\}$ を示せばよい．$\boldsymbol{y} \in U_1 \cap U_2$ なら，$\boldsymbol{y} = P_1(\boldsymbol{z}) = P_2(\boldsymbol{w})$ と表わすことができる．両辺に $P_1$ を作用させて $P_1 \cdot P_1 = P_1$ および $P_1 \cdot P_2 = 0$ であることを用いると，$P_1(\boldsymbol{y}) = P_1(\boldsymbol{z}) = \mathbf{0}$ を得る．よって，$\boldsymbol{y} = P_1(\boldsymbol{z}) = \mathbf{0}$ を得る． □

---

**例題 4.** $\mathbb{R}^n$ の部分空間 $U$ を選び，その基底を $\boldsymbol{a}_1, \ldots, \boldsymbol{a}_k$ とする．$U$ の補空間を構成するには，$\boldsymbol{a}_1, \ldots, \boldsymbol{a}_k$ を含む $\mathbb{R}^n$ の基底 $\boldsymbol{a}_1, \ldots, \boldsymbol{a}_k, \boldsymbol{b}_{k+1}, \ldots, \boldsymbol{b}_n$ を選び，$\boldsymbol{b}_{k+1}, \ldots, \boldsymbol{b}_n$ で生成される $\mathbb{R}^n$ の部分空間を $V$ とおけばよい．そのとき，直和分解 $\mathbb{R}^n = U \oplus V$ に付随する射影作用素 $P_U, P_V$ の $\mathbb{R}^n$ の標準基底に関する表現行列を求めよ．

---

[解答] まず，$P_U$ について考える．$\mathbb{R}^n$ の基底として，$\boldsymbol{a}_1, \ldots, \boldsymbol{a}_k, \boldsymbol{b}_{k+1}, \ldots, \boldsymbol{b}_n$ をとって，$P_U$ の表現行列 $B_U$ を求める．

$$P_U(\boldsymbol{a}_1) = \boldsymbol{a}_1, \ldots, P_U(\boldsymbol{a}_k) = \boldsymbol{a}_k, \quad P_U(\boldsymbol{b}_{k+1}) = \mathbf{0}, \ldots, P_U(\boldsymbol{b}_n) = \mathbf{0}$$

であるから，

$$B_U = \begin{array}{c} \\ \\ \\ k \\ \\ \\ \\ \end{array} \overset{\hphantom{1\ 0\ \cdots\ }k\hphantom{\ 0\ \cdots\ 0}}{\begin{pmatrix} 1 & 0 & \cdots & 0 & 0 & \cdots & 0 \\ 0 & 1 & \cdots & 0 & 0 & \cdots & 0 \\ \vdots & 0 & \ddots & \vdots & \vdots & \ddots & \vdots \\ 0 & 0 & \cdots & 1 & 0 & \cdots & 0 \\ 0 & 0 & \cdots & 0 & 0 & \cdots & 0 \\ \vdots & \vdots & \ddots & \vdots & \vdots & \ddots & \vdots \\ 0 & 0 & \cdots & 0 & 0 & \cdots & 0 \end{pmatrix}}$$

となる．ここで，$P_U$ の標準基底に関する表現行列を $A_U$ とおくと $B_U = P^{-1}A_UP$ が成り立つ．ここで，$P = (\boldsymbol{a}_1, \ldots, \boldsymbol{a}_k, \boldsymbol{b}_{k+1}, \ldots, \boldsymbol{b}_n)$ である．ここで，$PB_U = (\boldsymbol{a}_1, \ldots, \boldsymbol{a}_k, \boldsymbol{0}, \ldots, \boldsymbol{0})$ であるから

$$A_U = (\boldsymbol{a}_1, \ldots, \boldsymbol{a}_k, \boldsymbol{0}, \ldots, \boldsymbol{0})(\boldsymbol{a}_1, \ldots, \boldsymbol{a}_k, \boldsymbol{b}_{k+1}, \ldots, \boldsymbol{b}_n)^{-1}$$

であることがわかる．$A_U + B_U = E_n$ を用いて，$P_V$ の標準基底に関する表現行列 $A_V$ は

$$A_V = (\boldsymbol{0}, \ldots, \boldsymbol{0}, \boldsymbol{b}_{k+1}, \ldots, \boldsymbol{b}_n)(\boldsymbol{a}_1, \ldots, \boldsymbol{a}_k, \boldsymbol{b}_{k+1}, \ldots, \boldsymbol{b}_n)^{-1}$$

であることがわかる． ∎

これまでは，二つの部分空間の直和について説明してきたが，任意個数の部分空間の直和についても全く同様に議論することができる．$X$ をベクトル空間とし，$U_1, \ldots, U_n$ を $X$ の部分空間とする．そのとき $X$ が部分空間 $U_1, \ldots, U_n$ の和であるとは任意の $\boldsymbol{x} \in X$ が $\boldsymbol{u}_i \in U_i$ $(i = 1, \ldots, n)$ を用いて $\boldsymbol{x} = \boldsymbol{u}_1 + \cdots + \boldsymbol{u}_n$ と表すことができるときをいう．そのとき

$$X = U_1 + \cdots + U_n \tag{5.21}$$

と表す．特に $\boldsymbol{x} \in X$ の $\boldsymbol{u}_i \in U_i$ の和への分解が一意的であるとき，部分空間の和を**直和**とよび，直和 (5.22) を $X$ の**直和分解**と呼んで，

$$X = U_1 \oplus \cdots \oplus U_n \tag{5.22}$$

と表す．直和分解 (5.22) が与えられているとするとき，一意的な分解 $\boldsymbol{x} = \boldsymbol{u}_1 + \cdots + \boldsymbol{u}_n$ $(\boldsymbol{u}_i \in U_i)$ を作って線形写像 $P_i : X \to X$ $(i = 1, \ldots, n)$ を $P_i : \boldsymbol{x} \mapsto \boldsymbol{u}_i$ で定義する．そのとき

$$P_1 + P_2 + \cdots + P_n = \mathrm{I}_X \tag{5.23}$$

および

$$P_1^2 = P_1, \cdots P_n^2 = P_n, \quad P_iP_j = P_jP_i = 0 \ (i \neq j) \tag{5.24}$$

$P_1, \ldots, P_n$ を直和分解 (5.22) に付随する**射影作用素**と呼ぶ．

> **命題 5.6.4.** $P_1, \ldots, P_n$ を $X \to X$ の線形変換で，(5.23),(5.24) を満たすものとする．そのとき，$U_i = \mathrm{Im}\,(P_i)$ で $X$ の部分空間 $U_i (i = 1, \ldots, n)$ を定義すれば，$U_1, \ldots, U_n$ は $X$ の直和分解を与える．

## 第 5 章 補充問題

**問題 1.** 以下で定義されるベクトル空間 $V = \mathrm{Mat}(n;\mathbb{R})$ の部分集合が $V$ の部分空間であることを示し，その一組の基底と次元を求めよ．

(1) $S = \mathfrak{sl}(n) = \{A \in \mathrm{Mat}(n;\mathbb{R}) | \mathrm{tr}(A) = 0\}$ ここで，$\mathrm{tr}(A)$ は $A$ の対角成分の和を表す．

(2) $U = \mathfrak{o}(n) = \{A \in \mathrm{Mat}(n;\mathbb{R}) | {}^tA = -A\}$

**問題 2.** 問題 1. で定義された $V = \mathrm{Mat}(n;\mathbb{R})$ の部分空間 $U, V$ について，次の問いに答えよ．ただし，(1) と (2) では $n = 2$ とし，(3) と (4) では $n = 3$ とせよ．

(1) 行列 $X = \begin{pmatrix} a & b \\ c & -a \end{pmatrix} \in S$ を固定して $Y \in S$ に対して $ad_X(Y)$ を $ad_X(Y) = [X, Y] = XY - YX$ と定義する．そのとき，$ad_X$ は線形写像 $ad_X : S \to S$ を定義することを示せ．

(2) 問題 1 で求めた $S$ の基底に関する線形写像 $ad_X$ の表現行列を求めよ．

(3) $X \in U$ を固定して，$ad_X$ を $Y \in U$ に対して $ad_X(Y) = [X, Y] = XY - YX$ で定義する．そのとき $ad_X(Y) \in U$ であり，写像 $ad_X : U \to U$ は線形写像を定義することを示せ．

(4) $X = \begin{pmatrix} 0 & -a & c \\ a & 0 & -b \\ -c & b & 0 \end{pmatrix}$ であるとき，問題 1 で求めた $U$ の基底に関する $ad_X$ の表現行列を求めよ．

**問題 3.** ベクトル空間 $X = \mathbb{R}[x]_3$ の部分集合

$$Y = \{f \in X | \int_{-1}^{1} f(x)dx = 0\}$$

が $X$ の部分空間であることを示し，その一組の基底と次元を求めよ．

**問題 4.** ベクトル空間 $V = \mathbb{R}_3[x] = \{a_0 + a_1x + a_2x^2 + a_3x^3 | a_0, a_1, a_2, a_3 \in \mathbb{R}\}$ において，線形変換 $T : V \to V$ を $f \in V$ について $T(f) = x^2f'' + axf' + bf$ で定義する．次の問いに答えよ．

(1) 線形写像 $T$ が正則ではなくなるような $a, b$ に対する条件を求めよ．

(2) $T$ が正則でないとき，その各々の場合に，像空間 $\mathrm{Im}\ (T)$ と核 $\mathrm{Ker}\ (T)$ を定めよ．

**問題 5.** $\mathbb{R}^3$ において，部分空間 $H$(原点を通る平面) を

$$H = \{{}^t(x, y, z) \in \mathbb{R}^3 | ax + by + cz = 0\}$$

で定義する．そのとき次の問いに答えよ．

(1) $H$ に関する対称移動を表す線形変換 $M_H$ の，$\mathbb{R}^3$ の標準基底に関する表現行列を求めよ．

(2) $H$ の一組の基底 $\boldsymbol{p}_1, \boldsymbol{p}_2$ と $H$ と直交するベクトル $\boldsymbol{p}_3$ を求めよ．

(3) $\mathbb{R}^3$ の基底として，$\boldsymbol{p}_1, \boldsymbol{p}_2, \boldsymbol{p}_3$ を取ることができることを示し，線形変換 $M_H$ の $\mathbb{R}^3$ の基底 $\boldsymbol{p}_1, \boldsymbol{p}_2, \boldsymbol{p}_3$ に関する表現行列を求めよ．

**問題 6.** 3 次対称群の要素 $\sigma \in S_3$ の，3 変数多項式 $f \in \mathbb{K}[x_1, x_2, x_3]$ への作用 $\sigma(f) \in \mathbb{K}[x_1, x_2, x_3]$ を，

$$\sigma(f)(x_1, x_2, x_3) = f(x_{\sigma(1)}, x_{\sigma(2)}, x_{\sigma(3)})$$

で定義する．そのとき，$\sigma$ はベクトル空間 $X = \mathbb{K}[x_1, x_2, x_3]$ の線形変換を引き起こす．たとえば，$\sigma$ が巡回置換

$$\sigma = \begin{pmatrix} 1 & 2 & 3 \\ 2 & 3 & 1 \end{pmatrix}$$

であるときは，$\sigma(f)(x_1, x_2, x_3) = f(x_2, x_3, x_1)$ となる．線形変換 $\sigma \in S_3$ の作用を，$k$ 次の斉次多項式全体のなす部分空間 $X^{(k)} = \mathbb{K}[x_1, x_2, x_3]^{(k)}$ へ制限したものは部分空間 $X^{(k)}$ の線形変換を引き起こすので，同じ記号 $\sigma$ で表す．以後，$\sigma$ を上記で定義される巡回置換として固定する．そのとき，次の問いに答えよ．

(1) $X^{(1)}$ の基底として，$x_1, x_2, x_3$ を取ったときの，線形変換 $\sigma : X^{(1)} \to X^{(1)}$ の表現行列を求めよ．

(2) $\mathbb{K} = \mathbb{C}$ として，1 の 3 乗根を $1, \omega, \omega^2$ として，$X^{(1)}$ の基底として，

$$f_1 = x_1 + x_2 + x_3, \quad f_2 = x_1 + \omega x_2 + \omega^2 x_3, \quad f_3 = x_1 + \omega^2 x_2 + \omega x_3$$

を取ったときの，線形変換 $\sigma : X^{(1)} \to X^{(1)}$ の表現行列を求めよ．

(3) 線形変換 $\sigma : X^{(2)} \to X^{(2)}$ において，$X^{(2)}$ の基底として，

$$g_1 = x_1^2,\ g_2 = x_2^2,\ g_3 = x_3^2,\ g_4 = x_1x_2,\ g_5 = x_2x_3,\ g_6 = x_1x_3$$

を取ったときの，線形変換 $\sigma : X^{(2)} \to X^{(2)}$ の表現行列を求めよ．

# 6
# 固有値と固有ベクトル

## 6.1 行列の固有値と固有ベクトル

本章でも体 $\mathbb{K}$ は実数体 $\mathbb{R}$ または，複素数体 $\mathbb{C}$ を表し，特に断らないときは $\mathbb{K}=\mathbb{R}$ とする．$\mathbb{K}$ の元を成分とする $n$ 次正方行列 $A \in \mathrm{Mat}(n;\mathbb{K})$ に対して，ある 0 でない列ベクトル $\boldsymbol{x} \in \mathbb{K}^n$ とスカラー $\lambda \in \mathbb{K}$ があって

$$A\boldsymbol{x} = \lambda\boldsymbol{x} \tag{6.1}$$

が成り立つとき，$\lambda \in \mathbb{K}$ を行列 $A$ の**固有値**といい，$\boldsymbol{x}$ を行列 $A$ の固有値 $\lambda$ に属する**固有ベクトル**という．

式 (6.1) において，$n$ 次単位行列 $E_n$ を用いて $\lambda\boldsymbol{x} = \lambda E_n\boldsymbol{x}$ と表すと，定義 (6.1) は

$$(\lambda E_n - A)\boldsymbol{x} = 0 \tag{6.2}$$

と同値になる．(6.2) は，$\lambda$ を定めれば，$\boldsymbol{x}$ に対する連立方程式となる．(6.2) が $\boldsymbol{x} \neq \boldsymbol{0}$ となる解をもつための必要十分条件は，$n$ 次正方行列 $\lambda E_n - A$ が非正則であることであり，正方行列が非正則であるための必要十分条件はその行列式が 0 となることである．そこで

$$g_A(t) = \det(tE_n - A) \tag{6.3}$$

とおく．$g_A(t)$ は $t$ に関する $n$ 次多項式である．以上により，$\lambda \in \mathbb{K}$ が行列 $A$ の固有値であるための必要十分条件は，$\lambda$ が多項式 $g_A(t)$ の根であることがわかった．多項式 $g_A(t)$ を行列 $A$ の**固有多項式**と呼ぶ．

**▲問 1.** 固有多項式は $t$ に関する $n$ 次の多項式である．さらに $g_A(t)$ の $t^n$ の係数は 1 であり

$$g_A(t) = t^n + g_{n-1}t^{n-1} + \cdots + g_1 t + g_0 \tag{6.4}$$

と表すと，$g_{n-1} = -\mathrm{tr}(A)$, $g_0 = (-1)^n \det A$ が成り立つ．以上を示せ.

以上により次の命題が示された.

**命題 6.1.1.** $A$ を $n$ 次正方行列とするとき，$A$ の固有値 $\lambda \in \mathbb{K}$ は固有多項式 $g_A(t)$ の根である.

さらに, 行列 $A$ の固有値が $\lambda$ がわかっているとき, $\lambda$ に属する固有ベクトル $\boldsymbol{x}$ が満たすべき方程式は $(\lambda E_n - A)\boldsymbol{x} = 0$ であり，これは，$\boldsymbol{x} \in \mathrm{Ker}\,(\lambda E_n - A)$ であることを示している．これより次の命題が従う.

**命題 6.1.2.** $n$ 次正方行列 $A \in \mathrm{Mat}(n;\mathbb{K})$ に対して, $A$ の固有値 $\lambda \in \mathbb{K}$ を固定するとき，固有値 $\lambda$ に属する $A$ の固有ベクトルの全体および零ベクトルからなる集合を $V_\lambda(A)$ とおくと，$V_\lambda(A) = \mathrm{Ker}\,(\lambda E - A)$ と表される．$V_\lambda(A)$ は $\mathbb{K}^n$ の部分空間である.

上記命題により，$A$ の固有値 $\lambda$ に属する固有ベクトルおよび零ベクトル全体の集合を $A$ の**固有値 $\lambda$ に属する 固有空間**と呼ぶ．実際の計算例を挙げる.

---

**例題 1.** 次の行列 $A, B, C$ の固有値と固有空間を求めよ.

$$A = \begin{pmatrix} -1 & 3 \\ -2 & 4 \end{pmatrix} \quad B = \begin{pmatrix} 1 & 1 \\ -1 & 3 \end{pmatrix} \quad C = \begin{pmatrix} -2 & 5 \\ -1 & 2 \end{pmatrix}$$

---

[解答]

(a) 行列 $A$ の固有多項式 $g_A(t)$ は

$$\det(tE - A) = \begin{vmatrix} t+1 & -3 \\ 2 & t-4 \end{vmatrix} = t^2 - 3t + 2 = (t-1)(t-2)$$

である．よって固有値は $\lambda = 1, 2$ である．まず固有値 $\lambda = 1$ に対して，方程式

$$(E - A)\begin{pmatrix} x_1 \\ x_2 \end{pmatrix} = \begin{pmatrix} 2 & -3 \\ 2 & -3 \end{pmatrix}\begin{pmatrix} x_1 \\ x_2 \end{pmatrix} = \begin{pmatrix} 0 \\ 0 \end{pmatrix}$$

を解くと，固有値 1 に属する固有空間 $V_1(A)$ は

$$V_1(A) = \left\{ c\begin{pmatrix} 3/2 \\ 1 \end{pmatrix} \middle| c \in \mathbb{R} \right\}$$

であることがわかる．まったく同様にして，固有値が $\lambda = 2$ のときは

$$V_2(A) = \left\{ c \begin{pmatrix} 1 \\ 1 \end{pmatrix} \middle| \, c \in \mathbb{R} \right\}$$

となる．

(b) 行列 $B$ の固有多項式は $g_B(t) = \det(tE - B) = t^2 - 4t + 4 = (t-2)^2$ である．よって固有値は $\lambda = 2$ (重根) である．固有空間 $V_2(B)$ を求めるには方程式

$$(2E - B)\begin{pmatrix} x_1 \\ x_2 \end{pmatrix} = \begin{pmatrix} 1 & -1 \\ 1 & -1 \end{pmatrix}\begin{pmatrix} x_1 \\ x_2 \end{pmatrix} = \begin{pmatrix} 0 \\ 0 \end{pmatrix}$$

を解いて，

$$V_2(B) = \left\{ c \begin{pmatrix} 1 \\ 1 \end{pmatrix} \middle| \, c \in \mathbb{R} \right\}$$

を得る．

(c) 固有多項式は $g_C(t) = \det(tE - C) = t^2 + 1$ となる．従って，実固有値は存在しない．そこで，$\mathbb{K} = \mathbb{C}$ として複素数の範囲で固有値を求めれば，$\lambda = \pm i$ となる．これらの固有値に対して (複素) 固有ベクトルを求める．固有値 $\lambda = i$ に対して，方程式

$$(iE - C)\begin{pmatrix} x_1 \\ x_2 \end{pmatrix} = \begin{pmatrix} i+2 & -5 \\ 1 & i-2 \end{pmatrix}\begin{pmatrix} x_1 \\ x_2 \end{pmatrix} = \begin{pmatrix} 0 \\ 0 \end{pmatrix}$$

を解けば，

$$V_i(C) = \left\{ c \begin{pmatrix} -i+2 \\ 1 \end{pmatrix} \middle| \, c \in \mathbb{C} \right\}$$

を得る．全く同様にして，固有値 $\overline{\lambda} = -i$ に属する固有空間 $V_{-i}(C)$ は

$$V_{-i}(C) = \left\{ c \begin{pmatrix} i+2 \\ 1 \end{pmatrix} \middle| \, c \in \mathbb{C} \right\}$$

であることがわかる．$V_{-i}(C)$ の生成元は，$V_i(C)$ の生成元の複素共役ベクトルとなっていることに注意する． ∎

---

**例題 2.** 次の行列 $A, B, B'$ の固有値と固有空間を求めよ．

$$A = \begin{pmatrix} 2 & -1 & 4 \\ 0 & 1 & 4 \\ -3 & 3 & -1 \end{pmatrix} \quad B = \begin{pmatrix} 5 & -2 & 4 \\ 2 & 0 & 2 \\ -2 & 1 & -1 \end{pmatrix} \quad B' = \begin{pmatrix} 1 & 3 & -2 \\ -3 & 13 & -7 \\ -5 & 19 & -10 \end{pmatrix}$$

---

[解答]

(a) まず行列 $A$ の固有多項式 $g_A(t)$ を求めると，

$$g_A(t) = \begin{vmatrix} t-2 & 1 & -4 \\ 0 & t-1 & -4 \\ 3 & -3 & t+1 \end{vmatrix} = t^3 - 2t^2 - t + 2 = (t+1)(t-1)(t-2)$$

となる．よって固有値は $\lambda=-1,1,2$ である．固有値 $\lambda=-1$ に対して，方程式

$$(-E-A)\begin{pmatrix}x_1\\x_2\\x_3\end{pmatrix}=\begin{pmatrix}-3&1&-4\\0&-2&-4\\3&-3&0\end{pmatrix}\begin{pmatrix}x_1\\x_2\\x_3\end{pmatrix}=\begin{pmatrix}0\\0\\0\end{pmatrix}$$

を解いて，固有空間 $V_{-1}(A)$ は

$$V_{-1}(A)=\left\{c\begin{pmatrix}-2\\-2\\1\end{pmatrix}\middle|\, c\in\mathbb{R}\right\}$$

となる．固有値 $\lambda=1$ に対して方程式

$$(E-A)\begin{pmatrix}x_1\\x_2\\x_3\end{pmatrix}=\begin{pmatrix}-1&1&-4\\0&0&-4\\3&-3&2\end{pmatrix}\begin{pmatrix}x_1\\x_2\\x_3\end{pmatrix}=\begin{pmatrix}0\\0\\0\end{pmatrix}$$

を解いて，固有空間 $V_1(A)$ は

$$V_1(A)=\left\{c\begin{pmatrix}1\\1\\0\end{pmatrix}\middle|\, c\in\mathbb{R}\right\}$$

となる．最後に，固有値 $\lambda=2$ に対して方程式

$$(2E-A)\begin{pmatrix}x_1\\x_2\\x_3\end{pmatrix}=\begin{pmatrix}0&1&-4\\0&1&-4\\3&-3&3\end{pmatrix}\begin{pmatrix}x_1\\x_2\\x_3\end{pmatrix}=\begin{pmatrix}0\\0\\0\end{pmatrix}$$

を解いて，固有空間 $V_2(A)$ は

$$V_2(A)=\left\{c\begin{pmatrix}3\\4\\1\end{pmatrix}\middle|\, c\in\mathbb{R}\right\}$$

となる．

(b) まず固有多項式 $g_B(t)=\det(tE_3-B)=t^3-4t^2+5t-2=(t-1)^2(t-2)$ となるので，固有値は 1 (重根) と 2 である．固有値 $\lambda=1$ (重根) に属する固有空間 $V_1(B)$ を求めると，

$$V_1(B)=\left\{c_1\begin{pmatrix}-1\\0\\1\end{pmatrix}+c_2\begin{pmatrix}0\\2\\1\end{pmatrix}\middle|\, c_1,c_2\in\mathbb{R}\right\}$$

であることがわかる．次に，$\lambda=2$ の固有空間 $V_2(B)$ を求めると

$$V_2(B)=\left\{c\begin{pmatrix}-2\\-1\\1\end{pmatrix}\middle|\, c\in\mathbb{R}\right\}$$

となる．この計算例において，注目すべきは 2 重根である固有値 $\lambda = 1$ に対して $\dim(V_\lambda(B)) = 2$ となっていることであり，以下の $B'$ に関する計算と対照的である．
(b′) 固有多項式

$$g_B(t) = \det(tE_3 - B) = t^3 - 4t^2 + 5t - 2 = (t-1)^2(t-2)$$

となるので，固有値は 1 (重根) と 2 である．$B'$ は $B$ と同じ固有多項式をもつことがわかった．固有値 $\lambda = 1$ (重根) に属する固有空間 $V_1(B')$ を求めると，

$$V_1(B') = \left\{ c \begin{pmatrix} 1/3 \\ 2/3 \\ 1 \end{pmatrix} \middle| \, c \in \mathbb{R} \right\}$$

であることがわかる．次に，$\lambda = 2$ の固有空間 $V_2(B')$ を求めると

$$V_2(B') = \left\{ c \begin{pmatrix} -1/2 \\ 1/2 \\ 1 \end{pmatrix} \middle| \, c \in \mathbb{R} \right\}$$

となる．この計算例においては, 2 重根である固有値 $\lambda = 1$ に対して $\dim(V_\lambda(B')) = 1$ となっている． ■

**●練習 1.**　上記例題 2 の (b) と (b′) の詳細な計算を各自実行して結果を確かめよ．

## 6.2　線形変換の固有値と固有ベクトル

前節では，正方行列の固有値と固有ベクトルについて考えたが，本節ではそれを一般化して，一般のベクトル空間 $V$ から $V$ への線形変換の固有値と固有ベクトルについて議論する．$V$ を体 $\mathbb{K}$ 上のベクトル空間として，$L : V \to V$ を $V$ から $V$ への線形変換とする．そのとき，$\lambda \in \mathbb{K}$ と零ベクトルではない $\boldsymbol{x} \in V$ に対して

$$L(\boldsymbol{x}) = \lambda \boldsymbol{x} \tag{6.5}$$

が成り立つとき，$\lambda$ を線形変換 $L$ の**固有値**，$\boldsymbol{x}$ を固有値 $\lambda$ に属する**固有ベクトル**という．

**◆例 1.**　$V = \mathbb{R}^n$ として，$A \in \mathrm{Mat}(n;\mathbb{R})$ に対して，$A$ によって定義される線形変換 $L_A : \mathbb{R}^n \to \mathbb{R}^n$ の固有値と固有ベクトルについて考えてみよう．$\boldsymbol{x} \in \mathbb{R}^n$ に対して，$L_A(\boldsymbol{x}) = A\boldsymbol{x}$ であるから，線形変換 $L_A$ の固有値は行列 $A$ の固有値であり，線形変換 $L_A$ の固有値 $\lambda \in \mathbb{K}$ に属する固有ベクトルは，$A$ の固有値 $\lambda$ に属する固有ベクトルである．

◆**例 2.** $V=\mathbb{K}[x]_n$ を $\mathbb{K}$ 係数の $x$ に関して，$n$ 次以下の多項式全体からなる $(n+1$ 次元$)$ のベクトル空間とする．そのとき，$H: f \mapsto xf'$ $(f \in \mathbb{K}[x]_n)$ は $V$ から $V$ への線形変換を定義する．いま，$p_k = x^k$ $(k=0,1,2,\ldots,n)$ に対して $H$ を作用させる．$k \geqq 1$ に対しては

$$H(p_k) = xf_k' = xkx^{k-1} = kx^k = kp_k$$

が成り立つ．$k=0$ なら $H(p_0)=0=0p_0$ である．よって，$p_k = x^k$ は線形写像 $H$ の固有値 $k$ に属する固有ベクトルであることがわかる．よって，線形写像 $H$ の $\mathbb{K}[x]_n$ の基底 $p_0=1, p_1=x, \ldots, p_n=x^n$ に関する表現行列 $A_H$ は

$$A_H = \begin{pmatrix} 0 & 0 & \cdots & 0 \\ 0 & 1 & \cdots & 0 \\ \vdots & \vdots & \ddots & \vdots \\ 0 & 0 & \cdots & n \end{pmatrix}$$

となる．

◆**例 3.** $f_1=\cos x, f_2=\cos 2x, \ldots, f_m=\cos mx,\ g_1=\sin x, g_2=\sin 2x, \ldots, g_m=\sin mx$ とおき，$2m$ 個の関数 $f_1,\ldots,f_m,g_1,\ldots,g_m$ で生成される実数体 $\mathbb{R}$ または複素数体 $\mathbb{C}$ 上の $2m$ 次元のベクトル空間を $V$ とおく．線形変換 $D^2: V \to V$ を，$f \in V$ に対して $D^2 f = f'' \in V$ で定義する．そのとき，$f_k, g_k$ $(k=1,\ldots,m)$ は線形変換 $D^2$ の，固有値 $-k^2$ に属する固有ベクトルとなる．よって，線形変換 $D^2$ の，$V$ の基底 $f_1,\ldots,f_m,g_1,\ldots,g_m$ に関する表現行列 $A_{D^2}$ は

$$A_{D^2} = \begin{pmatrix} -1 & 0 & \cdots & 0 & 0 & \cdots & \cdots & 0 \\ 0 & -4 & \cdots & 0 & \vdots & & & \vdots \\ \vdots & \vdots & \ddots & \vdots & \vdots & & & \vdots \\ 0 & 0 & \cdots & -m^2 & 0 & \cdots & \cdots & 0 \\ 0 & \cdots & \cdots & 0 & -1 & \cdots & \cdots & 0 \\ \vdots & \ddots & & \vdots & 0 & \ddots & & \vdots \\ \vdots & & \ddots & \vdots & \vdots & & \ddots & \vdots \\ 0 & \cdots & \cdots & 0 & 0 & \cdots & \cdots & -m^2 \end{pmatrix}$$

となる．

次に線形写像 $L: V \to V$ の固有値と固有ベクトルの求め方を説明する．$V$ に基底 $\boldsymbol{u}_1,\ldots,\boldsymbol{u}_n$ を固定して，線形写像 $L$ の，この基底に関する表現行列を $A$ とする．行列 $A$ に対する固有方程式 $g_A(t)=0$ を解いて，$A$ の固有値 $\lambda$ を求め，固有値 $\lambda$ に属する固有ベクトル（数ベクトル）を $\boldsymbol{x} = {}^t(x_1,\ldots,x_n) \in \mathbb{K}^n$

とする．そのとき，行列 $A$ の固有値 $\lambda$ は，線形写像 $L$ の固有値であり，

$$\boldsymbol{u} = x_1\boldsymbol{u}_1 + \cdots + x_n\boldsymbol{u}_n$$

とおけば，$\boldsymbol{u}$ は線形写像 $L$ の固有ベクトルとなる．このような固有値の計算方法は，$V$ の基底の取り方に依存しない．そのことを示そう．実際，$V$ の別の基底を $\boldsymbol{v}_1, \ldots, \boldsymbol{v}_n$ として，基底変換行列を $P = (p_{ij}) \in \mathrm{Mat}(n; \mathbb{K})$ とする．すなわち，

$$(\boldsymbol{v}_1, \ldots, \boldsymbol{v}_n) = (\boldsymbol{u}_1, \ldots, \boldsymbol{u}_n)P$$

とする．そのとき，線形変換 $L$ の基底 $\boldsymbol{v}_1, \ldots, \boldsymbol{v}_n$ に関する表現行列 $B$ は $B = P^{-1}AP$ となる．$B$ に対する固有多項式 $g_B(t)$ を計算する．

$$\begin{aligned}\det(tE - B) &= \det(P^{-1}tEP - P^{-1}AP) = \det(P^{-1}(tE - A)P) \\ &= \det(P^{-1})\det(tE - A)\det P \\ &= \det(\lambda E - A) = g_A(\lambda)\end{aligned}$$

である．よって，$g_A(t) = g_B(t)$ となり，固有多項式は $V$ の基底の取り方によらずに定まることがわかる．このように定まる線形変換 $L : V \to V$ の固有多項式を $g_L(t)$ で表わす．以上の計算で得られた結果をまとめておく．

**命題 6.2.1.** $A, B \in \mathrm{Mat}(n; \mathbb{K})$ について，ある正則な行列 $P \in \mathrm{Mat}(n; \mathbb{K})$ を用いて $B = P^{-1}AP$ で表わされるとき，$A$ と $B$ は**相似**であると呼ばれる．相似な行列 $A, B$ の固有多項式 $g_A(t), g_B(t)$ は一致する．線形変換 $L : V \to V$ の表現行列はすべて相似であるから，それらの固有多項式は一致し，線形写像 $L$ の固有多項式 $g_L(t)$ は表現行列の取り方によらず一意的に定まる．

---

**例題 3.** $a$ を実定数として，$\cos ax$, $\sin ax$ で生成される複素数体 $\mathbb{C}$ 上の 2 次元ベクトル空間を $V$ とおく．すなわち，

$$V = \{c_1 \cos ax + c_2 \sin ax | c_1, c_2 \in \mathbb{C}\}$$

とおく．さらに，$f \in V$ に対して $D(f) = f'$ と定義する．ここで $f'$ は $f$ の導関数を表す．そのとき，$D$ は $V$ から $V$ への線形変換を定義することを示し，その固有値と固有ベクトルを求めよ．

---

［解答］ $D$ が線形性をもつことはあきらかである．また，$D(\cos ax) = -a \sin ax$, $D(\sin ax) = a \cos ax$ であるから，$D$ は $V$ から $V$ への線形写像を定義し，$V$ の基

底 $\cos ax$, $\sin ax$ に関する $D$ の表現行列は

$$A = \begin{pmatrix} 0 & a \\ -a & 0 \end{pmatrix}$$

となる．$A$ の固有方程式は

$$\det(tE - A) = \begin{vmatrix} t & -a \\ a & t \end{vmatrix} = t^2 + a^2$$

となる．したがって，$A$ の固有値は $\pm ai$ である．固有値 $ai$ に属する複素固有空間 $V_{ai}$ は $\boldsymbol{p} = {}^t(1, i)$ で生成され，固有値 $-ai$ に属する複素固有空間 $V_{-ai}$ は $\boldsymbol{q} = {}^t(1, -i)$ により生成される．よって，線形写像 $D$ の固有値は $\pm ai$ であり，それらの固有値に属する固有ベクトルは $\cos ax \pm i \sin ax = e^{\pm aix}$ となる (複合同順)．ここで，オイラー (Euler) の公式 $\cos x + i \sin x = e^{ix}$ を用いた．

$V$ の複素数体上の基底として，$e^{\pm aix}$ をとれば，この基底に関する $D$ の表現行列 $B$ は対角化されて

$$B = \begin{pmatrix} ai & 0 \\ 0 & -ai \end{pmatrix}$$

となる．■

●**練習 2.** $\mathbb{R}[x]_2$ の線形変換 $T$ を $T(f) = pf(x) + xf'(x) + (x^2 + qx + r)f(0)$ で定義する．ただし，$p, q, r$ は実数とする．次の問いに答えよ．

(1) 線形変換 $T$ の固有値を求めよ．

(2) 固有値が重根となるための条件を求めよ．

(3) 固有値が重根とならないとき，各固有値に属する固有ベクトルを求めよ．

(4) 固有値が重根の場合に，各固有値に属する固有空間の基底を求めよ．

最後に，線形変換の固有値と固有ベクトルについて，後で必要となるいくつかの大切な性質を示す．

**定理 6.2.1.** $V$ を体 $\mathbb{K}$ 上のベクトル空間とし，$L : V \to V$ を $V$ から $V$ への線形変換とする．そのとき，$V$ の異なる固有値に属する固有ベクトルは 1 次独立である．

**証明**: 相異なる固有値の数 $k$ に関する帰納法により示す．$k = 1$ のときは固有ベクトルは零ベクトルではないので，明らかである．$k$ が $n - 1$ 以下のとき正しいと仮定する．$n$ 個の相異なる固有値を $\lambda_1, \ldots, \lambda_n$ とおき，それらの固有値に属する固有ベクトルを $\boldsymbol{v}_1, \ldots, \boldsymbol{v}_{n-1}, \boldsymbol{v}_n$ とおき，これらの 1 次関係式

$$c_1\boldsymbol{v}_1 + \cdots + c_{n-1}\boldsymbol{v}_{n-1} + c_n\boldsymbol{v}_n = \boldsymbol{0} \quad (c_1, \ldots, c_{n-1}, c_n \in \mathbb{K}) \tag{6.6}$$

を作る．(6.6) の両辺に線形変換 $L$ を作用すると

$$L(c_1\boldsymbol{v}_1+\cdots+c_{n-1}\boldsymbol{v}_{n-1}+c_n\boldsymbol{v}_n) \\ = c_1\lambda_1\boldsymbol{v}_1+\cdots+c_{n-1}\lambda_{n-1}\boldsymbol{v}_{n-1}+c_n\lambda_n\boldsymbol{v}_n=\boldsymbol{0} \qquad (6.7)$$

を得る．一方 (6.6) の両辺に $\lambda_n$ をかけて

$$c_1\lambda_n\boldsymbol{v}_1+\cdots+c_{n-1}\lambda_n\boldsymbol{v}_{n-1}+c_n\lambda_n\boldsymbol{v}_n=\boldsymbol{0} \qquad (6.8)$$

とし，(6.7) から (6.8) を引くと

$$c_1(\lambda_1-\lambda_n)\boldsymbol{v}_1+\cdots+c_{n-1}(\lambda_{n-1}-\lambda_n)\boldsymbol{v}_{n-1}=\boldsymbol{0}$$

を得る．帰納法の仮定により，$\boldsymbol{v}_1,\ldots,\boldsymbol{v}_{n-1}$ は 1 次独立であるから，

$$c_1(\lambda_1-\lambda_n)=c_2(\lambda_2-\lambda_n)=\cdots=c_{n-1}(\lambda_{n-1}-\lambda_n)=0$$

であることがわかる．ここで，仮定より，固有値は互いに異なるから $\lambda_i\neq\lambda_n$ $(i=1,\ldots,n-1)$ なので，$c_1=c_2=\cdots=c_{n-1}=0$ となる．したがって，$c_n=0$ も従う．故に，$\boldsymbol{v}_1,\ldots,\boldsymbol{v}_{n-1},\boldsymbol{v}_n$ は 1 次独立である． □

●**練習 3.**　本問では，上記の定理 6.2.1 の別証明を与える．
行列 $A$ は相異なる固有値 $\lambda_1,\ldots,\lambda_n$ を持つと仮定し，それらの固有値に属する固有ベクトルを $\boldsymbol{v}_1,\ldots,\boldsymbol{v}_n$ とする．以下の手続きにより，$\boldsymbol{v}_1,\ldots,\boldsymbol{v}_n$ は 1 次独立であることを示せ．

(1) 1 次関係式

$$c_1\boldsymbol{v}_1+c_1\boldsymbol{v}_2+\cdots+c_n\boldsymbol{v}_n=\boldsymbol{0}$$

の両辺に左から $A,A^2,\ldots,A^{n-1}$ をかけて，それらを並べることにより

$$(\boldsymbol{v}_1,\boldsymbol{v}_2,\cdots,\boldsymbol{v}_n)\begin{pmatrix} c_1 & c_1\lambda_1 & \cdots & c_1\lambda_1^{n-1} \\ c_2 & c_2\lambda_2 & \cdots & c_2\lambda_2^{n-1} \\ \vdots & \vdots & \ddots & \vdots \\ c_n & c_n\lambda_n & \cdots & c_n\lambda_n^{n-1} \end{pmatrix}=O_{n,n}$$

が成り立つことを示せ．

(2)

$$\begin{pmatrix} c_1 & c_1\lambda_1 & \cdots & c_1\lambda_1^{n-1} \\ c_2 & c_2\lambda_2 & \cdots & c_2\lambda_2^{n-1} \\ \vdots & \vdots & \ddots & \vdots \\ c_n & c_n\lambda_n & \cdots & c_n\lambda_n^{n-1} \end{pmatrix}=\begin{pmatrix} c_1 & 0 & \cdots & 0 \\ 0 & c_2 & \cdots & 0 \\ \vdots & \vdots & \ddots & \vdots \\ 0 & 0 & \cdots & c_n \end{pmatrix}\begin{pmatrix} 1 & \lambda_1 & \cdots & \lambda_1^{n-1} \\ 1 & \lambda_2 & \cdots & \lambda_2^{n-1} \\ \vdots & \vdots & \ddots & \vdots \\ 1 & \lambda_n & \cdots & \lambda_n^{n-1} \end{pmatrix}$$

であることを示せ．

(3) (2) で得られた式の右辺の積の右に現れる行列の行列式はファンデルモンドの行列式であり，固有値が互いに異なることより，その行列式は 0 ではない．よって

(2) の結果より

$$(\boldsymbol{v}_1, \boldsymbol{v}_2, \cdots, \boldsymbol{v}_n)\begin{pmatrix} c_1 & 0 & \cdots & 0 \\ 0 & c_2 & \cdots & 0 \\ \vdots & \vdots & \ddots & \vdots \\ 0 & 0 & \cdots & c_n \end{pmatrix} = \begin{pmatrix} c_1\boldsymbol{v}_1 & c_2\boldsymbol{v}_2 & \cdots & c_n\boldsymbol{v}_n \end{pmatrix} = O_{n,n}$$

を得る．これより $c_i\boldsymbol{v}_i = \mathbf{0}$ $(i = 1, \ldots, n)$ が得られ，$\boldsymbol{v}_i \neq \mathbf{0}$ であるから，$c_1 = c_2 = \cdots = c_n = 0$ を得る．

◆**例 4.** $V = C^{\infty}(\mathbb{R})$ を，$\mathbb{R}$ 上で定義された無限回連続的微分可能関数全体の（無限次元）のベクトル空間とする．そのとき線形変換 $D : V \to V$ を $D : f(x) \mapsto f'(x)$ で定義する．そのとき，$\lambda \in \mathbb{R}$ に対して，$e^{\lambda x}$ は $D$ の固有値 $\lambda$ に属する固有ベクトルである．したがって，互いに相異なる $\lambda_1, \ldots, \lambda_m$ に対して $f_1 = e^{\lambda_1 x}, \ldots, f_m = e^{\lambda_m x}$ は 1 次独立である．

**定理 6.2.2.** $V$ を体 $\mathbb{K}$ 上のベクトル空間とし，$L : V \to V$ を線形変換とする．$L$ の固有値を $\lambda$ とし，その**重複度**を $m$ とする．すなわち，

$$g_L(t) = (t - \lambda)^m h(t)$$

であって，$h(\lambda) \neq 0$ とする．そのとき，線形変換 $L$ の，固有値 $\lambda$ に属する固有空間の次元 $\dim(V_\lambda(L))$ は固有値の重複度 $m$ 以下である．

この定理を示すには，次の補題が必要である．証明は容易である．

**補題 6.2.1.** $A \in \mathrm{Mat}(n; \mathbb{K})$ について，$A$ が $B \in \mathrm{Mat}(r; \mathbb{K}), D \in \mathrm{Mat}(n - r; \mathbb{K})$ および $C \in \mathrm{Mat}(r, n - r; \mathbb{K})$ を用いて次のようなブロック表示されているとする．

$$A = \begin{array}{c} \\ r \\ n-r \end{array} \begin{array}{c} \begin{array}{cc} r & n-r \end{array} \\ \begin{pmatrix} B & C \\ O_{n-r,r} & D \end{pmatrix} \end{array}$$

そのとき，$A$ の固有多項式 $g_A(t)$ は

$$g_A(t) = g_B(t) g_D(t)$$

とあらわすことができる．ここで，$g_B(t), g_D(t)$ はそれぞれ行列 $B, D$ の固有多項式である．

▲**問 2.** 上記の補題を示せ．

**定理 6.2.2 の証明**: $\dim\ (V_\lambda(L)) = k$ として，$k \leqq m$ であることを示す．$V_\lambda(L)$ の基底を $\boldsymbol{v}_1, \ldots, \boldsymbol{v}_k$ として，それを $V$ の基底に広げたものを $\boldsymbol{v}_1, \ldots, \boldsymbol{v}_k, \boldsymbol{v}_{k+1}, \ldots, \boldsymbol{v}_n$ とする．そのとき，この基底に関する $L$ の表現行列を $A$ とする．そのとき $L(\boldsymbol{v}_1) = \lambda\boldsymbol{v}_1, \ldots, L(\boldsymbol{v}_k) = \lambda\boldsymbol{v}_k$ なので，

$$A = \begin{array}{c} \\ k \\ \\ n-k \end{array} \overset{\qquad\qquad k \qquad\qquad\qquad n-k}{\begin{pmatrix} \lambda & & & * \\ & \ddots & & \vdots \\ & & \lambda & * \\ \mathbf{0}_{n-k} & \cdots & \mathbf{0}_{n-k} & B \end{pmatrix}}$$

となる．ここで，$\mathbf{0}_{n-k}$ は $n-k$ 次元の列零ベクトルを表す．よって，補題より $g_A(t) = (t-\lambda)^k g_B(t)$ となることがわかる．一方仮定から $g_A(t) = (t-\lambda)^m h(t)$ である．よって，

$$(t-\lambda)^k g_B(t) = (t-\lambda)^m h(t)$$

が成り立つ．$h(\lambda) \neq 0$ なので，$k \leqq m$ でなければならない．これで定理の主張が示された． □

## 6.3 行列の対角化

まず例として，例題 1 で取り上げた行列

$$A = \begin{pmatrix} -1 & 3 \\ -2 & 4 \end{pmatrix}$$

について考える．$A$ の固有値は $\lambda = 1, 2$ であり，これらの固有値の属する固有空間 $V_1(A), V_2(A)$ の次元はともに 1 であって，それらの生成元は

$$\boldsymbol{p}_1 = \begin{pmatrix} 3/2 \\ 1 \end{pmatrix}, \quad \boldsymbol{p}_2 = \begin{pmatrix} 1 \\ 1 \end{pmatrix}$$

である．そのとき定義から，$A\boldsymbol{p}_1 = \boldsymbol{p}_1$，$A\boldsymbol{p}_2 = 2\boldsymbol{p}_2$ である．そこで，行列 $P$ を，$P = (\boldsymbol{p}_1, \boldsymbol{p}_2)$ で定義すると，明らかに $P$ は正則行列であり，

$$\begin{aligned} AP &= A\begin{pmatrix} \boldsymbol{p}_1 & \boldsymbol{p}_2 \end{pmatrix} = \begin{pmatrix} A\boldsymbol{p}_1 & A\boldsymbol{p}_2 \end{pmatrix} = \begin{pmatrix} \boldsymbol{p}_1 & 2\boldsymbol{p}_2 \end{pmatrix} \\ &= \begin{pmatrix} \boldsymbol{p}_1 & \boldsymbol{p}_2 \end{pmatrix}\begin{pmatrix} 1 & 0 \\ 0 & 2 \end{pmatrix} = P\begin{pmatrix} 1 & 0 \\ 0 & 2 \end{pmatrix} \end{aligned}$$

が成り立つ．上式の両辺に左から $P^{-1}$ をかけると

$$P^{-1}AP = \begin{pmatrix} 1 & 0 \\ 0 & 2 \end{pmatrix}$$

が得られる．

一般に，$A \in \mathrm{Mat}(n;\mathbb{K})$ を体 $\mathbb{K}$ の元を要素とする $n$ 次正方行列とする．ある $n$ 次の正則行列 $P \in \mathrm{Mat}(n;\mathbb{K})$ を選んで

$$P^{-1}AP = \Lambda = \begin{pmatrix} \lambda_1 & 0 & \cdots & 0 \\ 0 & \lambda_2 & \cdots & 0 \\ \vdots & 0 & \ddots & 0 \\ 0 & 0 & \cdots & \lambda_n \end{pmatrix} \tag{6.9}$$

とできるとき，行列 $A$ は体 $\mathbb{K}$ 上で**対角化可能**であるという．ここで，$\lambda_1, \ldots, \lambda_n \in \mathbb{K}$ である．

対角化可能性については次の定理が基本的である．

**定理 6.3.1.** $\mathbb{K}$ の元を要素とする $n$ 次正方行列 $A \in \mathrm{Mat}(n;\mathbb{K})$ が $\mathbb{K}$ 上対角化可能であるための必要十分条件は，$A$ のすべての固有値が $\mathbb{K}$ の元であって，$\mathbb{K}^n$ の基底として，$A$ の固有ベクトルからなるものがとれることである．

**証明:** まず，$\mathbb{K}^n$ の基底 $\boldsymbol{p}_1, \ldots, \boldsymbol{p}_n$ であって，すべてが固有ベクトルであるものがあれば，$\boldsymbol{p}_i$ が固有値 $\lambda_i$ に属する固有ベクトルであるとして $A\boldsymbol{p}_i = \lambda_i \boldsymbol{p}_i (i = 1, \ldots, n)$ が成り立つ．ここで，$\lambda_1, \ldots, \lambda_n$ には等しいものがあってもよい．これら固有ベクトルからなる $\mathbb{R}^n$ の基底 $\boldsymbol{p}_i$ を縦に並べて

$$P = (\boldsymbol{p}_1, \boldsymbol{p}_2, \ldots, \boldsymbol{p}_n)$$

とおけば

$$\begin{aligned} AP &= (A\boldsymbol{p}_1, A\boldsymbol{p}_2, \ldots, A\boldsymbol{p}_n) = (\lambda_1\boldsymbol{p}_1, \lambda_2\boldsymbol{p}_2, \ldots, \lambda_n\boldsymbol{p}_n) \\ &= (\boldsymbol{p}_1, \boldsymbol{p}_2, \ldots, \boldsymbol{p}_n) \begin{pmatrix} \lambda_1 & 0 & \cdots & 0 \\ 0 & \lambda_2 & \cdots & 0 \\ \vdots & \vdots & \ddots & \vdots \\ 0 & 0 & \cdots & \lambda_n \end{pmatrix} \end{aligned}$$

を得る．ここで，$P$ は 1 次独立な列ベクトルを並べているので正則行列であり，

$$P^{-1}AP = \begin{pmatrix} \lambda_1 & 0 & \cdots & 0 \\ 0 & \lambda_2 & \cdots & 0 \\ \vdots & \vdots & \ddots & \vdots \\ 0 & 0 & \cdots & \lambda_n \end{pmatrix} = \Lambda$$

と対角化される．逆に，$A$ が対角化されると仮定すれば，ある正則行列 $P$ を用いて $\Lambda = P^{-1}AP$ が対角行列になる．すなわち $AP = \Lambda P$ が成り立つ．

$P = (\boldsymbol{p}_1, \ldots, \boldsymbol{p}_n)$ とおき，$\Lambda$ の対角成分を $\lambda_i$ とおけば，$\boldsymbol{p}_1, \ldots, \boldsymbol{p}_n$ は 1 次独立で $\mathbb{K}^n$ の基底であり，$A\boldsymbol{p}_i = \lambda_i \boldsymbol{p}_i$ が成り立つ．すなわち，$\boldsymbol{p}_i$ は固有値 $\lambda_i$ に属する固有ベクトルとなる．よって，$P$ の各列ベクトルは固有ベクトルからなる $\mathbb{K}^n$ の基底である． □

---

**例題 4.** 次の行列 $B, C$ について，対角化できるなら対角化し，できないならその理由を述べよ (例題 1 参照)

$$B = \begin{pmatrix} 1 & 1 \\ -1 & 3 \end{pmatrix} \qquad C = \begin{pmatrix} -2 & 5 \\ -1 & 2 \end{pmatrix}$$

---

［解答］

(b) 例題 1(b) の結果より，$B$ の固有値は $\lambda = 2$(重根) であり，固有空間は

$$V_2(A) = \left\{ c \begin{pmatrix} 1 \\ 1 \end{pmatrix} \middle| \, c \in \mathbb{R} \right\}$$

となり，$\dim(V_2(A)) = 1$ なので，固有ベクトルからなる $\mathbb{R}^2$ の基底が存在しない．よって対角化不可能である．

(c) 例題 1(c) の結果より $C$ の実固有値は存在しない．よって $\mathbb{R}$ 上では対角化はできない．複素固有値は $\lambda = \pm i$ であり，各々の固有値に属する固有空間は

$$V_i(A) = \left\{ c \begin{pmatrix} -i+2 \\ 1 \end{pmatrix} \middle| \, c \in \mathbb{C} \right\}, \quad V_{-i}(A) = \left\{ c \begin{pmatrix} i+2 \\ 1 \end{pmatrix} \middle| \, c \in \mathbb{C} \right\}$$

となり，$\dim(V_i(A)) + \dim(V_{-i}(A)) = 2$ が成り立つ．よって $A$ は $\mathbb{C}$ 上で対角化可能であり．

$$P = \begin{pmatrix} -i+2 & i+2 \\ 1 & 1 \end{pmatrix}$$

とおけば，

$$P^{-1}AP = \begin{pmatrix} i & 0 \\ 0 & -i \end{pmatrix}$$

となる． ■

実際の対角化の手続きをもう少し詳しく見てみよう．$A \in \mathrm{Mat}(n; \mathbb{K})$ が与えられたとする．対角化の手続きは次のようになる．

(I) $A$ の固有多項式 $g_A(t)$ を計算し，その根を求めることにより固有値を全て求める．重複度を込めて $n$ 個の固有値が $\mathbb{K}$ 内で求めることができなければ $\mathbb{K}$ 上で $A$ を対角化することはできない．ここでは固有多項式は，$\mathbb{K}$ で完全に因

数分解できて

$$g_A(t) = (t-\lambda_1)^{m_1}(t-\lambda_2)^{m_2}\cdots(t-\lambda_k)^{m_k}$$

と仮定する ($\mathbb{K}=\mathbb{C}$ とすれば常に可能である). ここで, $m_i$ は, 相異なる固有値 $\lambda_i (i=1,\ldots,k)$ の重複度であり, $m_1+m_2+\cdots+m_k=n$ である.

(II) (1) 固有多項式が重根をもたなければ (すべての固有値の重複度が 1 であれば), 相異なる $n$ 個の固有値がある. 各固有空間の次元は 1 以上であるが, 定理 6.2.2 により各固有空間の次元が 1 以下となるので, 各固有空間の次元は丁度 1 となる. よって, 各固有空間からベクトルを一つずつ選んで, $P$ を作れば, 選んだ固有ベクトルは定理 6.2.1 により 1 次独立であり, $P$ は正則行列となる. よって, 対角化ができる.

(2) 固有値に重根が含まれる場合は, 固有値の重複度の総和が $n$ であることと, 定理 6.2.2 により, 各固有空間の次元は固有値の重複度以下であることから, 全ての固有空間の次元が固有値の重複度に一致するとき, そのときに限り, 固有ベクトルからなる $\mathbb{K}^n$ の基底を選んで行列 $A$ を対角化できる. よって, $A$ が対角化できるための必要十分条件は, 行列 $A$ の各固有空間の次元が, 固有値の重複度に一致すること であることがわかる.

それを実際の例題で見てみよう.

---

**例題 5.** 次の行列 $A, B, B'$ について対角化できるものは対角化し, 対角化できない場合はその理由を述べよ (1 節の例題 2 参照).

$$A = \begin{pmatrix} 2 & -1 & 4 \\ 0 & 1 & 4 \\ -3 & 3 & -1 \end{pmatrix}$$

$$B = \begin{pmatrix} 5 & -2 & 4 \\ 2 & 0 & 2 \\ -2 & 1 & -1 \end{pmatrix} \quad B' = \begin{pmatrix} 1 & 3 & -2 \\ -3 & 13 & -7 \\ -5 & 19 & -10 \end{pmatrix}$$

---

[解答]

(a) まず, 行列 $A$ について考える. 例題 2 において得られたように $A$ の固有値は $\lambda=-1,1,2$ であり, 相異なる 3 個の実固有値をもつので, 実数体 $\mathbb{R}$ 上で対角化可能である. 例題での計算により各固有値に属する固有空間はそれぞれ

$$V_{-1}(A) = \left\{ c\begin{pmatrix} -2 \\ -2 \\ 1 \end{pmatrix} \middle| \, c \in \mathbb{R} \right\}, \quad V_1(A) = \left\{ c\begin{pmatrix} 1 \\ 1 \\ 0 \end{pmatrix} \middle| \, c \in \mathbb{R} \right\},$$

$$V_2(A) = \left\{ c \begin{pmatrix} 1 \\ 4 \\ 3 \end{pmatrix} \middle| \, c \in \mathbb{R} \right\}$$

となる．よって

$$P = \begin{pmatrix} -2 & 1 & 1 \\ -2 & 1 & 4 \\ 1 & 0 & 3 \end{pmatrix}$$

とおけば，

$$P^{-1}AP = \begin{pmatrix} -1 & 0 & 0 \\ 0 & 1 & 0 \\ 0 & 0 & 2 \end{pmatrix}$$

と対角化される．ここで，行列 $P$ を作るには，$A$ の 1 次独立な固有ベクトルを並べればよい．そのとき，$P^{-1}AP$ の対角成分には，対応する固有値が順番に並ぶことに注意する．例えば

$$Q = \begin{pmatrix} 1 & 2 & 1 \\ 4 & 2 & 1 \\ 3 & 0 & -1/2 \end{pmatrix}$$

とおけば，

$$Q^{-1}AQ = \begin{pmatrix} 2 & 0 & 0 \\ 0 & 1 & 0 \\ 0 & 0 & -1 \end{pmatrix}$$

となる．

(b) 次に，行列 $B$ について考える．例題 2 において得られたように $B$ の固有値は $\lambda = 1$ (重根) と $\lambda = 2$ である．例題での計算により各固有値に属する固有空間はそれぞれ

$$V_1(B) = \left\{ c_1 \begin{pmatrix} -1 \\ 0 \\ 1 \end{pmatrix} + c_2 \begin{pmatrix} 0 \\ 2 \\ 1 \end{pmatrix} \middle| \, c_1, c_2 \in \mathbb{R} \right\}, \quad V_2(B) = \left\{ c \begin{pmatrix} -2 \\ -1 \\ 1 \end{pmatrix} \middle| \, c \in \mathbb{R} \right\}$$

となる．$\dim (V_1) = 2$ であり，重根である固有値 $\lambda = 1$ の固有空間の次元が固有値の重複度に等しいことから $B$ は対角化可能であり

$$P = \begin{pmatrix} -1 & 0 & -2 \\ 0 & 2 & -1 \\ 1 & 1 & 1 \end{pmatrix}$$

とおけば，

$$P^{-1}BP = \begin{pmatrix} 1 & 0 & 0 \\ 0 & 1 & 0 \\ 0 & 0 & 2 \end{pmatrix}$$

と対角化される．

(c) 行列 $B'$ について考える．例題 2 において得られたように $B'$ の固有値は $B$ の固有値と全く同じで，$\lambda = 1$ (重根) と $\lambda = 2$ である．例題 2 での計算により各固有値に属する固有空間はそれぞれ

$$V_1(B') = \left\{ c \begin{pmatrix} 1/3 \\ 2/3 \\ 1 \end{pmatrix} \middle| \, c \in \mathbb{R} \right\}, \quad V_2(B') = \left\{ c \begin{pmatrix} -1/2 \\ 1/2 \\ 1 \end{pmatrix} \middle| \, c \in \mathbb{R} \right\}$$

となり，$B'$ においては，2 重根である固有値 $\lambda = 1$ に属する固有空間の次元が 1 になる．よって，$B'$ の固有ベクトルからなる $\mathbb{R}^3$ の基底を作ることができない．したがって，$B'$ を対角化することはできない． ■

●**練習 4.** 次の行列について以下の問いに答えよ．
(1) 固有値と，固有値に属する固有空間を求めよ．
(2) 対角化できる場合は対角化し，できない場合は理由を述べよ．

$$A_1 = \begin{pmatrix} 5 & -3 & 6 \\ 2 & 0 & 6 \\ -4 & 4 & -1 \end{pmatrix}, \quad A_2 = \begin{pmatrix} 5 & -4 & -2 \\ 6 & -5 & -2 \\ 3 & -3 & 2 \end{pmatrix}, \quad A_3 = \begin{pmatrix} 4 & -1 & 5 \\ 1 & 2 & 3 \\ -1 & 1 & 0 \end{pmatrix}$$

●**練習 5.** 次の行列について以下の問いに答えよ．
(1) 固有値と，固有値に属する固有空間を求めよ．
(2) 対角化できる場合は対角化し，できない場合は理由を述べよ．

$$B_1 = \begin{pmatrix} 7 & 12 & 0 \\ -2 & -3 & 0 \\ 2 & 4 & 1 \end{pmatrix}, \quad B_2 = \begin{pmatrix} -3 & -2 & -2 \\ 4 & 3 & 2 \\ 8 & 4 & 5 \end{pmatrix}, \quad B_3 = \begin{pmatrix} -1 & 6 & 3 \\ -3 & 8 & 3 \\ 6 & -12 & -4 \end{pmatrix}$$

●**練習 6.** 次の行列について以下の問いに答えよ．
(1) 固有値と，固有値に属する固有空間を求めよ．
(2) 対角化できる場合は対角化し，できない場合は理由を述べよ．

$$B'_1 = \begin{pmatrix} -1 & -0 & -2 \\ 3 & 2 & 2 \\ 1 & -1 & 3 \end{pmatrix} \qquad B'_2 = \begin{pmatrix} 2 & -1 & 2 \\ 1 & 0 & 2 \\ -2 & 2 & 1 \end{pmatrix}$$

$$B'_3 = \begin{pmatrix} 2 & -1 & -1 \\ 0 & 3 & 1 \\ 0 & -1 & 1 \end{pmatrix} \qquad B'_4 = \begin{pmatrix} 1 & -1 & 1 \\ 1 & 2 & -1 \\ 1 & 0 & 1 \end{pmatrix}$$

●**練習 7.** 次の行列について以下の問いに答えよ．
(1) 固有値と，固有値に属する固有空間を求めよ．

(2) 対角化できる場合は対角化し，できない場合は理由を述べよ．

$$A_4 = \begin{pmatrix} 3 & 1 & -1 \\ 1 & 2 & -1 \\ -2 & 1 & 0 \end{pmatrix} \qquad B_4 = \begin{pmatrix} 0 & 2 & -4 \\ 1 & 1 & 2 \\ 1 & -1 & 4 \end{pmatrix}$$

$$B_5 = \begin{pmatrix} 1 & -4 & -4 \\ 8 & -11 & -8 \\ -8 & 8 & 5 \end{pmatrix} \qquad B_5' = \begin{pmatrix} -1 & -1 & -2 \\ 8 & -11 & -8 \\ -10 & 11 & 7 \end{pmatrix}$$

## 第 6 章 補充問題

**問題 1.** 次の行列の固有値と，その固有値に属する固有空間の基底を求め，行列が対角化可能かどうか調べよ．また，対角化可能な場合は対角化せよ．

$$(1) \quad A = \begin{pmatrix} -4 & 0 & 0 & 3 \\ 3 & -1 & 0 & -3 \\ 0 & 0 & -1 & 0 \\ -6 & 0 & 0 & 5 \end{pmatrix} \qquad (2) \quad A = \begin{pmatrix} -1 & -1 & -1 & -2 \\ 1 & 1 & 1 & 0 \\ 2 & 1 & 2 & 2 \\ 1 & 1 & 0 & 3 \end{pmatrix}$$

$$(3) \quad A = \begin{pmatrix} -1 & -1 & -1 & -2 \\ 1 & 1 & 1 & 0 \\ 3 & 1 & 3 & 2 \\ 1 & 1 & 0 & 3 \end{pmatrix} \qquad (4) \quad A = \begin{pmatrix} 1 & 0 & 0 & 0 & 4 \\ -2 & -3 & 0 & -2 & 0 \\ -4 & -8 & 1 & -4 & 0 \\ 2 & 4 & 0 & 3 & -4 \\ 0 & 0 & 0 & 0 & -1 \end{pmatrix}$$

**問題 2.** 行列 $A = \begin{pmatrix} a & b & 0 \\ b & a & b \\ 0 & b & a \end{pmatrix}$ の固有値と，それぞれの固有値に属する固有ベクトルを求め，$A$ を対角化せよ．ただし $abc \neq 0$ とする．

**問題 3.** 行列 $A = \begin{pmatrix} 1 & 0 & a \\ a & a & a \\ a & 0 & -1 \end{pmatrix}$ は任意の実数 $a$ について，相異なる 3 つの実固有値をもつことを示せ．またそれぞれの実固有値に属する固有ベクトルを求めよ．

**問題 4.** $A \in \mathrm{Mat}(n; \mathbb{C})$ を正方行列として，$A$ の固有値全体の集合を $\mathrm{Spec}(A)$ と書いて，$A$ のスペクトルという．$A, B \in \mathrm{Mat}(n; \mathbb{C})$ に対して，$\mathrm{Spec}(AB) = \mathrm{Spec}(BA)$ であることを示せ．

**問題 5.** 次の行列 $A, B$ が対角化可能であるための必要十分条件を求め，さらに $P^{-1}AP$ が対角行列となる $P$ を求めよ．

$$A = \begin{pmatrix} 0 & -\alpha\beta & 0 \\ 1 & \alpha+\beta & 0 \\ 0 & 0 & \beta \end{pmatrix} \qquad B = \begin{pmatrix} 0 & -\alpha\beta & \delta & 0 \\ 1 & \alpha+\beta & 0 & \delta \\ 0 & 0 & 0 & 1 \\ 0 & 0 & -\beta\gamma & \beta+\gamma \end{pmatrix}$$

**問題 6.** $V = \mathrm{Mat}(n;\mathbb{R})$ とする．$D = \mathrm{diag}(\lambda_1, \ldots, \lambda_n) \in V$ を対角成分が $\lambda_1, \ldots, \lambda_n$ であるような対角行列とする．そのとき $ad_D : V \to V$ を $A \in V$ に対して $ad_D(A) = [D, A] = DA - AD$ で定義する．次の問いに答えよ．

(1) $ad_D$ は対角行列 $A^{(0)}$ を零行列に写すことを示せ．

(2) $A_i^{(1)} = E_{i,i+1}(i = 1, \ldots, n-1)$ および $A_i^{(-1)} = E_{i+1,i}(i = 1, \ldots, n-1)$ は $ad_D$ の固有ベクトルである．固有値は何か．

(3) $k = 1, \ldots, n-1$ に対して，$A_i^{(k)} = E_{i,i+k}(i = 1, \ldots, n-k)$ および $A_i^{(-k)} = E_{i+k,i}(i = 1, \ldots, n-k)$ は $ad_D$ の固有ベクトルである．固有値は何か．

(4) $ad_D$ の固有ベクトルからなる $V$ の基底が存在することを示せ．

# 7 内積空間と対称変換の固有値問題

## 7.1 内積空間

**定義 7.1.1 ((実) 内積空間).** $V$ を $\mathbb{R}$ 上のベクトル空間とし，$\boldsymbol{u}, \boldsymbol{v} \in V$ に対して実数 $(\boldsymbol{u}, \boldsymbol{v}) \in \mathbb{R}$ を対応させる規則が定義されていて，次の (1),(2),(3) を満たすとする．ここで，$\boldsymbol{u}, \boldsymbol{v}, \boldsymbol{w} \in V$ であり，$c \in \mathbb{R}$ であるとする．

(1) 対称性：$(\boldsymbol{u}, \boldsymbol{v}) = (\boldsymbol{v}, \boldsymbol{u})$

(2) 双線形性

(a) $(c\boldsymbol{u}, \boldsymbol{v}) = (\boldsymbol{u}, c\boldsymbol{v}) = c(\boldsymbol{u}, \boldsymbol{v})$

(b) $(\boldsymbol{u} + \boldsymbol{v}, \boldsymbol{w}) = (\boldsymbol{u}, \boldsymbol{w}) + (\boldsymbol{v}, \boldsymbol{w})$,

$(\boldsymbol{u}, \boldsymbol{v} + \boldsymbol{w}) = (\boldsymbol{u}, \boldsymbol{v}) + (\boldsymbol{u}, \boldsymbol{w})$

(3) 正定値性；$(\boldsymbol{u}, \boldsymbol{u}) \geqq 0$ であって，$(\boldsymbol{u}, \boldsymbol{u}) = 0$ となるのは，$\boldsymbol{u} = \boldsymbol{0}$ (零ベクトル) であるときそのときに限る．

そのとき，$(\boldsymbol{u}, \boldsymbol{v})$ を $V$ 上の**内積**といい，$V$ と内積を対にして $(V, (\ ,\ ))$ を**内積空間**という．

◆**例 1.** (1) $V = \mathbb{R}^n$ として，$\boldsymbol{x} = {}^t(x_1, \ldots, x_n)$，$\boldsymbol{y} = (y_1, \ldots, y_n) \in V = \mathbb{R}^n$ に対して $(\boldsymbol{x}, \boldsymbol{y})$ を

$$(\boldsymbol{x}, \boldsymbol{y}) = \sum_{i=1}^{n} x_i y_i = x_1 y_1 + \cdots + x_n y_n \tag{7.1}$$

で定義する．そのとき $(\boldsymbol{x}, \boldsymbol{y})$ は内積の性質 (1)~(3) を満たすことは明らかである．(7.1) で定義される内積を $\mathbb{R}^n$ の**標準内積**という．$(\mathbb{R}^n, (\ ,\ ))$ は内積空間である．

(2) $G = (g_{ij}) \in \mathrm{Mat}(n; \mathbb{R})$ を対称行列とする．そのとき，任意の $\boldsymbol{x}, \boldsymbol{y} \in \mathbb{R}^n$ に対して

$$(\boldsymbol{x}, \boldsymbol{y})_G = {}^t\boldsymbol{x}G\boldsymbol{y} = \sum_{i,j=1}^{n} g_{ij}x_iy_j \tag{7.2}$$

とおく．$G$ が**正定値** (positive definite) 対称行列であるとは，任意の $\boldsymbol{x} \in \mathbb{R}^n$ に対して，$(\boldsymbol{x}, \boldsymbol{x})_G \geqq 0$ であって，$(\boldsymbol{x}, \boldsymbol{x})_G = 0$ であるのは $\boldsymbol{x} = \boldsymbol{0}$ であるときに限るときをいう．もう少し仮定を緩めて，対称行列 $G$ が，任意の $\boldsymbol{x} \in \mathbb{R}^n$ に対して ${}^t\boldsymbol{x}G\boldsymbol{x} \geqq 0$ を満たすとき，$G$ は**半正定値** (postive semi-definite) であるという．$G$ を正定値対称行列として，$\boldsymbol{x}, \boldsymbol{y} \in \mathbb{R}^n$ に対して，それらの内積を (7.2) で定義する．そのとき，$(\mathbb{R}^n,\ (\ ,\ )_G)$ は内積空間である．

(3) $I = [a, b] \subset \mathbb{R}$ を閉区間として，$I$ で定義された連続関数全体のなすベクトル空間 $V = C^0(I)$ を考える．そのとき，$f, g \in V$ に対して，$(f, g) \in \mathbb{R}$ を

$$(f, g) = \int_a^b f(x)g(x)\,dx \tag{7.3}$$

で定義する．そのとき $(\ ,\ )$ は $V = C^0(I)$ において，内積の性質を満たす．

▲**問 1.**　正定値対称行列 $G \in \mathrm{Mat}(n; \mathbb{R})$ を用いて (7.2) により定義された, $(\boldsymbol{x}, \boldsymbol{y})_G$ は内積の性質を全て満たすことを示せ．

▲**問 2.**　次の問いに答えよ．

(1) 関数 $f(x)$ が閉区間 $[a, b]$ で連続であって，$\int_a^b f(x)^2\,dx = 0$ であるなら，$f(x)$ は $[a, b]$ で恒等的に $0$ であることを示せ．

(2) (7.3) で定義される内積 $(f, g)$ は $C^0([a, b])$ において内積の性質を満たすことを示せ．

$(V, (\ ,\ ))$ を内積空間とする．そのとき，$\boldsymbol{u} \in V$ に対して，$\boldsymbol{u}$ の**大きさ (ノルム)** $||\boldsymbol{u}||$ を

$$||\boldsymbol{x}|| = \sqrt{(\boldsymbol{u}, \boldsymbol{u})} \tag{7.4}$$

で定義する．そのとき次の不等式が成り立つ．

**命題 7.1.1 (シュワルツ (Schwarz) の不等式).**　$(V.(\ ,\ ))$ を内積空間とする．そのとき任意の $\boldsymbol{u}, \boldsymbol{v} \in V$ に対して

$$|(\boldsymbol{u}, \boldsymbol{v})| \leqq ||\boldsymbol{u}||\ ||\boldsymbol{v}|| \tag{7.5}$$

が成り立つ．

**証明:** $\boldsymbol{u} = \boldsymbol{0}$ のときは不等式の両辺がともに $0$ となって不等式が成り立つ．よって，$\boldsymbol{u} \neq \boldsymbol{0}$ の場合を考えば十分である．そのときは $||\boldsymbol{u}||^2 = (\boldsymbol{u}, \boldsymbol{u}) > 0$ である．双線形性と対称性を用いると，任意の実数 $t$ について，正値性により

$$f(t) := (t\boldsymbol{u}+\boldsymbol{v}, t\boldsymbol{u}+\boldsymbol{v}) = (\boldsymbol{u},\boldsymbol{u})t^2 + 2t(\boldsymbol{u},\boldsymbol{v}) + (\boldsymbol{v},\boldsymbol{v}) \geqq 0$$

が成り立つ．$f(t)$ は $t$ の 2 次式であり，$t^2$ の係数 $||\boldsymbol{u}||^2$ が正であるから，$f(t)$ が任意の $t \in \mathbb{R}$ について，$f(t) \geqq 0$ となるための条件として，$f(t)$ を $t$ の 2 次式とみたときの「判別式が非正」が得られる．これを具体的に書き下すと

$$(\boldsymbol{u},\boldsymbol{v})^2 - (\boldsymbol{u},\boldsymbol{u})^2(\boldsymbol{v},\boldsymbol{v})^2 \leqq 0$$

を得る．これからシュワルツの不等式が従う． □

◆**例 2.**　$V = C^0([a,b])$ において，内積を (7.3) で定義する．そのときシュワルツの不等式は $f, g \in C^0([a,b])$ に対して

$$\left(\int_a^b f(x)g(x)\,dx\right)^2 \leqq \left(\int_a^b f(x)^2\,dx\right)\left(\int_a^b g(x)^2\,dx\right)$$

となる．

シュワルツの不等式を用いることにより，ベクトルのノルムが持つ次のような性質を示すことができる．

**命題 7.1.2.**　$V$ を $\mathbb{R}$ 上のベクトル空間とし，$(\ ,\ )$ を $V$ 上で定義された内積であるとして，この内積から $\boldsymbol{u} \in V$ に対して，そのノルムが $||\boldsymbol{u}||$ が定義される．そのとき，$\boldsymbol{u}, \boldsymbol{v} \in V$ に対して，次が成り立つ．
(1) 任意の $c \in \mathbb{R}$ に対して，$||c\boldsymbol{u}|| = |c|||\boldsymbol{u}||$
(2) 三角不等式：$||\boldsymbol{u}+\boldsymbol{v}|| \leqq ||\boldsymbol{u}|| + ||\boldsymbol{v}||$
(3) $||\boldsymbol{u}|| = 0$ となるのは $\boldsymbol{u} = \boldsymbol{0}$ となるとき，そのときに限る．

**証明:** 三角不等式以外は，自明であるから，三角不等式を証明する．まず，$||\boldsymbol{x}+\boldsymbol{y}||^2 = (\boldsymbol{x}+\boldsymbol{y}, \boldsymbol{x}+\boldsymbol{y})$ であることに注意して，この右辺を内積の双線形性により展開し，対称性およびシュワルツの不等式を用いれば，

$$\begin{aligned}
||\boldsymbol{x}+\boldsymbol{y}||^2 &= (\boldsymbol{x}+\boldsymbol{y}, \boldsymbol{x}+\boldsymbol{y}) \\
&= (\boldsymbol{x},\boldsymbol{x}) + (\boldsymbol{x},\boldsymbol{y}) + (\boldsymbol{y},\boldsymbol{x}) + (\boldsymbol{y},\boldsymbol{y}) \\
&= (\boldsymbol{x},\boldsymbol{x}) + 2(\boldsymbol{x},\boldsymbol{y}) + (\boldsymbol{y},\boldsymbol{y}) \\
&= ||\boldsymbol{x},\boldsymbol{y})||^2 + 2(\boldsymbol{x},\boldsymbol{y}) + ||\boldsymbol{y}||^2 \\
&\leqq ||\boldsymbol{x},\boldsymbol{x})||^2 + 2||\boldsymbol{x}||\,||\boldsymbol{y}|| + ||\boldsymbol{y}||^2 \\
&= (||\boldsymbol{x}|| + ||\boldsymbol{y}||)^2
\end{aligned}$$

これで，$||\boldsymbol{x}+\boldsymbol{y}|| \leqq ||\boldsymbol{x}|| + ||\boldsymbol{y}||$ が示された． □

## 7.2 正規直交系とシュミットの直交化法

$(V.(\ ,\ ))$ を実内積空間する．ベクトル $\boldsymbol{u}, \boldsymbol{v} \in V$ が直交するとは，内積が $0$ すなわち，$(\boldsymbol{u}, \boldsymbol{v}) = 0$ が成り立つときをいう．直交するベクトルは 1 次独立である．すなわち，次の命題が成り立つ．

**命題 7.2.1.** 零ベクトルではない有限個のベクトル $\boldsymbol{u}_1, \ldots, \boldsymbol{u}_m \in V$ が互いに直交するとする．すなわち $(\boldsymbol{u}_i, \boldsymbol{u}_j) = 0\ (i \neq j)$ を満たすとする．そのとき，$\boldsymbol{u}_1, \ldots, \boldsymbol{u}_m$ は 1 次独立である．

**証明:**

$$c_1\boldsymbol{u}_1 + \cdots + c_m\boldsymbol{u}_m = \boldsymbol{0}, \quad c_i \in \mathbb{R}$$

とする．そのとき上式の両辺と $\boldsymbol{u}_j$ との内積をとれば, $i \neq j$ なら $(\boldsymbol{u}_i, \boldsymbol{u}_j) = 0$ であるから，$c_j(\boldsymbol{u}_j, \boldsymbol{u}_j) = c_j||\boldsymbol{u}_j||^2 = 0$ を得る．よって，$c_j = 0\,(j = 1, \ldots, m)$ が従い，$\boldsymbol{u}_1, \ldots, \boldsymbol{u}_m$ は 1 次独立であることがわかる． □

$W$ を内積空間 $(W, (\ ,\ ))$ の $m$ 次元部分空間とし，$V$ の基底を $\{\boldsymbol{u}_1, \boldsymbol{u}_2, \ldots, \boldsymbol{u}_m\}(m \leqq n)$ とする．$\{\boldsymbol{u}_1, \boldsymbol{u}_2, \ldots, \boldsymbol{u}_m\}$ が $V$ の**直交基底**であるとは，すべての相異なる $\boldsymbol{u}_i, \boldsymbol{u}_j$ に対して，$\boldsymbol{u}_i$ と $\boldsymbol{u}_j$ が直交する，すなわち $(\boldsymbol{u}_i, \boldsymbol{u}_j) = 0$ が成り立つことをいう．さらに，基底に属する $\boldsymbol{u}_i$ のノルムがすべて 1 である，すなわち $||\boldsymbol{u}_i|| = 1\ (i = 1, \ldots, m)$ を満たすとき，直交基底は**正規直交基底**と呼ばれる．

$V$ の基底 $\{\boldsymbol{u}_1, \boldsymbol{u}_2, \ldots, \boldsymbol{u}_m\}$ が正規直交基底であるための必要十分条件は

$$(\boldsymbol{u}_i, \boldsymbol{u}_j) = \delta_{ij}, \quad (i, j = 1, \ldots, m) \tag{7.6}$$

が成り立つことである．実際, 命題 7.2.1 より, より, $W$ の生成系 $\{\boldsymbol{u}_1, \boldsymbol{u}_2, \ldots, \boldsymbol{u}_m\}$ が (7.6) を満たせば，これらは 1 次独立であり，$V$ の正規直交基底となる．当然 $\dim(V) = m$ となる．

次に，部分空間 $W \subset V$ の生成系 $\{\boldsymbol{w}_1, \ldots, \boldsymbol{w}_m\}$ が与えられたとして，$W$ の正規直交基底を求めるアルゴリズムについて説明する．一般的な説明の前に，簡単な例で考えてみる．

◆**例 3.** $\mathbb{R}^3$ の部分空間 $W$ を $W = \{{}^t(x_1, x_2, x_3) \in \mathbb{R}^3 | x_1 + x_2 + x_3 = 0\}$ で定義する．これは原点を通る平面である．$V$ の基底として，標準的な計算法から，

$\boldsymbol{w}_1 = {}^t(-1,1,0), \boldsymbol{w}_2 = (-1,0,1)$ が得られる．しかしこの基底は直交基底ではない．この基底から正規直交基底を求めてみよう．まず，$\boldsymbol{w}_1$ 方向に大きさ (ノルム) が 1 のベクトル $\boldsymbol{u}_1$ を取る．そのために

$$\boldsymbol{u}_1 = \frac{1}{||\boldsymbol{w}_1||}\boldsymbol{w}_1 = {}^t(-1/\sqrt{2}, 1/\sqrt{2}, 0)$$

とおく．次に，$k \in \mathbb{R}$ として，$\boldsymbol{w}_2 - k\boldsymbol{u}_1$ の形で，$\boldsymbol{u}_1$ と直交する $V$ のベクトルを求めてみる．$(\boldsymbol{u}_1, \boldsymbol{u}_1) = 1$ であることを用いて，

$$\begin{aligned} 0 &= (\boldsymbol{w}_2 - k\boldsymbol{u}_1, \boldsymbol{u}_1) \\ &= (\boldsymbol{w}_2, \boldsymbol{u}_1) - k(\boldsymbol{u}_1, \boldsymbol{u}_1) \\ &= (\boldsymbol{w}_2, \boldsymbol{u}_1) - k \end{aligned}$$

を得る．よって，$k = (\boldsymbol{w}_2, \boldsymbol{u}_1) = 1/\sqrt{2}$ であり，

$$\begin{aligned} \tilde{\boldsymbol{w}}_2 &= \boldsymbol{v}_2 - (\boldsymbol{v}_2, \boldsymbol{u}_1)\boldsymbol{u}_1 \\ &= (-1,0,1) - {}^t(-1/2, 1/2, 0) = {}^t(-1/2, -1/2, 1) \end{aligned}$$

とおけば，$\tilde{\boldsymbol{w}}_2$ は $\boldsymbol{u}_1$ と直交する $W$ のベクトルである．ベクトル $(\boldsymbol{w}_2, \boldsymbol{u}_1)\boldsymbol{u}_1$ は幾何学的には，$\boldsymbol{w}_2$ の $\boldsymbol{u}_1$ 方向への正射影であり，$\tilde{\boldsymbol{w}}_2$ は，$\boldsymbol{w}_2$ から，$\boldsymbol{u}_1$ 方向の正射影を取り除いているので，$\boldsymbol{u}_1$ と直交することになる．最後に，$\boldsymbol{u}_2 = \frac{1}{||\tilde{\boldsymbol{v}}_2||}\tilde{\boldsymbol{w}}_2 = {}^t(-1/\sqrt{6}, -1/\sqrt{6}, 2/\sqrt{6})$ とおけば，$\boldsymbol{u}_1, \boldsymbol{u}_2$ は $V$ の正規直交基底となる．

先の例題の手続きを一般化したのが，**シュミット (Schmidt) の直交化法**，または**グラム (Gram)・シュミット (Schmidt) の直交化法**と呼ばれるアルゴリズムである．

内積空間の部分空間 $W \subset V$ の生成系を $B = \{\boldsymbol{w}_1, \ldots, \boldsymbol{w}_m\}$ とする．一般的な状況で議論するのでこれらのベクトルの 1 次独立性は仮定しない．まず，最初の手続きは例題と全く同じであり，$\boldsymbol{u}_1 = \frac{1}{||\boldsymbol{w}_1||}\boldsymbol{w}_1$ とおく．次に，$\boldsymbol{w}_2 - b_{12}\boldsymbol{u}_1$ の形のベクトルであって $\boldsymbol{u}_1$ と直交するものを求める．そのためには上記の例と全く同様にして，$b_{12} = (\boldsymbol{v}_2, \boldsymbol{u}_1)$ とおけばよいことがわかる．よって

$$\tilde{\boldsymbol{w}}_2 = \boldsymbol{v}_2 - (\boldsymbol{v}_2, \boldsymbol{u}_1)\boldsymbol{u}_1$$

とおけば，$\tilde{\boldsymbol{w}}_2$ は $\boldsymbol{u}_1$ と直交するベクトルとなる．$\tilde{\boldsymbol{w}}_2$ は，幾何学的には $\boldsymbol{w}_2$ から，$\boldsymbol{w}_2$ の $\boldsymbol{u}_1$ 方向への正射影 $(\boldsymbol{w}_2, \boldsymbol{u}_1)\boldsymbol{u}_1$ を引いたものである．内積空間 $V$ における正射影とは何かについて説明していないので，ここで正射影といっても $\mathbb{R}^3$ の場合の類推でしかない．

ベクトル $\tilde{\boldsymbol{w}}_2$ の長さを 1 に正規化して，$\boldsymbol{u}_2 = \frac{1}{||\tilde{\boldsymbol{w}}_2||}\tilde{\boldsymbol{w}}_2$ とおく．これで，長

さが1で互いに直交するベクトル $\boldsymbol{u}_1, \boldsymbol{u}_2$ が得られる．次に，

$$\boldsymbol{w}_3 - b_{13}\boldsymbol{u}_1 - b_{23}\boldsymbol{u}_2$$

の形で，$\boldsymbol{u}_1, \boldsymbol{u}_2$ に直交するベクトルを求める．容易な計算により

$$b_{13} = (\boldsymbol{w}_3, \boldsymbol{u}_1), \quad b_{23} = (\boldsymbol{w}_3, \boldsymbol{u}_2)$$

であることがわかるので

$$\tilde{\boldsymbol{w}}_3 = \boldsymbol{w}_3 - (\boldsymbol{w}_3, \boldsymbol{u}_1)\boldsymbol{u}_1 - (\boldsymbol{w}_3, \boldsymbol{u}_2)\boldsymbol{u}_2$$

とおく．最後に $\tilde{\boldsymbol{w}}_3$ の大きさを正規化して，$\boldsymbol{u}_3 = \frac{1}{||\tilde{\boldsymbol{w}}_3||}\tilde{\boldsymbol{w}}_3$ とおく．以上の手続きを繰り返す．$k$ ステップまでで，正規直交系 $\boldsymbol{u}_1, \ldots, \boldsymbol{u}_k$ が計算されているとする．そのとき，

$$\tilde{\boldsymbol{w}}_{k+1} = \boldsymbol{w}_{k+1} - (\boldsymbol{w}_{k+1}, \boldsymbol{u}_1)\boldsymbol{u}_1 - \cdots - (\boldsymbol{w}_{k+1}, \boldsymbol{u}_k)\boldsymbol{u}_k \qquad (7.7)$$

とおくと，$\tilde{\boldsymbol{w}}_{k+1}$ は零ベクトルとなるか，または正規直交系 $\boldsymbol{u}_1, \ldots, \boldsymbol{u}_k$ のすべてのベクトルと直交する．

$\tilde{\boldsymbol{w}}_{k+1} \neq \mathbf{0}$ ならば，$\tilde{\boldsymbol{w}}_{k+1}$ の大きさを正規化して $\boldsymbol{u}_{k+1} = \frac{1}{||\tilde{\boldsymbol{w}}_{k+1}||}\tilde{\boldsymbol{w}}_{k+1}$ とおけば，正規直交系 $\{\boldsymbol{u}_1, \cdots, \boldsymbol{u}_k, \boldsymbol{u}_{k+1}\}$ が得られる．

一方，$\tilde{\boldsymbol{w}}_{k+1} = \mathbf{0}$ ならば，$\boldsymbol{w}_{k+1}$ は $\boldsymbol{u}_1, \ldots, \boldsymbol{u}_k$ の1次結合として表されることになり，そのときは，$\boldsymbol{w}_{k+1}$ を $B$ から取り除き，$\boldsymbol{w}_{k+j} (j \geqq 2)$ について番号を1づつ小さくして，$\boldsymbol{w}_{k+j}$ を $\boldsymbol{w}_{k+j-1}$ とおきなおして計算を続け，$W$ の生成系 $B$ に含まれるすべてのベクトルについての操作が終了するまで計算を続ける．最終的に残った $B$ のベクトルが $W$ の基底であり，この手続きで得られた $\{\boldsymbol{u}_1, \ldots, \boldsymbol{u}_{m'}\}$ $(m' \leqq m)$ が部分空間 $W$ の正規直交基底であって，$\dim(W) = m'$ である．

▲**問 3.** 上記の説明において，$\tilde{\boldsymbol{w}}_{k+1} = \mathbf{0}$ ならば，$\boldsymbol{w}_{k+1}$ が $\boldsymbol{u}_1, \ldots, \boldsymbol{u}_k$ の1次結合として表されるとあるが，このことを示せ．

まず数ベクトル空間における例題を取り上げる．

---

**例題 1.** 数ベクトル空間の部分空間 $V$ がそれぞれ次の (1),(2) で与えられるベクトルで生成されるとき，ベクトル空間 $V$ の正規直交基底をシュミットの方法で求め，$V$ の次元を決定せよ．

(1)

$$\boldsymbol{v}_1 = \begin{pmatrix} 1 \\ 1 \\ 0 \end{pmatrix}, \quad \boldsymbol{v}_2 = \begin{pmatrix} 1 \\ 0 \\ 1 \end{pmatrix}, \quad \boldsymbol{v}_2 = \begin{pmatrix} 1 \\ 2 \\ -1 \end{pmatrix}$$

(2)

$$\boldsymbol{v}_1 = \begin{pmatrix} 1 \\ -1 \\ 0 \\ 0 \end{pmatrix}, \quad \boldsymbol{v}_2 = \begin{pmatrix} 0 \\ 1 \\ 1 \\ -1 \end{pmatrix}, \quad \boldsymbol{v}_3 = \begin{pmatrix} 2 \\ -3 \\ -1 \\ 1 \end{pmatrix}, \quad \boldsymbol{v}_4 = \begin{pmatrix} 0 \\ 1 \\ 0 \\ 1 \end{pmatrix}$$

---

［解答］ (1) $\boldsymbol{v}_1$ を正規化して，$\boldsymbol{u}_1 = {}^t(1/\sqrt{2}, 1/\sqrt{2}, 0)$ を得る．次に $\tilde{\boldsymbol{v}} = \boldsymbol{v}_2 - (\boldsymbol{v}_2, \boldsymbol{u}_1)\boldsymbol{u}_1$ を計算すると，$\tilde{\boldsymbol{v}}_2 = {}^t(1/2, -1/2, 1)$ が得られる．よってこれを正規化して，$\boldsymbol{u}_2 = \frac{1}{||\tilde{\boldsymbol{v}}_2||}\tilde{\boldsymbol{v}}_2 = {}^t(1/\sqrt{6}, -1/\sqrt{6}, 2/\sqrt{6})$ が得られる．次に

$$\begin{aligned}\tilde{\boldsymbol{v}}_3 &= \boldsymbol{v}_3 - (\boldsymbol{v}_3, \boldsymbol{u}_1)\boldsymbol{u}_1 - (\boldsymbol{v}_3, \boldsymbol{u}_2)\boldsymbol{u}_2 \\ &= {}^t(1, 2, -1) - {}^t(3/2, 3/2, 0) - {}^t(-1/2, 1/2, -1) = {}^t(0, 0, 0)\end{aligned}$$

を得る．これにより，$\boldsymbol{v}_1, \boldsymbol{v}_2, \boldsymbol{v}_3$ は 1 次従属であり，$\dim V = 2$ であることがわかる．また，$V$ の正規直交基底は $\boldsymbol{u}_1, \boldsymbol{u}_2$ であることもわかる．

(2) まず

$$\boldsymbol{u}_1 = \frac{1}{||\boldsymbol{v}_1||}\boldsymbol{v}_1 = \frac{1}{\sqrt{2}}\begin{pmatrix} 1 \\ -1 \\ 0 \\ 0 \end{pmatrix}$$

とおく．次に，

$$\begin{aligned}\tilde{\boldsymbol{v}}_2 &= \boldsymbol{v}_2 - (\boldsymbol{v}_2, \boldsymbol{u}_1)\boldsymbol{u}_1 \\ &= {}^t(0, 1, 1, -1) + \frac{1}{2}{}^t(1, -1, 0, 0) = {}^t(1/2, 1/2, 1, -1)\end{aligned}$$

として，

$$\boldsymbol{u}_2 = \frac{1}{||\tilde{\boldsymbol{v}}_2||}\tilde{\boldsymbol{v}}_2 = \frac{1}{\sqrt{10}}\begin{pmatrix} 1 \\ 1 \\ 2 \\ -2 \end{pmatrix}$$

とおく．次に，

$$\begin{aligned}\tilde{\boldsymbol{v}}_3 &= \boldsymbol{v}_3 - (\boldsymbol{v}_3, \boldsymbol{u}_1)\boldsymbol{u}_1 - (\boldsymbol{v}_3, \boldsymbol{u}_2)\boldsymbol{u}_2 \\ &= \begin{pmatrix} 2 \\ -3 \\ -1 \\ 1 \end{pmatrix} - \frac{5}{\sqrt{2}^2}\begin{pmatrix} 1 \\ -1 \\ 0 \\ 0 \end{pmatrix} - \frac{-5}{\sqrt{10}^2}\begin{pmatrix} 1 \\ 1 \\ 2 \\ -2 \end{pmatrix} = \begin{pmatrix} 0 \\ 0 \\ 0 \\ 0 \end{pmatrix}\end{aligned}$$

となるので，$\boldsymbol{v}_3$ は $\boldsymbol{v}_1, \boldsymbol{v}_2$ の 1 次結合であり，$\boldsymbol{v}_3$ を $V$ の生成系から取り除き，$\boldsymbol{v}_4$ を改めて $\boldsymbol{v}_3$ とおく．

計算を続けて

$$\tilde{\boldsymbol{v}}_3 = \boldsymbol{v}_3 - (\boldsymbol{v}_3, \boldsymbol{u}_1)\boldsymbol{u}_1 - (\boldsymbol{v}_3, \boldsymbol{u}_2)\boldsymbol{u}_2$$
$$= \begin{pmatrix} 0 \\ 1 \\ 0 \\ 1 \end{pmatrix} - \frac{-1}{\sqrt{2}^2}\begin{pmatrix} 1 \\ -1 \\ 0 \\ 0 \end{pmatrix} - \frac{-1}{\sqrt{10}^2}\begin{pmatrix} 1 \\ 1 \\ 2 \\ -2 \end{pmatrix} = \begin{pmatrix} 3/5 \\ 3/5 \\ 1/5 \\ 4/5 \end{pmatrix}$$

であるから,

$$\boldsymbol{u}_3 = \frac{1}{||\tilde{\boldsymbol{v}}_4||}\tilde{\boldsymbol{v}}_4 = \frac{1}{\sqrt{35}}\begin{pmatrix} 3 \\ 3 \\ 1 \\ 4 \end{pmatrix}$$

とおく．これで計算が終了し，$\boldsymbol{u}_1, \boldsymbol{u}_2, \boldsymbol{u}_3$ が $V$ の正規直交基底であり，$\dim(V) = 3$ であることがわかる． ∎

●**練習 1.**　次のベクトルで生成される $\mathbb{R}^4$ の部分空間 $V$ の正規直交基底をシュミットの方法で求め，$\dim(V)$ を求めよ．

(1)

$$\boldsymbol{v}_1 = \begin{pmatrix} 1 \\ 0 \\ 1 \\ 0 \end{pmatrix}, \quad \boldsymbol{v}_2 = \begin{pmatrix} 1 \\ 0 \\ 0 \\ -1 \end{pmatrix}, \quad \boldsymbol{v}_3 = \begin{pmatrix} 0 \\ 1 \\ -1 \\ 2 \end{pmatrix}, \quad \boldsymbol{v}_4 = \begin{pmatrix} 2 \\ 1 \\ 0 \\ 1 \end{pmatrix}$$

(2)

$$\boldsymbol{v}_1 = \begin{pmatrix} 1 \\ 1 \\ 0 \\ 0 \end{pmatrix}, \quad \boldsymbol{v}_2 = \begin{pmatrix} 2 \\ 0 \\ -1 \\ 1 \end{pmatrix}, \quad \boldsymbol{v}_3 = \begin{pmatrix} 4 \\ 2 \\ -1 \\ 1 \end{pmatrix}, \quad \boldsymbol{v}_4 = \begin{pmatrix} 1 \\ 0 \\ 1 \\ 0 \end{pmatrix}$$

次に，数ベクトル空間でない場合の例題を取り上げる．

---

**例題 2.**　$\mathbb{R}[x]_2$ (実係数の 2 次以下の多項式全体) において，$f, g \in \mathbb{R}[x]_2$ に対してその内積を

$$(f, g) = \int_{-1}^{1} f(x)g(x)\,dx$$

で定義する．そのとき $\mathbb{R}[x]_2$ の基底 $\{1, x, x^2\}$ から出発してシュミットの直交化法を用いて，上記の内積の意味での $\mathbb{R}[x]_2$ の正規直交基底を求めよ．

---

［解答］　まず，$||1||^2 = \int_{-1}^{1} 1^2\,dx = 2$ であるから，

$$\underline{f_0 = 1/\sqrt{2}}$$

とおく．$g_1 = x - (x, f_0)f_0$ を計算すると：

$$g_1 = x - \frac{1}{2}\left(\int_{-1}^{1} x\,dx\right)1 = x - 0 = x$$

である．よって，$||g_1||^2 = \int_{-1}^{1} g_1^2\,dx = 2/3$ を得る．よって，

$$\underline{f_1 = \frac{g_1}{||g_1||} = \frac{\sqrt{6}}{2}x}$$

とおく．$g_2 = x^2 - (x^2, f_0)f_0 - (x^2, f_1)f_1$ を計算すると：

$$\begin{aligned} g_2 &= x^2 - \frac{1}{2}\left(\int_{-1}^{1} x^2\right)\cdot 1 - \frac{3}{2}\left(\int_{-1}^{1} x^2 \cdot x\,dx\right)x \\ &= x^2 - \frac{1}{3} - 0\cdot x = x^2 - \frac{1}{3} \\ ||g||^2 &= \int_{-1}^{1} g_2(x)^2\,dx = \int_{-1}^{1}\left(x^4 - \frac{2x^2}{3} + \frac{1}{9}\right)dx = \frac{8}{45} \end{aligned}$$

であるから，

$$\underline{f_2} = \frac{g_1}{||g_2||} = \frac{3\sqrt{10}}{4}g_2 = \underline{\frac{3\sqrt{10}}{4}(x^2 - 1/3)}$$

とおく．以上得られた $\{f_0, f_1, f_2\}$ が，与えられた内積に関する $\mathbb{R}[x]_2$ の正規直交基底である． ■

**注意 7.2.1.** 例題に現れる多項式を一般化することができる．

$$P_k(x) = \frac{1}{2^k k!}\frac{d^n}{dx^n}(x^2 - 1)^n \qquad (k = 0, 1, 2, \ldots, n)$$

で定義される $k$ 次の多項式を**ルジャンンドル (Legendre) の多項式**という．$P_k(x)(k = 0, 1, \ldots, n)$ は $\mathbb{R}[x]_n$ において，例題 2 で定義される内積に関して直交基底となる．また $||P_k(x)|| = \sqrt{2/(2k+1)}$ であるので，

$$E_k(x) = \sqrt{(2k+1)/2}P_k(x) \qquad (k = 0, 1, \ldots, n)$$

は $\mathbb{R}[x]_n$ の正規直交基底となる．

●**練習 2.** $\mathbb{R}[x]_2$ における内積を，$f, g \in \mathbb{R}[x]_2$ に対して

$$(f, g) = \int_0^1 f(x)g(x)\,dx$$

で定義するとき，この内積に関する $\mathbb{R}[x]_2$ の正規直交基底をシュミットの直交化法により求めよ．

**例題 3.**　対称行列 $G \in \mathrm{Mat}(3;\mathbb{R})$ を

$$G = \begin{pmatrix} 2 & 1 & 1 \\ 1 & 2 & 1 \\ 1 & 1 & 2 \end{pmatrix}$$

で定義する．次の問いに答えよ．

(1) 行列 $G$ が正定値行列であることを示せ．

(2) $\mathbb{R}^3$ における内積を $\boldsymbol{x}, \boldsymbol{y} \in \mathbb{R}^3$ に対して行列 $G$ を用いて

$$(\boldsymbol{x}, \boldsymbol{y})_G = {}^t\boldsymbol{x}G\boldsymbol{y}$$

で定義する．そのとき $\mathbb{R}^3$ の標準基底から出発して，上記内積に関する $\mathbb{R}^3$ の正規直交基底をシュミットの直交化法により求めよ．

[解答]

(1) ベクトル $\boldsymbol{x} = {}^t(x_1, x_2, x_3) \in \mathbb{R}^3$ に対して

$$\begin{aligned}(\boldsymbol{x}, \boldsymbol{x})_G = {}^t\boldsymbol{x}G\boldsymbol{x} &= 2x_1^2 + 2x_2^2 + 2x_3^2 + 2x_1x_2 + 2x_2x_3 + 2x_3x_1 \\ &= (x_1 + x_2)^2 + (x_2 + x_3)^2 + (x_3 + x_1)^2 \geqq 0\end{aligned}$$

である．さらに $(\boldsymbol{x}, \boldsymbol{x})_G = 0$ となるのは，$x_1 + x_2 = x_2 + x_3 = x_3 + x_1 = 0$ すなわち，$x_1 = x_2 = x_3 = 0$ のときそのときに限ることがわかる．よって $G$ は正定値である．

(2) $\boldsymbol{e}_1 = {}^t(1, 0, 0)$, $\boldsymbol{e}_2 = {}^t(0, 1, 0)$, $\boldsymbol{e}_3 = {}^t(0, 0, 1)$ とする．まず，$(\boldsymbol{e}_1, \boldsymbol{e}_1)_G = 2$ であるから，$\boldsymbol{u}_1 = (1/\sqrt{2})\boldsymbol{e}_1 = {}^t(1/\sqrt{2}, 0, 0)$ とおく．次に

$$\boldsymbol{v}_2 = \boldsymbol{e}_2 - (\boldsymbol{e}_2, \boldsymbol{u}_1)_G\boldsymbol{u}_1 = {}^t(0, 1, 0) - \frac{1}{2}{}^t(1, 0, 0) = {}^t(-1/2, 1, 0)$$

であり，$||\boldsymbol{v}_2||_G^2 = (\boldsymbol{v}_2, \boldsymbol{v}_2)_G = 3/2$ であるから，$\boldsymbol{u}_2 = \frac{\sqrt{6}}{3}\boldsymbol{v}_2 = (\sqrt{6}/6){}^t(-1, 2, 0)$ とおく．最後に

$$\begin{aligned}\boldsymbol{v}_3 &= \boldsymbol{e}_3 - (\boldsymbol{e}_3, \boldsymbol{u}_1)_G\boldsymbol{u}_1 - (\boldsymbol{e}_3, \boldsymbol{u}_2)_G\boldsymbol{u}_2 \\ &= {}^t(0, 0, 1) - \frac{1}{2}{}^t(1, 0, 0) - \frac{1}{6}{}^t(-1, 2, 0) = \frac{1}{3}(-1, -1, 3)\end{aligned}$$

と計算する．$||\boldsymbol{v}_3||_G^2 = (\boldsymbol{v}_3, \boldsymbol{v}_3)_G = \frac{4}{3}$ であるから，

$$\boldsymbol{u}_3 = (1/||\boldsymbol{v}_3||_G)\boldsymbol{v}_3 = \frac{\sqrt{3}}{6}{}^t(-1, -1, 3)$$

とおく．以上で求めた $\{\boldsymbol{u}_1, \boldsymbol{u}_2, \boldsymbol{u}_3\}$ が内積 $(\ ,\ )_G$ に関する，$\mathbb{R}^3$ の正規直交基底である．　■

●**練習 3.** 対称行列 $G \in \mathrm{Mat}(3;\mathbb{R})$ を

$$G = \begin{pmatrix} 4 & 0 & 0 \\ 0 & 1 & 1 \\ 0 & 1 & 5 \end{pmatrix}$$

で定義する．そのとき次の問いに答えよ．

(1) $G$ は正定値対称行列であることを示せ．

(2) $G$ を用いて $\mathbb{R}^3$ の内積を例題のように定義する．そのとき $\mathbb{R}^3$ の標準基底から出発して，この内積の意味での $\mathbb{R}^3$ の正規直交基底を求めよ，

## 7.3 対称行列と直交行列

第 2 章において，実 $n$ 次正方行列 $A \in \mathrm{Mat}(n;\mathbb{R})$ に対して，$A$ の**転置行列** ${}^tA = (b_{ij})$ を，$n$ 次正方行列であって

$$b_{ij} = a_{ji} \tag{7.8}$$

となるものとして定義した．実行列 $A \in \mathrm{Mat}(n;\mathbb{R})$ が ${}^tA = A$ を満たすとき，行列 $A$ は**対称行列**であると呼ばれる．転置行列が標準内積との関連で果たす重要な役割は次の命題で述べられる．

**命題 7.3.1.** 正方行列 $A \in \mathrm{Mat}(n;\mathbb{R})$ と任意の $\boldsymbol{x}, \boldsymbol{y} \in \mathbb{R}^n$ に対して

$$(\boldsymbol{x}, A\boldsymbol{y}) = {}^t\boldsymbol{x} \cdot A \cdot \boldsymbol{y} = ({}^tA\boldsymbol{x}, \boldsymbol{y}) \tag{7.9}$$

が成り立つ．したがって，$A$ が対称行列なら

$$(\boldsymbol{x}, A\boldsymbol{y}) = (A\boldsymbol{x}, \boldsymbol{y}) \tag{7.10}$$

が成り立つ．

**証明:** (7.9) を示す．${}^tA = (b_{ij})$ とおく．

$$\begin{aligned} 左辺 &= \sum_{i=1}^{n} x_i \left( \sum_{j=1}^{n} a_{ij} y_j \right) = \sum_{j=1}^{n} \left( \sum_{i=1}^{n} a_{ij} x_i \right) y_j \\ &= \sum_{j=1}^{n} \left( \sum_{i=1}^{n} b_{ji} x_i \right) y_j = 右辺 \end{aligned}$$

となる． □

**定義 7.3.1 (直交行列).** 行列 $A \in \mathrm{Mat}(n;\mathbb{R})$ が**直交行列**であるとは $A$ によって表される線形変換 $L_A : \mathbb{R}^n \to \mathbb{R}^n$ が標準内積を保存するとき，すなわち，任意の $\boldsymbol{x}, \boldsymbol{y} \in \mathbb{R}^n$ に対して

$$(L_A(\boldsymbol{x}), L_A(\boldsymbol{y}) = (A\boldsymbol{x}, A\boldsymbol{y}) = (\boldsymbol{x}, \boldsymbol{y}) \tag{7.11}$$

を満たすときをいう．$n$ 次の直交行列の全体を $\mathrm{O}(n;\mathbb{R})$ で表す．

次の命題は明らかである．

**命題 7.3.2.** $A \in \mathrm{O}(n;\mathbb{R})$ について，線形変換 $L_A : \mathbb{R}^n \to \mathbb{R}^n$ は $\mathbb{R}^n$ の正規直交系を正規直交系に写す．すなわち $\{\boldsymbol{u}, \ldots, \boldsymbol{u}_k\}$ が $(\boldsymbol{u}_i, \boldsymbol{u}_j) = \delta_{ij}$ を満たすならば $\boldsymbol{v}_i = A\boldsymbol{u}_i (i = 1, \ldots, k)$ とおけば，$\{\boldsymbol{v}_1, \ldots, \boldsymbol{v}_k\}$ は $(\boldsymbol{v}_i, \boldsymbol{v}_j) = \delta_{ij}$ を満たす．

行列 $A$ が直交行列であるための条件 $(A\boldsymbol{x}, A\boldsymbol{y}) = (\boldsymbol{x}, \boldsymbol{y})$ より，

$$({}^tAA\boldsymbol{x}, \boldsymbol{y}) = (\boldsymbol{x}, \boldsymbol{y})$$

が任意の $\boldsymbol{x}, \boldsymbol{y} \in \mathbb{R}^n$ について成り立つことがわかる．よって ${}^tAA = E_n$ が成り立つ．よって，$A$ は正則であり，${}^tA = A^{-1}$ である．次に，$A \in \mathrm{O}(n;\mathbb{R})$ ならば，${}^tA \in \mathrm{O}(n;\mathbb{R})$ であることを示そう．${}^tA = A^{-1}$ であり，$A$ は内積を保っている．よって $\boldsymbol{x}' = A\boldsymbol{x}$，$\boldsymbol{y}' = A\boldsymbol{x}$ とおいて，$(A\boldsymbol{x}, A\boldsymbol{y}) = (\boldsymbol{x}, \boldsymbol{y})$ を書き直すと

$$(\boldsymbol{x}', \boldsymbol{y}') = (A^{-1}\boldsymbol{x}', A^{-1}\boldsymbol{y}')$$

が成り立つ．ここで，$A^{-1} = {}^tA$ であることより，${}^tA = A^{-1} \in \mathrm{O}(n;\mathbb{R})$ であることが示された．行列 $A$ を列ベクトル表示で，$A = (\boldsymbol{a}_1, \ldots, \boldsymbol{a}_n)$ と表せば ${}^tAA = E_n$ であることは，${}^t\boldsymbol{a}_i\boldsymbol{a}_j = (\boldsymbol{a}_i, \boldsymbol{a}_j) = \delta_{ij}$ であることの言い換えである．以上をまとめて次の命題が成り立つことがわかる．

**命題 7.3.3.** $A \in \mathrm{Mat}(n;\mathbb{R})$ が直交行列であれば $A$ は正則行列であって，${}^tA$ も直交行列である．さらに次の性質が成り立つ．

(1) ${}^tAA = E_n (= A{}^tA)$

(2) $A$ の列ベクトルが $\mathbb{R}^n$ の正規直交基底となる．

(3) $A$ の行ベクトルが $(\mathbb{R}^n)^*$ の正規直交基底となる

逆に $A \in \mathrm{Mat}(n;\mathbb{R})$ が (1),(2),(3) のいずれかを満たすならば，$A$ は直交行列である．

▲問 4. 上記命題において，行列 $A \in \mathrm{Mat}(n;\mathbb{R})$ が (1),(2),(3) のどれか一つを満たせば直交行列になることを示せ.

▲問 5. $A \in \mathrm{O}(n;\mathbb{R})$ ならば，$\det(A) = \pm 1$ であることを示せ

●練習 4. 次の行列 $A, B$ が直交行列となるように $*$ 部分を定めよ.

$$A = \begin{pmatrix} 1/\sqrt{3} & 0 & * \\ 1/\sqrt{3} & 1/\sqrt{2} & * \\ -1/\sqrt{3} & 1/\sqrt{2} & * \end{pmatrix} \qquad B = \begin{pmatrix} \sin\theta\cos\varphi & \cos\theta\cos\varphi & * \\ \sin\theta\sin\varphi & \cos\theta\sin\varphi & * \\ \cos\theta & -\sin\theta & * \end{pmatrix}$$

## 7.4 直交変換と対称変換

$V$ を $\mathbb{R}$ 上のベクトル空間であるとして，$V$ 上に内積 $(\ ,\ )$ が定義されているものとする．線形変換 $T : V \to V$ が**直交変換**であるとは，任意の $\boldsymbol{u}, \boldsymbol{v} \in V$ に対して，

$$(T(\boldsymbol{u}), T(\boldsymbol{v})) = (\boldsymbol{u}, \boldsymbol{v}) \tag{7.12}$$

が成り立つときをいう．前部分節で説明したシュミットの直交化法を用いると，$V$ が有限次元であれば，正規直交基底 $\{\boldsymbol{u}_1, \ldots, \boldsymbol{u}_n\}$ を構成することができる．そのとき，$(\boldsymbol{u}_i, \boldsymbol{u}_j) = \delta_{ij}$ が成り立つ.

ベクトル $\boldsymbol{x}, \boldsymbol{y} \in V$ をこの正規直交基底で表し，

$$\boldsymbol{x} = x_1\boldsymbol{u}_1 + \cdots + x_n\boldsymbol{u}_n$$
$$\boldsymbol{y} = y_1\boldsymbol{u}_1 + \cdots + y_n\boldsymbol{u}_n$$

とおく．そのとき，

$$(\boldsymbol{x}, \boldsymbol{y}) = x_1y_1 + \cdots + x_ny_n$$

である．ここで，ベクトル $\boldsymbol{x}, \boldsymbol{y}$ を正規直交基底 $\{\boldsymbol{u}_1, \ldots, \boldsymbol{u}_n\}$ で表わしたときの成分 ${}^t(x_1, \ldots, x_n)$ および ${}^t(y_1, \ldots, y_n)$ と同一視すれば，$V$ での内積 $(\ ,\ )$ に対応する成分間の内積は $\mathbb{R}^n$ の標準内積となる．$T : V \to V$ を直交変換として，その表現行列を $A = (\boldsymbol{a}_1, \ldots, \boldsymbol{a}_n) = (a_{ij})$ とすると，

$$T(\boldsymbol{u}_j) = a_{1j}\boldsymbol{u}_1 + \cdots + a_{nj}\boldsymbol{u}_n, \quad (i = 1, \ldots, n)$$

である．ここで ${}^t(a_{1j}, \ldots, a_{nj}) = \boldsymbol{a}_j$ は，表現行列 $A$ の第 $j$ 列である．$T$ は直交変換なので $(T(\boldsymbol{u})_j, T(\boldsymbol{u}_k)) = \delta_{jk}$ が成り立つが，これを成分で考えると，標準内積に関して $(\boldsymbol{a}_j, \boldsymbol{a}_k) = \delta_{jk}$ が成り立つことがわかる．これは，$A$ の列べ

クトルが正規直交系であることを意味しており，$A$ が直交行列であることがわかる．逆に，正規直交基底に関する表現行列が直交行列となる線形変換が直交変換であることは明らかである．

よって，次の命題が証明された．

**命題 7.4.1.** $(V,(\ ,\ ))$ を有限次元の内積空間とする．線形変換 $T: V \to V$ が直交変換であるための必要十分条件は，$V$ の正規直交基底に関する $T$ の表現行列 $A$ が直交行列となることである．

次に，内積空間 $(V,(\ ,\ ))$ の線形変換 $T: V \to V$ に対して，その**随伴変換**(または**共役変換**) $T^*: V \to V$ を，任意の $\forall \boldsymbol{u}, \boldsymbol{v} \in V$ について

$$(T(\boldsymbol{u}), \boldsymbol{v}) = (\boldsymbol{u}, T^*(\boldsymbol{v})) \tag{7.13}$$

を満たすものとして定義する．線形変換 $T$ に対してその随伴変換は存在して一意的である．まず一意性を示そう．もし $T$ の随伴変換が 2 つあって，それを $T_1^*$, $T_2^*$ とすれば，任意の $\boldsymbol{u}, \boldsymbol{v} \in V$ に対して

$$(\boldsymbol{u}, T_1^*(\boldsymbol{v}) - T_2^*(\boldsymbol{v})) = 0$$

を満たす．すべてのベクトルと直交するベクトルは零ベクトルに限られるので $T_1^*(\boldsymbol{v}) = T_2^*(\boldsymbol{v})$ が任意の $\boldsymbol{v} \in V$ について成り立つ．よって，$T_1^* = T_2^*$ であることがわかった．

▲**問 6.** $V$ を実ベクトル空間とし，$V$ 上の内積を $(\ ,\ )$ とする．そのとき任意のベクトル $\boldsymbol{v} \in V$ に対して，$(\boldsymbol{u}, \boldsymbol{v}) = 0$ であるなら $\boldsymbol{u}$ は零ベクトルであることを示せ．

$V$ を有限次元と仮定して，随伴変換の存在を示す．$V$ には正規直交基底 $\{\boldsymbol{u}_1, \ldots, \boldsymbol{u}_n\}$ が存在するので，$T$ の随伴変換 $T^*$ を，この正規直交基底を用いて具体的に構成する．線形変換 $T$ の正規直交基底に関する行列表現を $A = (a_{ij})$ とおけば

$$T(\boldsymbol{u}_i) = \sum_{k=1}^{n} a_{ki} \boldsymbol{u}_k$$

である．そこで線形変換 $S: V \to V$ を，

$$S(\boldsymbol{u}_j) = \sum_{k=1}^{n} a_{jk} \boldsymbol{u}_k \tag{7.14}$$

で定義する．すなわち，$S$ は正規直交基底 $\{\boldsymbol{u}_1, \ldots, \boldsymbol{u}_n\}$ に関する表現行列が $A$ の転置行列 ${}^tA$ となるような線形変換である．そのとき，

$$(T(\boldsymbol{u}_i), \boldsymbol{u}_j) = (\sum_{k=1}^{n} a_{ki}\boldsymbol{u}_k, \boldsymbol{u}_j) = a_{ji}$$

であり，

$$(\boldsymbol{u}_i, S(\boldsymbol{u}_j)) = (\boldsymbol{u}_i, \sum_{k=1}^{n} a_{jk}\boldsymbol{u}_k) = a_{ji}$$

が成り立つ．これで，$(T(\boldsymbol{u}_i), \boldsymbol{u}_j) = (\boldsymbol{u}_i, S(\boldsymbol{u}_j))$ であることが示され，任意の $\boldsymbol{u}, \boldsymbol{v} \in V$ について $(T(\boldsymbol{u}), \boldsymbol{v}) = (\boldsymbol{u}, S(\boldsymbol{v}))$ であることがわかる．よって，$S$ は $T$ の随伴変換 $T^*$ に等しいことが示された．次に，内積空間 $(V, (\ ,\ ))$ の線形変換 $T : V \to V$ が**対称変換**であるとは，$T = T^*$ が成り立つときであると定義する．

●**練習 5.**　$T_1, T_2 : V \to V$ を内積空間の線形変換とし，$T_1, T_2$ の随伴変換をそれぞれ $S_1, S_2 : V \to V$ とする．そのとき，$T_1T_2$ の随伴変換は $S_2S_1$ となる．このことを示せ．

---

**例題 4.**　対称行列 $G \in \mathrm{Mat}(2; \mathbb{R})$ を

$$G = \begin{pmatrix} 2 & 1 \\ 1 & 2 \end{pmatrix}$$

で定義する．そのとき次の問いに答えよ，

(1) $G$ は正定値行列であること示せ．

(2) $\mathbb{R}^2$ における内積を，$\boldsymbol{x}, \boldsymbol{y} \in \mathbb{R}^2$ に対して $(\boldsymbol{x}, \boldsymbol{y})_G = {}^t\boldsymbol{x}G\boldsymbol{y}$ で定義する．そのとき $A \in \mathrm{Mat}(2; \mathbb{R})$ を

$$A = \begin{pmatrix} a & b \\ c & d \end{pmatrix}$$

とおくとき，$A$ によって定義される線形変換 $L_A : \mathbb{R}^2 \to \mathbb{R}^2$ の，内積 $(\ ,\ )_G$ に関する随伴変換を表す行列 $A^*$ を求めよ．

(3) $L_A$ が対称変換であるための条件は，$a - 2b + 2c - d = 0$ で与えられることを示せ．

(4) 標準基底 $\boldsymbol{e}_1 = {}^t(1, 0)$，$\boldsymbol{e}_2 = {}^t(0, 1)$ から出発して，$\mathbb{R}^2$ の内積 $(\ ,\ )_G$ に関する正規直交基底を求めよ．

(5) $A = \begin{pmatrix} 1 & 2 \\ 1 & -1 \end{pmatrix}$ により定義される線形写像 $L_A : \mathbb{R}^2 \to \mathbb{R}^2$ は対称変換を定義する．(4) で求めた正規直交基底に関する線形変換 $L_A$ の表現行列を求めよ．(対称行列となることを確かめよ．)

---

[解答]

(1) $(x,y)G^t(x,y) = 2x^2 + 2xy + 2y^2 = 2(x + y/2)^2 + 3y^2/2$ であるから $(x,y)G^t(x,y) \geqq 0$ であり，$(x,y)G^t(x,y) = 0$ となるのは，$x = y = 0$ であるときに限る．よって，$G$ は正定値行列である．

(2) $L_A$ の随伴変換を表す行列を $A^* \in \mathrm{Mat}(2;\mathbb{R})$ とおくと，

$$(A\boldsymbol{x}, \boldsymbol{y})_G = {}^t(A\boldsymbol{x})G\boldsymbol{y} = {}^t\boldsymbol{x}{}^tAG\boldsymbol{y} = {}^t\boldsymbol{x}GA^*\boldsymbol{y} = (\boldsymbol{x}, A^*\boldsymbol{y})_G$$

である．よって，${}^tAG = GA^*$ でなければならない．よって，$A^* = G^{-1}{}^tAG$ となる．実際に計算すると

$$A^* = \frac{1}{3}\begin{pmatrix} 4a - 2b + 2c - d & 2a - b + 4c - 2d \\ -2a + 4b - c + 2d & -a + 2b - 2c + 4d \end{pmatrix}$$

を得る．

(3) 条件 $A = B$ より，$a - 2b + 2c - d = 0$ を得る．

(4) まず，$(\boldsymbol{e}_1, \boldsymbol{e}_1)_G = 2$ なので，$\boldsymbol{u}_1 = {}^t(1,0)/\sqrt{2}$ とおく，次に，$\boldsymbol{v}_2 = \boldsymbol{e}_2 - (\boldsymbol{e}_2, \boldsymbol{u}_1)\boldsymbol{u}_1$ とおいて，$\boldsymbol{v}_2$ を具体的に求めると，$\boldsymbol{v}_= {}^t(-1/2, 1)$ を得る．$(\boldsymbol{v}_2, \boldsymbol{v}_2)_G = 3/2$ であるから，$\boldsymbol{u}_2 = \dfrac{\boldsymbol{v}_2}{\sqrt{3/2}} = {}^t(-1/\sqrt{6}, 2/\sqrt{6})$ を得る．$\{\boldsymbol{u}_1, \boldsymbol{u}_2\}$ が内積 $(\ ,\ )_G$ に関する $\mathbb{R}^2$ の正規直交基底である．

(5) 与えられた $A$ は，(4) で求めた条件を満たすので，$L_A : \mathbb{R}^2 \to \mathbb{R}^2$ は考えている内積に関する対称変換を定義する．次に $L_A(\boldsymbol{u}_1)$, $L_A(\boldsymbol{u}_2)$ を計算する．

$$L_A(\boldsymbol{u}_1) = A\boldsymbol{u}_1 = \begin{pmatrix} 1/\sqrt{2} \\ /1\sqrt{2} \end{pmatrix} = \frac{3}{2}\begin{pmatrix} 1/\sqrt{2} \\ 0 \end{pmatrix} + \frac{\sqrt{3}}{2}\begin{pmatrix} -1/\sqrt{6} \\ 2/\sqrt{6} \end{pmatrix} = \frac{3}{2}\boldsymbol{u}_1 + \frac{\sqrt{3}}{2}\boldsymbol{u}_2$$

$$L_A(\boldsymbol{u}_2) = A\boldsymbol{u}_2 = \begin{pmatrix} 3/\sqrt{6} \\ -3/\sqrt{6} \end{pmatrix} = \frac{\sqrt{3}}{2}\begin{pmatrix} 1/\sqrt{2} \\ 0 \end{pmatrix} - \frac{3}{2}\begin{pmatrix} -1/\sqrt{6} \\ 2/\sqrt{6} \end{pmatrix} = \frac{\sqrt{3}}{2}\boldsymbol{u}_1 - \frac{3}{2}\boldsymbol{u}_2$$

である．よって，線形変換 $L_A : \mathbb{R}^2 \to \mathbb{R}^2$ の正規直交基底 $\boldsymbol{u}_1, \boldsymbol{u}_2$ に関する表現行列は

$$\begin{pmatrix} \frac{3}{2} & \frac{\sqrt{3}}{2} \\ \frac{\sqrt{3}}{2} & -\frac{3}{2} \end{pmatrix}$$

となり，対称行列であることが確かめられた． ∎

**●練習 6.** 対称行列 $G \in \mathrm{Mat}(2;\mathbb{R})$ を

$$G = \begin{pmatrix} 1 & 1 \\ 1 & 5 \end{pmatrix}$$

で定義する．そのとき次の問いに答えよ，

(1) $G$ は正定値行列であること示せ．

(2) $\mathbb{R}^2$ における内積を，$\boldsymbol{x}, \boldsymbol{y} \in \mathbb{R}^2$ に対して $(\boldsymbol{x}, \boldsymbol{y})_G = {}^t\boldsymbol{x} G \boldsymbol{y}$ で定義する．そのとき $A \in \mathrm{Mat}(2;\mathbb{R})$ を $A = \begin{pmatrix} a & b \\ c & d \end{pmatrix}$ とおくとき，$A$ によって定義される線形変換 $L_A : \mathbb{R}^2 \to \mathbb{R}^2$ の，内積 $(\ ,\ )_G$ に関する随伴変換を表す行列を $A^*$ とおくと，

$$A^* = \frac{1}{4} \begin{pmatrix} 5a - b + 5c - d & 5a - b + 25c - 5d \\ -a + b - c + d & -a + b - 5c + 5d \end{pmatrix}$$

となることを示せ．

(3) $L_A$ が対称変換であるための条件は，$a - b + 5c - d = 0$ で与えられることを示せ．

(4) 標準基底 $\boldsymbol{e}_1 = {}^t(1, 0)$, $\boldsymbol{e}_2 = {}^t(0, 1)$ から出発して，$\mathbb{R}^2$ の内積 $(\ ,\ )_G$ に関する正規直交基底を求めよ．

(5) $A = \begin{pmatrix} 2 & 1 \\ 0 & 1 \end{pmatrix}$ により定義される線形写像 $L_A : \mathbb{R}^2 \to \mathbb{R}^2$ は対称変換を定義する．(4) で求めた正規直交基底に関する線形変換 $L_A$ の表現行列を求めよ．(対称行列となる)

## 7.5 対称変換の固有値問題

本節では，内積空間 $(V, (\ ,\ ))$ における対称変換 $T$ に対して，$V$ の内積 $(\ ,\ )$ に関する適当な正規直交基底を選べば，$T$ の表現行列が対角型となることを示す．その特別な場合として，$V = \mathbb{R}^n$ で，内積として標準内積を選べば，対称行列が直交行列で対角化できることが従う．

ベクトル空間 $V$ の線形変換を $T : V \to V$ とする．$V$ の部分空間 $W \subset V$ が **$T$ 不変**であるとは，$T(W) \subset W$ が成り立つときをいう．部分空間 $W \subset V$ が $T$ 不変であれば，$\boldsymbol{w} \in W$ に対して $T(\boldsymbol{w}) \in W$ であるから $T$ は $W$ の線形変換を引き起こす．この線形変換を $T_W$ で表し，$T_W : W \to W$ を $T$ の部分空間 $W$ への**制限**という．

次に有限次元のベクトル空間 $V$ に内積 $(\ ,\ )$ が与えられているとする．その

とき，部分空間 $W \subset V$ に対して，**直交補空間** $W^{\perp}$ を

$$W^{\perp} = \{\boldsymbol{v} \in V \mid \text{全ての } \boldsymbol{w} \in W \text{ に対して } (\boldsymbol{v}, \boldsymbol{w}) = 0\}$$

で定義する．$W^{\perp} \subset V$ は部分空間である．さらに次に命題が成り立つ．

**命題 7.5.1.** $V$ を有限次元の内積空間，$W$ を $V$ の部分空間とする．そのとき $V$ は $W$ と $W^{\perp}$ の直和である．すなわち

$$V = W \oplus W^{\perp}$$

が成り立つ．とくに $\dim(V) = n$, $\dim W = k$ なら, $\dim(W^{\perp}) = n-k$ となる．

**証明**: まず，$W \cap W^{\perp} = \{\boldsymbol{0}\}$ であることを示す．$\boldsymbol{w} \in W \cap W^{\perp}$ とすれば，$(\boldsymbol{w}, \boldsymbol{w}) = 0$ が成立ち，内積の性質から $\boldsymbol{w} = \boldsymbol{0}$ を得る．これより $\dim(W^{\perp}) \leqq n - k$ であることがわかる．$W$ の基底を $\{\boldsymbol{v}_1, \cdots, \boldsymbol{v}_k\}$ とし，それを含む $V$ の基底を $\{\boldsymbol{v}_1, , \ldots, \boldsymbol{v}_k, \boldsymbol{v}_{k+1}, \cdots, \boldsymbol{v}_n\}$ とする．この基底からシュミットの直交化法を用いて，$V$ の正規直交基底を求めて，それを $\{\boldsymbol{u}_1, \ldots, \boldsymbol{u}_k, \boldsymbol{u}_{k+1}, \cdots, \boldsymbol{u}_n\}$ とおく．そのとき，$\boldsymbol{u}_1, \ldots, \boldsymbol{u}_k$ は 1 次独立であり，シュミット直交化法の手続きによると $\boldsymbol{v}_1, \cdots, \boldsymbol{v}_k$ の 1 次結合であるから，$\boldsymbol{u}_1, \cdots, \boldsymbol{u}_k \in W$ であり，これらは $W$ の正規直交基底となる．一方 $\boldsymbol{u}_{k+1}, \cdots, \boldsymbol{u}_n$ は 1 次独立であり，$W$ のすべての基底ベクトルと直交するので，$W^{\perp}$ に属している．一方で $\dim(W^{\perp}) \leqq n-k$ であることをあわせると，$\boldsymbol{u}_{k+1}, \cdots, \boldsymbol{u}_n$ は $W^{\perp}$ の正規直交基底であり，$\dim(W^{\perp}) = n - k$ となる．直和 $W \oplus W^{\perp}$ は $V$ の部分空間であるが，$\dim(W \oplus W^{\perp}) = \dim(V) = n$ であるから，結局 $W \oplus W^{\perp} = V$ であることがわかる． □

上記の直和分解 $V = W \oplus W^{\perp}$ において，$W$ の正規直交基底 $\boldsymbol{u}_1, \ldots, \boldsymbol{u}_k$ と $W^{\perp}$ の正規直交基底 $\boldsymbol{u}_{k+1}, \ldots, \boldsymbol{u}_n$ は，併せて $V$ の正規直交基底となり，$V$ から $W$ および $W^{\perp}$ への射影 $P_1 : V \to W$ および $P_2 : V \to W^{\perp}$ はそれぞれ

$$P_1(\boldsymbol{v}) = (\boldsymbol{v}, \boldsymbol{u}_1)\boldsymbol{u}_1 + \cdots + (\boldsymbol{v}, \boldsymbol{u}_k)\boldsymbol{u}_k$$
$$P_2(\boldsymbol{v}) = (\boldsymbol{v}, \boldsymbol{u}_{k+1})\boldsymbol{u}_{k+1} + \cdots + (\boldsymbol{v}, \boldsymbol{u}_n)\boldsymbol{u}_n$$

となる．これを見るには，任意の $\boldsymbol{v} \in V$ を基底で展開して $\boldsymbol{v} = x_1\boldsymbol{u}_1 + \cdots + x_k\boldsymbol{u}_k + y_1\boldsymbol{u}_{k+1} + \cdots + y_{n-k}\boldsymbol{u}_n$ とおき，この両辺と $\boldsymbol{u}_j (j = 1, \ldots, n)$ との内積をとればよい．

$P_1, P_2$ はお互いに直交する空間 $W, W^{\perp}$ への射影であり，**正射影**と呼ばれる．

**●練習 7.**　$\boldsymbol{v}_1 = {}^t(1,-2,0,1,2)$, $\boldsymbol{v}_2 = {}^t(1,2,2,3,0) \in \mathbb{R}^5$ として，$\boldsymbol{v}_1$ と $\boldsymbol{v}_2$ で生成される $\mathbb{R}^5$ の部分空間を $V$ とおく．次の問いに答えよ．

(1) $V^{\perp}$ の基底を一組求めよ．

(2) $V$ および $V^{\perp}$ の正規直交基底を求めよ．

(3) 一般の $\boldsymbol{v} \in \mathbb{R}^5$ に対する $V$ および $V^{\perp}$ への正射影 $P_V(\boldsymbol{v}), P_{V^{\perp}}(\boldsymbol{v})$ を求めよ．

**●練習 8.**　$(V, (\ ,\ ))$ を有限次元の内積空間とし，$W \subset V$ を部分空間とする．$\boldsymbol{v} \in V$ を任意に選び固定する．$||\boldsymbol{v} - \boldsymbol{w}||$ が最小となる $\boldsymbol{w} \in W$ を求める問題を考える．次の問いに答えよ．

(1) $W$ の内積 $(\ ,\ )$ に関する正規直交基底を $\{\boldsymbol{w}_1, \boldsymbol{w}_2, \cdots, \boldsymbol{w}_k\}$ として，求める $\boldsymbol{w} \in W$ を，$\boldsymbol{w} = x_1\boldsymbol{w}_1 + \cdots + x_k\boldsymbol{w}_k$ と表す．そのとき，$||\boldsymbol{v} - \boldsymbol{w}||^2$ を計算して，$x_1, \cdots, x_k$ で表せ．

(2) (1) の結果から，$x_i = (\boldsymbol{v}, \boldsymbol{w}_i)$ $(i = 1, \cdots, k)$ のとき，すなわち，$\boldsymbol{w}$ が $\boldsymbol{v}$ の $W$ への正射影であるとき $||\boldsymbol{v} - \boldsymbol{w}||$ が最小となることを示せ．

**●練習 9.**　$\mathbb{R}[x]_3$ (実係数の 3 次以下の多項式全体) において，$f, g \in \mathbb{R}[x]_3$ に対してその内積を

$$(f, g) = \int_{-1}^{1} f(x)g(x)\,dx$$

で定義する．そのとき，$f(x) = x^3 + x^2 + 1 \in \mathbb{R}[x]_3$ に対して，$||f - g||^2$ が最小となる多項式 $g \in \mathbb{R}[x]_2$ を求める問題を考える．ここで，$||f - g||^2 = (f - g, f - g)$ である．練習 8 の方法用いてこの問題の解を求めよ．ただし，例題 2 の結果を使ってよい．

**命題 7.5.2.**　$T : V \to V$ を内積空間 $V$ の対称変換とする．そのとき，$T$ 不変部分空間 $W \subset V$ があれば，$W$ の直交補空間 $W^{\perp}$ も $T$ 不変になる．$T$ の制限により $W, W^{\perp}$ 上に定義される線形変換 $T_1 : W \to W$ および $T_2 : W^{\perp} \to W^{\perp}$ も $W$ および $W^{\perp}$ において $V$ の内積から自然に定義される内積に関して対称変換となる．

**証明:**　$\boldsymbol{w}' \in W^{\perp}$ とする．そのとき，$T(\boldsymbol{w}') \in W^{\perp}$ を示せばよい．実際，任意の $\boldsymbol{w} \in W$ に対して，$T(\boldsymbol{w}) \in W$ であることより

$$(T(\boldsymbol{w}'), \boldsymbol{w}) = (\boldsymbol{w}', T(\boldsymbol{w})) = 0$$

が従う．よって，$T(\boldsymbol{w}') \in W^{\perp}$ であることがわかる．さらに，線形変換 $T$ の $W$ および $W^{\perp}$ への制限を $T_1, T_2$ とおくと，

$$T_1 : W \to W, \quad T_2 : W^{\perp} \to W^{\perp}$$

となり，分解 $\boldsymbol{v} = \boldsymbol{w} + \boldsymbol{w}' \in V(\boldsymbol{w} \in W,\ \boldsymbol{w}' \in W^{\perp})$ に対して

$$T(\boldsymbol{v}) = T(\boldsymbol{w} + \boldsymbol{w}') = T(\boldsymbol{w}) + T(\boldsymbol{w}') = T_1(\boldsymbol{w}) + T_2(\boldsymbol{w}')$$

である．よって，命題 7.5.1 のなかで与えた $V$ の正規直交基底に関する $T$ の表現行列 $A$ は，

$$A = \begin{pmatrix} A_1 & 0 \\ 0 & A_2 \end{pmatrix}$$

となる．ここで，対称行列 $A_1 \in \mathrm{Mat}(k;\mathbb{R})$ および対称行列 $A_2 \in \mathrm{Mat}(n-k;\mathbb{R})$ は，それぞれ，与えられた $V$ の正規直交基底に関する，線形変換 $T_1 : W \to W$ および $T_2 : W^{\perp} \to W^{\perp}$ の表現行列であり，さらに線形変換 $T$ の固有多項式は

$$g_T(t) = g_{A_1}(t)g_{A_2}(t)$$

で与えられる．$T_1$ の $W$ の正規直交基底に関する表現行列が $A_1$ であり，$T_2$ の $W^{\perp}$ の正規直交基底に関する表現行列が $A_2$ であって，これらは対称行列であるから，$T_1, T_2$ は対称変換である． □

以後，内積空間 $V$ の対称変換 $T : V \to V$ に対する対角化可能性について論じる．そのためには 2 つの重要な事実が必要である．まず最初に，次の事実が必要である．

● 対称変換の固有値は実数である．

この事実を示すには，内積を複素数体上のベクトル空間に拡張する必要があるので，本書では証明を省略するが，章末の補充問題 10 で対称行列の固有値が実数であることの証明を与える．もう一つの重要な事実は次の定理である．

**定理 7.5.1.** $T : V \to V$ を内積空間 $V$ の対称変換とする．そのとき，$T$ の異なる固有値に属する固有空間は直交する．

**証明:** $\lambda, \mu$ を $T$ の相異なる固有値として，それぞれの固有値に属する (零ベクトルでない) 固有ベクトル $\boldsymbol{u} \in V_\lambda(T)$, $\boldsymbol{v} \in V_\mu(T)$ をとる．そのとき $T$ の対称性から

$$\lambda(\boldsymbol{u}, \boldsymbol{v}) = (T(\boldsymbol{u}), \boldsymbol{v}) = (\boldsymbol{u}, T(\boldsymbol{v})) = \mu(\boldsymbol{u}, \boldsymbol{v})$$

を得る．$\lambda \neq \mu$ であるから，$(\boldsymbol{u}, \boldsymbol{v}) = 0$ である．これが示すべきことであった． □

以上で，次の定理を示す準備が整った．

**定理 7.5.2.** $V$ を内積空間とし，$T: V \to V$ を対称変換とする．そのとき，$T$ の固有ベクトルからなる $V$ の適当な正規直交基底であって，その正規直交基底に関する $T$ の表現行列が対角行列となるものが存在する．

**証明:** $V$ の次元に関する帰納法を用いて証明できる．$T$ の一つの固有値を $\lambda$ とし，$V_1 = V_\lambda(T)$ とおく．そのとき，$V_1$ は $T$ の不変部分空間であり，$V_2 = V_1^\perp$ とおけば，$V_2$ も $T$ の不変部分空間であって，$V = V_1 \oplus V_2$ である．そのとき，$V$ の基底として $V_1$ の基底と $V_2$ の基底をあわせたものをとると，その基底に関する $T$ の表現行列 $A$ は

$$A = \begin{pmatrix} A_1 & 0 \\ 0 & A_2 \end{pmatrix}$$

となる．ここで，$\dim(V_1) = k$ なら，

$$A_1 \in \mathrm{Mat}(k; \mathbb{R}), \quad A_2 \in \mathrm{Mat}(n-k; \mathbb{R})$$

であり，$T$ の固有多項式は $g_T(t) = g_{A_1}(t) g_{A_2}(t)$ である．$V_1$ の要素はすべて固有値 $\lambda$ の固有ベクトルからなるから $A_1$ は基底の取り方によらず，$A_1 = \lambda E_k$ となる．よって $V_1$ の基底を，シュミットの直交化法で正規直交基底に取り換えておく．一方，$T$ の $V_2$ への制限 $S = T|_{V_2}$ は $V_2$ における対称変換であり，$\lambda$ とは異なる $T$ の固有値を固有値としてもつ．帰納法の仮定により，$V_2$ の固有ベクトルからなる正規直交基底を選べば，$S$ を対角化することができるが，そのことは $A_2$ が対角行列となることを意味する．

固有値 $\lambda$ に属する固有ベクトルからなる $V_1$ の正規直交基底と，$\lambda$ とは異なる $T$ の固有値に属するベクトルからなる $V_2$ の正規直交基底をあわせると $V$ の正規直交基底となり，その正規直交基底に関する $T$ の表現行列は対角行列となる． □

章末の補充問題 11 で，対称行列が直交行列を用いて対角化可能であることの簡潔な証明（多くの教科書に採用されている）を与えているので，興味があればそれも参考にされるとよい．

## 7.6 対称行列の固有値問題

本節では前節の結果を受けて，対称行列の固有値問題について考え，対称行列を直交行列を用いて対角化する手続きについて例を用いて説明する．まず，最初に対称行列の (実) 固有値がすべて相異なる場合を考える：

---

**例題 5.**　次の対称行列 $A, B$ を直交行列で対角化せよ．

$$A = \begin{pmatrix} 5/2 & -1/2 \\ -1/2 & 5/2 \end{pmatrix}, \qquad B = \begin{pmatrix} 3 & -2 & 0 \\ -2 & 2 & -2 \\ 0 & -2 & 1 \end{pmatrix}$$

---

［**解答**］ まず，$A$ について考える．まず，$A$ の固有値を求める．固有多項式は

$$\det(tE - A) = \begin{vmatrix} t - 5/2 & 1/2 \\ 1/2 & t - 5/2 \end{vmatrix} = t^2 - 5t + 6 = (t-2)(t-3)$$

となるから，固有値は $\lambda = 2, 3$ である．固有値 $\lambda = 2$ に属する固有空間は，$V_2(A) = \mathrm{Ker}\ (2E - A) = \{c{}^t(1,1) | c \in \mathbb{R}\}$ であり，固有値 $\lambda = 3$ に属する固有空間は $V_3(A) = \{c{}^t(-1,1)\}$ である．一般論からも知られるとおり，$V_2(A) \perp V_3(A)$ である．そこで，各固有空間の基底を長さ 1 に規格化して $\boldsymbol{p}_1 = (1/\sqrt{2}, 1/\sqrt{2})$ および $\boldsymbol{p}_2 = (-1/\sqrt{2}, 1/\sqrt{2})$ とおき，行列 $P$ を

$$P = (\boldsymbol{p}_1, \boldsymbol{p}_2) = \begin{pmatrix} 1/\sqrt{2} & -1/\sqrt{2} \\ 1/\sqrt{2} & 1/\sqrt{2} \end{pmatrix}$$

とおけば，$P$ は直交行列となり，$A$ は直交行列 $P$ を用いて

$$P^{-1}AP = {}^tPAP = \begin{pmatrix} 2 & 0 \\ 0 & 3 \end{pmatrix}$$

と対角化される．

次に行列 $B$ について考える．まず固有多項式は

$$\det(tE - B) = \begin{vmatrix} t-3 & 2 & 0 \\ 2 & t-2 & 2 \\ 0 & 2 & t-1 \end{vmatrix} = (t+1)(t-2)(t-5)$$

となるので，固有値は $\lambda = -1, 2, 5$ である．各固有値に属する固有空間を求めると，

$$\begin{aligned} V_{-1}(B) &= \{c{}^t(1/2, 1, 1) | c \in \mathbb{R}\}, \\ V_2(B) &= \{c{}^t(-1, -1/2, 1) | c \in \mathbb{R}\}, \\ V_5(B) &= \{c{}^t(2, -2, 1) | c \in \mathbb{R}\} \end{aligned}$$

である．これらの固有空間は互いに直交していることは容易にわかる．そこで，各固

有空間において基底を長さ 1 に規格化 (正規化) して，

$$\boldsymbol{p}_1 = {}^t(1/3, 2/3, 2/3), \quad \boldsymbol{p}_2 = {}^t(2/3.1/3, -2/3), \quad \boldsymbol{p}_3 = {}^t(2/3, -2/3, 1/3)$$

とおき，行列 $P$ を

$$P = (\boldsymbol{p}_1, \boldsymbol{p}_2, \boldsymbol{p}_3) = \begin{pmatrix} 1/3 & 2/3 & 2/3 \\ 2/3 & 1/3 & -2/3 \\ 2/3 & -2/3 & 1/3 \end{pmatrix}$$

とおけば，$B$ は直交行列 $P$ を用いて

$$P^{-1}BP = {}^tPBP = \begin{pmatrix} -1 & 0 & 0 \\ 0 & 2 & 0 \\ 0 & 0 & 5 \end{pmatrix}$$

と対角化される． ∎

以上の例題で見られるように，実対称行列 $A$ の固有値に重根がなければ，相異なる固有値に属する固有空間は互いに直交し，しかもその次元はすべて 1 となる．そのときは，各固有空間の基底として長さを 1 に規格化（正規化）したものをとり，それらを並べて直交行列 $P$ をつくれば，$A$ は行列 $P$ により対角化される．

**●練習 10.** 次の対称行列は固有値として重根をもたないことを示し，直交行列で対角化せよ．

(1) $\begin{pmatrix} 1 & 2 \\ 2 & 1 \end{pmatrix}$ (2) $\begin{pmatrix} 3 & -1 & 1 \\ -1 & 3 & 1 \\ 1 & 1 & 1 \end{pmatrix}$ (3) $\begin{pmatrix} 2 & -2 & 0 \\ -2 & 1 & -2 \\ 0 & -2 & 0 \end{pmatrix}$

(4) $\begin{pmatrix} 1 & 0 & 2 \\ 0 & 1 & 2 \\ 2 & 2 & -1 \end{pmatrix}$ (5) $\begin{pmatrix} 1 & 1 & 0 \\ 1 & 4 & 3 \\ 0 & 3 & 1 \end{pmatrix}$ (6) $\begin{pmatrix} 1 & 1 & 0 \\ 1 & 1 & 1 \\ 0 & 1 & 1 \end{pmatrix}$

次に固有値が重根を含む場合の対称行列の対角化の問題具体例で説明する．

---

**例題 6.** 次の実対称行列 $A, B$ を直交行列を用いて対角化せよ．

$$A = \begin{pmatrix} 2 & 0 & -1 \\ 0 & 1 & 0 \\ -1 & 0 & 2 \end{pmatrix}, \quad B = \begin{pmatrix} 3 & -4 & 2 \\ -4 & 3 & -2 \\ 2 & -2 & 0 \end{pmatrix}$$

---

[解答]

まず，$A$ について考える．まず，固有値多項式を求める．

$$\det(tE-B)=\begin{vmatrix} t-2 & 0 & 1 \\ 0 & t-1 & 0 \\ 1 & 0 & t-2 \end{vmatrix}=(t-1)^2(t-3)$$

これより，固有値は $1,3$ であり，$\lambda=1$ が重根である．一般論によれば単根 $\lambda=3$ に対しては $\dim V_3(A)=1$ であるが，2 重根 $\lambda=1$ に対しては $\dim V_1(A)=2$ となっているはずである．これを確かめる．実際に行列の行基本変形を用いて方程式

$$\begin{pmatrix} -1 & 0 & 1 \\ 0 & 0 & 0 \\ 1 & 0 & -1 \end{pmatrix}\begin{pmatrix} x_1 \\ x_2 \\ x_3 \end{pmatrix}=\begin{pmatrix} 0 \\ 0 \\ 0 \end{pmatrix}$$

を解き，$V_1(A)=\mathrm{Ker}\,(E-A)$ の基底を求めると

$$V_1(A)=\left\{ c_1\begin{pmatrix} 1 \\ 0 \\ 1 \end{pmatrix}+c_2\begin{pmatrix} 0 \\ 1 \\ 0 \end{pmatrix} \middle|\, c_1,c_2\in\mathbb{R} \right\}$$

であることがわかる．ここでもとめた $V_{(}A)$ の基底は直交していることに注意する．そこで，長さを 1 に正規化して，

$$\boldsymbol{p}_1={}^t(1/\sqrt{2},0,1/\sqrt{2}),\quad \boldsymbol{p}_2={}^t(0,1,0)$$

とおく．さらに，固有値 $\lambda=3$ に属する固有空間の基底を求めて正規化すると

$$\boldsymbol{p}_3={}^t(-1/\sqrt{2},0,1/\sqrt{2})$$

が得られる．よって直交行列 $P$ を

$$P=(\boldsymbol{p}_1,\boldsymbol{p}_2,\boldsymbol{p}_3)=\begin{pmatrix} 1/\sqrt{2} & 0 & -1/\sqrt{2} \\ 0 & 1 & 0 \\ 1/\sqrt{2} & 0 & 1/\sqrt{2} \end{pmatrix}$$

とおくと

$$P^{-1}AP={}^tPAP=\begin{pmatrix} 1 & 0 & 0 \\ 0 & 1 & 0 \\ 0 & 0 & 3 \end{pmatrix}$$

と対角化される．

次に $B$ について考える．まず，固有値多項式を求める．

$$\det(tE-B)=\begin{vmatrix} t-3 & 4 & -2 \\ 4 & t-3 & 2 \\ -2 & 2 & t \end{vmatrix}=(t+1)^2(t-8)$$

これより，固有値は $-1,8$ であり，$\lambda=-1$ が重根である．一般論によれば単根 $\lambda=8$

に対しては $\dim V_8(B)=1$ であるが，2 重根 $\lambda=-1$ に対しては $\dim V_{-1}(B)=2$ となっているはずである．これを確かめる．実際に行列の行基本変形を用いて方程式

$$\begin{pmatrix} -4 & 0 & 1 \\ 4 & -4 & 2 \\ 1 & -1 & -1 \end{pmatrix}\begin{pmatrix} x_1 \\ x_2 \\ x_3 \end{pmatrix}=\begin{pmatrix} 0 \\ 0 \\ 0 \end{pmatrix}$$

を解いて，$V_{-1}(B)=\mathrm{Ker}\,(-E-A)$ の基底を求めると

$$V_{-1}(B)=\left\{ c_1\begin{pmatrix} 1 \\ 1 \\ 0 \end{pmatrix}+c_2\begin{pmatrix} -1/2 \\ 0 \\ 1 \end{pmatrix} \middle|\, c_1, c_2 \in \mathbb{R} \right\}$$

であることがわかる．$A$ の計算とは異なり，ここで求めた $V_{-1}(B)$ の固有空間の 2 つの基底は直交していない．そこで，$V_{-1}(B)$ の正規直交基底を求めるために，シュミットの直交化法を用いる．

$$\boldsymbol{q}_1={}^t(1,1,0), \quad \boldsymbol{q}_2={}^t(-1/2,0,1)$$

とおく．$\boldsymbol{q}_1$ を正規化して，$\boldsymbol{p}_1={}^t(1/\sqrt{2},1/\sqrt{2},0)$ とし．次に

$$\tilde{\boldsymbol{q}}_2=\boldsymbol{q}_2-(\boldsymbol{q}_2,\boldsymbol{p}_1)\boldsymbol{p}_1=\begin{pmatrix} -1/4 \\ 1/4 \\ 1 \end{pmatrix}$$

とおき，$\tilde{\boldsymbol{q}}_2 \in V_{-1}(B)$ を正規化して，

$$\boldsymbol{p}_2=\frac{1}{||\tilde{\boldsymbol{q}}_2||}\tilde{\boldsymbol{q}}_2={}^t(-1/(3\sqrt{2}),1/(3\sqrt{2}),4/(3\sqrt{2}))$$

とおく．これで，$V_{-1}(B)$ の正規直交基底 $\boldsymbol{p}_1,\boldsymbol{p}_2$ が求められた．

最後に，$V_8(B)$ の長さ 1 の基底を求めると $\boldsymbol{p}_3={}^t(2/3,-2/3,1/3)$ が得られる．よって，直交行列 $P$ を

$$P=(\boldsymbol{p}_1,\boldsymbol{p}_2,\boldsymbol{p}_3)=\begin{pmatrix} 1/\sqrt{2} & -1/(3\sqrt{2}) & 2/3 \\ 1/\sqrt{2} & 1/(3\sqrt{2}) & -2/3 \\ 0 & 4/(3\sqrt{2}) & 1/3 \end{pmatrix}$$

で定義すると

$$P^{-1}AP={}^tPAP=\begin{pmatrix} -1 & 0 & 0 \\ 0 & -1 & 0 \\ 0 & 0 & 8 \end{pmatrix}$$

と対角化される．∎

**●練習 11.** 次の実対称行列の固有値は重根を含むことを示せ．また例題の手法をまねて，直交行列を用いて対角化せよ．

(1) $\begin{pmatrix} 0 & 0 & 1 \\ 0 & 1 & 0 \\ 1 & 0 & 0 \end{pmatrix}$　(2) $\begin{pmatrix} 4 & 1 & 1 \\ 1 & 4 & 1 \\ 1 & 1 & 4 \end{pmatrix}$　(3) $\begin{pmatrix} 2 & 2 & -2 \\ 2 & 5 & -4 \\ -2 & -4 & 5 \end{pmatrix}$

(4) $\begin{pmatrix} 1 & 2 & -1 \\ 2 & -2 & 2 \\ -1 & 2 & 1 \end{pmatrix}$　(5) $\begin{pmatrix} 2 & 1 & 1 \\ 1 & 2 & 1 \\ -1 & 1 & 2 \end{pmatrix}$　(6) $\begin{pmatrix} a & 1 & 1 \\ 1 & a & 1 \\ 1 & 1 & a \end{pmatrix}$

## 第 7 章 補充問題

**問題 1.** 次の実対称行列を直交行列を用いて対角化せよ.

(1) $\begin{pmatrix} 2 & 1 & \sqrt{2} \\ 1 & 2 & -\sqrt{2} \\ \sqrt{2} & -\sqrt{2} & 1 \end{pmatrix}$　(2) $\begin{pmatrix} -1 & -1 & a \\ -1 & a & -1 \\ a & -1 & -1 \end{pmatrix}$

(3) $\begin{pmatrix} 2 & 0 & 0 & -1 \\ 0 & 2 & -1 & 0 \\ 0 & -1 & 2 & 0 \\ -1 & 0 & 0 & 2 \end{pmatrix}$　(4) $\begin{pmatrix} 1 & 2 & 2 & 0 \\ 2 & -1 & 0 & 2 \\ 2 & 0 & -1 & -2 \\ 0 & 2 & -2 & 1 \end{pmatrix}$

(5) $\begin{pmatrix} 2 & -2 & -1 & 1 \\ -2 & 2 & -1 & 1 \\ -1 & -1 & 2 & 2 \\ 1 & 1 & 2 & 2 \end{pmatrix}$　(6) $\begin{pmatrix} 10 & -1 & 0 & -1 \\ -1 & 7 & 3 & 4 \\ 0 & 3 & 6 & -3 \\ -1 & 4 & -3 & 7 \end{pmatrix}$

**問題 2 (グラム・シュミット分解).** 任意の正則行列 $A \in \mathrm{Mat}(n;\mathbb{R})$ は，直交行列 $U$ と対角成分がすべて正である上三角行列 $T$ を用いて $A = UT$ と表すことができることを示せ．これを $A$ の**グラム・シュミット分解**と呼ぶ．さらに次の行列に対して，そのグラム・シュミット分解を求めよ．

(1) $A = \begin{pmatrix} 1 & 1 & 1 & 0 \\ 1 & 1 & -1 & -2 \\ 1 & -3 & 1 & 2 \\ 1 & -3 & -1 & 4 \end{pmatrix}$　(2) $A = \begin{pmatrix} 2 & 0 & 3 & 0 \\ 0 & 1 & 0 & 0 \\ 2 & 1 & 0 & 1 \\ 1 & 1 & 0 & 1 \end{pmatrix}$

**問題 3.** $V = \mathrm{Mat}(n;\mathbb{R})$ とする．$A, B \in V$ に対して，$(A, B) = \mathrm{tr}({}^tAB)$ とおく．

(1) $(A, B)$ は $V$ における内積となることを示せ．

(2) $W = \{A \in V | {}^tA = A\}$ とおく．そのとき $W$ は $V$ の部分空間になるが，$W^\perp$ の基底と次元を求めよ．

**問題 4.**

$$P_k(x) = \frac{1}{2^k k!}\frac{d^n}{dx^n}(x^2-1)^n (k = 0, 1, 2, \ldots, n)$$

で定義される $k$ 次の多項式を**ルジャンンドル** (Legendre) **の多項式**という．$P_k(x)(k =$

$0, 1, \ldots, n)$ は $\mathbb{R}[x]_n$ において，例題 2 で定義される内積 $\int_{-1}^{1} f(x)g(x)\,dx$ に関して直交基底となる．また $||P_k(x)|| = \sqrt{2/(2k+1)}$ であるので，

$$E_k(x) = \sqrt{(2k+1)/2}P_k(x) \qquad (k = 0, 1, \ldots, n)$$

は $\mathbb{R}[x]_n$ の正規直交基底となる．以上を示せ．

**問題 5** (ラゲール (Laguerre) の多項式)**.** $\mathbb{R}[x]_2$ における内積を $f, g \in \mathbb{R}[x]_2$ に対して

$$(f, g) = \int_0^\infty f(x)g(x)e^{-x}\,dx$$

で定義する．そのとき，$\mathbb{R}[x]_2$ において，上記の内積の意味での正規直交基底を求めよ．

**問題 6.** 標準内積をもつ内積空間 $\mathbb{R}^n$ の部分空間 $V = \{{}^t(x_1, \ldots, x_n) \in \mathbb{R}^n | x_1 + \cdots + x_n = 0\}$ の正規直交基底を一つ求めよ．

**問題 7.** 次の問いに答えよ．

(1) $\boldsymbol{a} = {}^t(a_1, \ldots, a_n) \in \mathbb{R}^n$ で生成される 1 次元部分空間への正射影を表す行列 $P_{\boldsymbol{a}}$ を求めよ．但し $\mathbb{R}^n$ での内積は標準内積を考えているものとする．

(2) $\mathbb{R}^n$ に 2 つの 1 次独立なベクトル $\boldsymbol{a} = {}^t(a_1, a_2, \cdots, a_n), \boldsymbol{b} = (b_1, b_2, \cdots, b_n) \in \mathbb{R}^n$ を与える．$V = \langle \boldsymbol{a}, \boldsymbol{b} \rangle$($\boldsymbol{a}, \boldsymbol{b}$ で生成される部分空間) とするとき，$V$ への正射影を表す行列 $P = P(\boldsymbol{a}, \boldsymbol{b})$ を求めよ．

(3) (2) で $\boldsymbol{a} = {}^t(a_1, a_2, 0, \cdots, 0)$, $\boldsymbol{b} = {}^t(b_1, b_2, 0, \cdots, 0)$ の場合を考える，そのとき，求める正射影は $x_1x_2$ 平面への正射影となる．このことを (2) の結果を用いて確かめよ．

**問題 8.** $(V, (\ ,\ ))$ を実内積空間とし，$W \subset V$ に対して，$W$ の直交補空間を $W^\perp$ とおく．そのとき次を示せ．

(1) $V = W \oplus W^\perp$（本文中に証明を与えた）

(2) $(W^\perp)^\perp = W$

(3) $W_1, W_2$ を $V$ の部分空間とするとき

$$(W_1 + W_2)^\perp = W_1^\perp \cap W_2^\perp, \quad (W_1 \cap W_2)^\perp = W_1^\perp + W_2^\perp$$

**問題 9.** $(V, (\ ,\ ))$ を実内積空間として $T : V \to V$ を線形変換とする．$T$ が直交変換であるための必要十分条件は任意の $\boldsymbol{v} \in V$ に対して $||T(\boldsymbol{v})|| = ||\boldsymbol{v}||$ が成り立つことである．これを示せ．ここで，ノルムは内積から $||\boldsymbol{v}|| = \sqrt{(\boldsymbol{v}, \boldsymbol{v})}$ で定義されるものとする．

**問題 10.** 数ベクトル空間 $\mathbb{C}^n$ において $\boldsymbol{u} = {}^t(u_1, \ldots, u_n), \boldsymbol{v} = {}^t(v_1, \ldots, v_n) \in \mathbb{C}^n$ に対して

$$(\boldsymbol{u}, \boldsymbol{v}) = \sum_{i=1}^{n} \overline{u}_i v_i$$

とおく．ここで，$\overline{u}_i$ は $u_i$ の複素共役である．そのとき次の問いに答えよ．

(1) ( , ) は次の (i),(ii),(iii).(iv) を満たすことを示せ．

(i) $(\boldsymbol{u},\boldsymbol{v})=\overline{(\boldsymbol{v},\boldsymbol{u})}$

(ii) $(\bar{c}\boldsymbol{u},\boldsymbol{v})=(\boldsymbol{u},c\boldsymbol{v})=c(\boldsymbol{u},\boldsymbol{v}) \quad c\in\mathbb{C}$

(iii) $(\boldsymbol{u}+\boldsymbol{v},\boldsymbol{w})=(\boldsymbol{u},\boldsymbol{w})+(\boldsymbol{v},\boldsymbol{w}), \quad (\boldsymbol{u},\boldsymbol{v}+\boldsymbol{w})=(\boldsymbol{u},\boldsymbol{v})+(\boldsymbol{u},\boldsymbol{w})$

(iv) $(\boldsymbol{u},\boldsymbol{u})\geqq 0 \quad (\boldsymbol{u},\boldsymbol{u})=0\Leftrightarrow \boldsymbol{u}=\boldsymbol{0}$

(2) $A=(a_{ij})\in \mathrm{Mat}(n;\mathbb{C})$ とするとき，任意の $\boldsymbol{u},\boldsymbol{v}\in\mathbb{C}^n$ に対して $(A\boldsymbol{u},\boldsymbol{v})=(\boldsymbol{u},{}^t\overline{A}\boldsymbol{v})$ が成り立つことを示せ．ここで ${}^t\overline{A}$ は $(i,j)$ 成分が $\overline{a}_{ji}$ であるような行列である．特に $A$ が実対称行列なら ${}^t\overline{A}=A$ であり，$(A\boldsymbol{u},\boldsymbol{v})=(\boldsymbol{u},A\boldsymbol{v})$ が成り立つ．

(3) 実対称行列 $A$ の固有値を $\lambda\in\mathbb{C}$ とし，固有値 $\lambda$ に属する固有ベクトルを $\boldsymbol{u}\in\mathbb{C}^n$ とする．そのとき (i) を用いて $\overline{\lambda}=\lambda$ であることを示せ．これより $\lambda$ は実数であることがわかる．

**問題 11.** 本問では，対称行列 $A$ が直交行列 $P$ で対角化されることを示す．帰納法で示す．$n=1$ のときは明らか．$n-1$ 次の対称行列 $B$ は直交行列 $Q$ により対角化できると仮定する．

(1) $n$ 次の対称行列 $A$ の固有値はすべて実数であるからそのうちの一つを $\lambda_1$ とし，固有値 $\lambda_1$ に属する大きさが 1 の実固有ベクトルを $\boldsymbol{u}_1$ とおく．そのとき $\boldsymbol{u}_1$ を含む $\mathbb{R}^n$ の正規直交基底 $\{\boldsymbol{u}_1,\boldsymbol{u}_2,\ldots,\boldsymbol{u}_n\}$ が存在することを示せ．

(2) 直交行列 $P'$ を $P'=(\boldsymbol{u}_1,\ldots,\boldsymbol{u}_n)$ で定義すると，${}^tP'AP'$ は対称行列であり，

$$
{}^tP'AP'=\begin{pmatrix}\lambda & {}^t\boldsymbol{0}_{n-1}\\ \boldsymbol{0}_{n-1} & B\end{pmatrix}
$$

となることを示せ．ここで $\boldsymbol{0}_{n-1}$ は $n-1$ 次元の列零ベクトルであり，$B$ は $n-1$ 次の実対称行列である．

(3) 仮定より，$n-1$ 次対称行列 $B$ は $n-1$ 次直交行列 $Q$ により対角化できる．そこで，$n$ 次の直交行列 $Q'$

$$
Q'=\begin{pmatrix}1 & {}^t\boldsymbol{0}_{n-1}\\ \boldsymbol{0}_{n-1} & Q\end{pmatrix}
$$

で定義し，さらに直交行列 $P$ を $P=P'Q'$ で定義すれば，${}^tPAP$ は対角行列となることを示せ．

# 8 スペクトル分解とジョルダン分解

## 8.1 一般化固有空間

$V$ を複素数体 $\mathbb{C}$ 上のベクトル空間として，線形変換 $L:V\to V$ を考える．そのときは線形写像 $L$ の固有値はすべて $\mathbb{C}$ の元である．すなわち，$L$ の固有多項式 $g_L(t)$ は，$\mathbb{C}$ において 1 次式の積に因数分解できて

$$g_L(t)=(t-\lambda_1)^{m_1}(t-\lambda_2)^{m_2}\cdots(t-\lambda_s)^{m_s} \tag{8.1}$$

となる．$L$ の固有多項式の根がすべて実数である場合は，係数体が $\mathbb{R}$ であるとしても全く同様な議論ができる．

第 6 章の結果によると，線形変換 $L:V\to V$ に対して，適当な $V$ の基底に関する表現行列が対角型になるための必要十分条件は，$V$ の基底として，$L$ の固有ベクトルからなるものが取れること，言い換えれば，ベクトル空間 $V$ が，線形変換 $L$ の固有空間 $V_{\lambda_i}(i=1,\ldots,s)$ の直和に分解して

$$V=V_{\lambda_1}\oplus V_{\lambda_2}\oplus\cdots\oplus V_{\lambda_s} \tag{8.2}$$

と表すことができることであり，そのときは必然的に固有空間の次元 $\dim\,(V_{\lambda_i})$ は，固有値 $\lambda_i$ の重複度 $m_i$ に等しくなるのであった．

一般の線形変換が対角化できない理由は，$\dim\,(V_{\lambda_i})<m_i$ となる $i$ が存在し，

$$V_{\lambda_1}\oplus V_{\lambda_2}\oplus\cdots\oplus V_{\lambda_s}\subsetneq V \tag{8.3}$$

が成り立つことである．

ここで，固有ベクトルの概念を拡張する．まず，$L:V\to V$ と $L$ の固有値 $\lambda$ に対して，線形写像 $L_\lambda:V\to V$ を $L_\lambda=L-\lambda\mathrm{I}_V$ で定義する．ここで，$\mathrm{I}_V:V\to V$ は恒等変換である．そのとき $L_\lambda$ の核 $\mathrm{Ker}\,(L_\lambda)$ は，固有値 $\lambda$ の

固有空間 $V_\lambda$ に等しいことに注目して，$k=1,2,\ldots,$ に対して

$$V_\lambda^{(k)} = \mathrm{Ker}\,(L_\lambda^k) = \{\boldsymbol{u} \in V | (L-\lambda \mathrm{I}_V)^k \boldsymbol{u} = \boldsymbol{0})\} \subset V \tag{8.4}$$

とおく．$V^{(k)}$ は $V$ の部分空間であり

$$V_\lambda = V_\lambda^{(1)} \subseteq \cdots \subseteq V_\lambda^{(k)} \subseteq \cdots \subseteq V \tag{8.5}$$

が成り立つ．そのとき，ある番号 $k$ が存在して，

$$V_\lambda^{(k-1)} \subsetneq V_\lambda^{(k)} = V_\lambda^{(k+1)} = V_\lambda^{(k+2)} = \cdots \tag{8.6}$$

が成り立つ．そのとき

$$\tilde{V}_\lambda = \{\boldsymbol{u} \in V |\ \text{ある非負整数}\ m\ \text{について}\ (L-\lambda \mathrm{I}_V)^m \boldsymbol{u} = \boldsymbol{0}\} \tag{8.7}$$

とおくと，

$$\tilde{V}_\lambda = V_\lambda^{(k)} = \{\boldsymbol{u} \in V | (L-\lambda \mathrm{I})^k \boldsymbol{u} = \boldsymbol{0}\} \tag{8.8}$$

が成り立つ．$\tilde{V}_\lambda$ を $A$ の固有値 $\lambda$ に属する**一般化固有空間** (**広義固有空間**または**弱固有空間**ともいう) と呼び，$\tilde{V}_\lambda$ の元を固有値 $\lambda$ に属する**一般化固有ベクトル** (**広義固有ベクトル**または**弱固有ベクトル**) と呼ぶ．また，(8.8) が成り立つ最小の正の整数 $k$ を固有値 $\lambda$ の**標数**という．そのとき次の定理が成り立つ．

**定理 8.1.1.** $V$ を体 $\mathbb{C}$ 上の $n$ 次元ベクトル空間として，$L: V \to V$ を線形写像とする．そのとき，次の主張が成り立つ．

(1) ベクトル空間 $V$ は一般化固有空間の直和として，$V = \tilde{V}_{\lambda_1} \oplus \cdots \oplus \tilde{V}_{\lambda_s}$ と表すことができる．

(2) 固有値 $\lambda_i$ に属する一般化固有空間の次元は固有値 $\lambda_i$ の重複度に等しい．すなわち $\dim(\tilde{V}_{\lambda_i}) = m_i$ である．

(3) 固有値 $\lambda_i (i=1,\ldots,s)$ の標数は固有値 $\lambda_i$ の重複度以下である．すなわち，
$\tilde{V}_{\lambda_i} = \mathrm{Ker}\,((L-\lambda_i \mathrm{I}_V)^{m_i})\ (i=1,\ldots,s)$ である．

定理の証明は省略するが，一般化固有空間への直和分解は応用の立場からも重要であるから，一般化固有空間への射影作用素の具体的な表現について結果だけを記す．

まず，線形変換（行列）の多項式について説明する．$f(t) = a_0 + a_1 t + \cdots + a_n t^n \in \mathbb{C}[t]$ を $\mathbb{C}$ 係数の一変数多項式とする．$A \in \mathrm{Mat}(n;\mathbb{C})$ に対して $f(A) \in \mathrm{Mat}(n;\mathbb{C})$ は

$$f(A) = a_0 E_n + a_1 A + \cdots + a_n A^n$$

で定義された．これを拡張して，線形変換 $L : V \to V$ に対して線形変換 $f(L)$ を

$$f(L) = a_0 \mathrm{I}_V + a_0 L + \cdots + a_n L^n$$

で定義する．$f(L)$ が $V$ の線形変換であることは明らかである．そのとき次の定理が成り立つことが知られている．

この定理は上記の定理 8.1.1 の証明に重要な役割を果たすだけではなく，線形代数学の様々な局面で重要な役割を果たすので，ここでその証明を与えておく．

**定理 8.1.2** (ケーリー・ハミルトン (Cayley-Hamilton) の定理)**.**
$L : V \to V$ を線形変換とし，その固有多項式を $g_L(t)$ とおく．そのとき，$g_L(L)$ は $V$ から $V$ への線形変換として零変換となる．

**証明:** $A \in \mathrm{Mat}(n; \mathbb{C})$ として，$A$ の固有多項式を $g_A(t)$ とおくとき，$g_A(A) = O$(行列として) を示せば十分である．$A(t) = tE - A$ とおく．そのとき $g_A(t) = \det(A(t))$ である．$A(t)$ の余因子行列を $\tilde{A}(t)$ とおくと

$$A(t)\tilde{A}(t) = g_A(t)E \tag{8.9}$$

を得る．ここで，$\tilde{A}(t)$ の各成分は $A(t)$ の $n-1$ 次の小行列式であるから，$t$ について高々 $n-1$ 次である．よって

$$\tilde{A}(t) = A_{n-1}t^{n-1} + \cdots + A_1 t + A_0$$

とおくことができる．ここで，

$$A_{n-1}, \ldots, A_1, A_0 \in \mathrm{Mat}(n; \mathbb{C})$$

である．これを (8.9) へ代入して

$$(tE - A)(A_{n-1}t^{n-1} + \cdots + A_1 t + A_0) = g_A(t)E \tag{8.10}$$

を得る．(8.10) の両辺に $t = A$ を代入すると左辺は明らかに $O$ 行列となり，右辺は $g_A(A)$ となるので，これで定理の証明が終了する．□

次に，固有多項式を用いて，一般化固有空間 $W_i = \tilde{V}_{\lambda_i}$ への射影 $P_i$ を計算する方法について説明する．まず，固有多項式の逆数を部分分数に展開して

$$\frac{1}{g_L(t)} = \frac{h_1(t)}{(t-\lambda_1)^{m_1}} + \frac{h_2(t)}{(t-\lambda_2)^{m_2}} + \cdots + \frac{h_s(t)}{(t-\lambda_s)^{m_s}}$$

とおく，この両辺に $g_L(t)$ をかければ

$$1 = \frac{h_1(t)g_L(t)}{(t-\lambda_1)^{m_1}} + \frac{h_2(t)g_L(t)}{(t-\lambda_2)^{m_2}} + \cdots + \frac{h_s(t)g_L(t)}{(t-\lambda_s)^{m_s}} \tag{8.11}$$

が得られる．ここで，$p_i(t) = \dfrac{h_i(t)g_L(t)}{(t-\lambda_i)^{m_i}}$ とおき，$P_i$ を $P_i = p_i(L)$ で定義すれば，$P_i$ は，

$$P_1 + \cdots + P_s = \mathrm{I}_V$$

を満たし，写像 $P_i : V \to \mathrm{Im}\ P_i = W_i$ は一般化固有空間 $W_i$ への射影を与える．$P_i$ は $L$ の多項式であるから互いに可換である．$P_i^2 = P_i$ および $P_iP_j = O\ (i \neq j)$ であることはケーリー・ハミルトンの定理を用いることによりより容易に示すことができる．よって $P_i (i = 1, \ldots, s)$ は射影作用素となる．

残るは $\mathrm{Im}\ (P_i) = W_i$ であることであるが，その事実の証明は省略するので興味があれば参考書で調べてみるとよい．証明は省略したが事実は大切なので例で確認しておく．

---

**例題 1.**　次の行列で定義される線形写像 $L_A : \mathbb{R}^3 \to \mathbb{R}^3$ について，その一般化固有空間への分解を具体的に求めよ．また各固有値についてその標数を求めよ．

$$(1)\quad A = \begin{pmatrix} 1 & 3 & -2 \\ -3 & 13 & -7 \\ -5 & 19 & -10 \end{pmatrix} \qquad (2)\quad A = \begin{pmatrix} 2 & -1 & -1 \\ 0 & 3 & 1 \\ 0 & -1 & 1 \end{pmatrix}$$

---

[解答]

(1) 第 6 章例題 2 (および例題 5) で計算したように，$g_A(t) = (t-1)^2(t-2)$ となり，$A$ の固有値は $\lambda_1 = 1$ (重根) と $\lambda_2 = 2$ である．

$$\frac{1}{(t-1)^2(t-2)} = \frac{-t}{(t-1)^2} + \frac{1}{t-2}$$

であるから，$f_1(t) = t-2,\ f_2(t) = (t-1)^2$ に対して，$h_1(t) = -t,\ h_2(t) = 1$ とおくと

$$h_1(t)f_1(t) + h_2(t)f_2(t) = 1$$

をとなる．ここで

$$p_1(t) = h_1(t)f_1(t) = -t(t-2), \quad p_2(t) = h_2(t)f_2(t) = (t-1)^2$$

とおいて，行列 $P_1, P_2$ を $P_1 = p_1(A),\ P_2 = p_2(A)$ で定義する．そのとき $P_i (i = 1, 2)$ は一般化固有空間 $W_1 = \tilde{V}_1,\ W_2 = \tilde{V}_2$ への射影を与える．具体的には

$$P_1 = -A(A-2E) = \begin{pmatrix} 0 & 2 & -1 \\ 1 & -1 & 1 \\ 2 & -4 & 3 \end{pmatrix}, \quad P_2 = (A-E)^2 = \begin{pmatrix} 1 & -2 & 1 \\ -1 & 2 & -1 \\ -2 & 4 & -2 \end{pmatrix}$$

となる．rank $(P_2) = 1$ であり，$P_2$ は $A$ の固有値 2 に属する固有空間 $V_2(A)$ への射影になっている．第 6 章例題 2 の計算によれば，固有値 1 の固有空間 $V_1(A)$ の次元は 1 であり，${}^t(1/3, 2/3, 1)$ で生成されている．一方固有値 1 に属する一般化固有空間への射影 $P_1$ の階数は 2 であり，固有値 1 に属する一般化固有空間 $\tilde{V}_1(A)$ の次元は 2 となっている．よって，固有値 2 の標数は 2 である．

(2) 固有多項式は $g_A(t) = (t-2)^3$ であり，固有値は 2 (3 重根) である．一般化固有空間は全空間 $\mathbb{R}^3$ であり，$\tilde{V}_2(A) = \mathbb{R}^3$ となる．射影は単位行列により与えられる．固有値 2 に属する固有空間を調べると，固有空間 $V_2(A)$ は 2 次元で ${}^t(1,0,0), {}^t(0,-1,1)$ で生成される．$(A-2E)^2 = 0$ (零行列) であることより $\tilde{V}_2 = V_2^{(2)}$ であることがわかり，固有値 2 の標数は 2 であることがわかる． ■

## 8.2 半単純変換とスペクトル分解

$L : V \to V$ を線形変換とする．$L$ が**半単純**であると呼ばれるのは $V$ が固有空間の直和に分解して

$$V = V_{\lambda_1} \oplus V_{\lambda_2} \oplus \cdots \oplus V_{\lambda_s}$$

と表されるときをいう．$L$ が半単純変換であることと，$L$ の固有ベクトルからなる基底を取れば，$L$ の表現行列が対角型となることが同値であり，前節の結果によれば，$L$ が半単純となるのは，$L$ の固有値の標数が全て 1 であるとき，そのときに限る．行列 $A \in \mathrm{Mat}(n;\mathbb{C})$ で定義される線形写像 $L_A : \mathbb{C}^n \to \mathbb{C}^n$ が半単純であるとき，行列 $A$ は半単純であると呼ばれる．

線形変換 $L$ の固有値を $\lambda_1, \ldots, \lambda_s$ とし，各固有値の標数を $k_i (i = 1, \ldots, s)$ とするとき，線形変換 $L$ の**最小多項式** $h_L(t)$ を

$$h_L(t) = (t-\lambda)^{k_1}(t-\lambda_2)^{k_2} \cdots (t-\lambda_s)^{k_s} \tag{8.12}$$

で定義する．特に $L$ が半単純変換であれば

$$h_L(t) = (t-\lambda)(t-\lambda_2) \cdots (t-\lambda_s) \tag{8.13}$$

である．最小多項式について次の定理が成り立つ．証明は省略する．

**定理 8.2.1.** 線形変換 $L$ の最小多項式 $h_L(t)$ は次の性質を満たす.
(1) $h_L(L) = 0$ (線形変換としての零変換)
(2) $L$ の固有多項式 $g_L(t)$ は，最小多項式で割り切れる.
(3) $f(L) = 0$ となる多項式があれば，$f(t)$ は $h_L(t)$ で割り切れる.

次に，線形変換 $L : V \to V$ が半単純である場合は，一般固有空間への射影は，単純に固有空間への射影となる．この場合について少し詳しく説明する．

$L$ の異なる固有値を $\lambda_1, \ldots, \lambda_s$ とおくと，ベクトル空間 $V$ は固有空間 $V_{\lambda_i} (i = 1, \ldots, s)$ の直和に分解し，$V_{\lambda_i}$ への射影が $P_i$ である．任意の $\boldsymbol{v} \in V$ を固有ベクトルの和に分解して

$$\boldsymbol{v} = P_1(\boldsymbol{v}) + P_2(\boldsymbol{v}) + \cdots + P_s(\boldsymbol{v}) = \boldsymbol{v}_1 + \boldsymbol{v}_2 + \cdots + \boldsymbol{v}_s$$

とおく．そのとき $P_1 + P_2 + \cdots + P_s = \mathrm{I}_V$ であるから

$$\begin{aligned} L(\boldsymbol{v}) &= L\mathrm{I}_V(\boldsymbol{v}) = LP_1(\boldsymbol{v}) + \cdots + LP_s(\boldsymbol{v}) = L(\boldsymbol{v}_1) + \cdots + L(\boldsymbol{v}_s) \\ &= \lambda_1 \boldsymbol{v}_1 + \cdots + \lambda_s \boldsymbol{v}_s = (\lambda_1 P_1 + \cdots + \lambda_s P_s)(\boldsymbol{v}) \end{aligned}$$

となる．これより

$$L = \lambda_1 P_1 + \lambda_2 P_2 + \cdots + \lambda_s P_s \tag{8.14}$$

を得る．(8.14) を $L$ の**スペクトル分解**という．

**命題 8.2.1.** $L : V \to V$ を半単純な線形変換とし，そのスペクトル分解が (8.14) で与えられているとする．そのとき多項式 $f(t) \in \mathbb{K}[t]$ に対して

$$f(L) = f(\lambda_1)P_1 + f(\lambda_2)P_2 + \cdots + f(\lambda_s)P_s \tag{8.15}$$

が成り立つ.

**証明:** まず，$f(t) = t^n$ の場合を考える．$n = 2$ として $L = \lambda_1 P_1 + \lambda_2 P_2 + \cdots + \lambda_s P_s$ より，$P_i P_j = P_j P_i = O (i \neq j)$ と $P_i^2 = P_i$ であることに注意して

$$L^2 = \lambda_1^2 P_1^2 + \cdots + \lambda_s^2 P_s^2 + \sum_{i \neq j} \lambda_i \lambda_j P_i P_j = \lambda_1^2 P_1 + \cdots + \lambda_s^2 P_s$$

であることがわかる．この手続きを繰り返すことにより

$$L^n = \lambda_1^n P_1 + \cdots + \lambda_s^n P_s$$

を得る．一般の場合を考えるのは繁雑であるから，簡単のため $f(t) = at^2 + bt + c$

である場合を考える．$L^n$ に対する結果と，$\mathrm{I}_v = P_1 + \cdots + P_s$ を用いると

$$
\begin{aligned}
f(L) &= aL^2 + bL + c\mathrm{I}_V \\
&= a(\lambda_1^2 P_1 + \cdots \lambda_s^2 P_s) + b(\lambda_1 P_1 + \cdots + \lambda_s P_s) + c(P_1 + \cdots + P_s) \\
&= (a\lambda_1^2 + b\lambda_1 + c)P_1 + \cdots + (a\lambda_s^2 + b\lambda_s + c)P_s \\
&= f(\lambda_1)P_1 + \cdots + f(\lambda_s)P_s
\end{aligned}
$$

以上で，$f(t) = at^2 + bt + c$ の場合に命題が示された．一般の $f(t)$ に対する証明も全く同様である． □

次に，半単純な線形変換 $L$ に対して，固有空間の射影 $P_i$ を計算する手続きについて考える．既に，一般化固有空間への射影 $P_i$ の計算法について，証明なしで述べたが，その計算法はかなり煩雑である．ここでは半単純な変換に限って固有空間への射影 $P_i$ を計算する方法を説明する．

$p_i(t)$ が得られたとすれば，命題 8.2.1 を用いて

$$
P_i = p_i(L) = p_i(\lambda_1)P_1 + \cdots + p_i(\lambda_i)P_i + \cdots + p_i(\lambda_s)P_s \tag{8.16}
$$

が得られるから，$p_i(t)$ は

$$
p_i(\lambda_i) = 1, \qquad p_i(\lambda_j) = 0 \ (i \neq j)
$$

を満たさなければならない．このような $p_i(t)$ はラグランジュの補間式により得られ，次のようになる．

$$
p_i(t) = \frac{\prod_{j \neq i}(t - \lambda_j)}{\prod_{j \neq i}(\lambda_i - \lambda_j)} = \frac{(t - \lambda_1)\cdots\widehat{(t - \lambda_i)}\cdots(t - \lambda_s)}{(\lambda_i - \lambda_1)\cdots\widehat{(\lambda_i - \lambda_i)}\cdots(\lambda_i - \lambda_s)} \tag{8.17}
$$

ここで，$\widehat{(t - \lambda_i)}$ は $t - \lambda_i$ の項が除かれることを表す．

▲**問 1.** (8.17) で与えられる $p_i(t)$ が，$p_i(\lambda_i) = 1$ および $p_i(\lambda_j) = 0 (i \neq j)$ を満たすことを確かめよ．

---

**例題 2.** 次の行列 $A$ は半単純であることを示し，そのスペクトル分解を求めよ．また，各行列 $A$ に対してその $A^n$ を求めよ．ただし，固有値がすべて実数の場合は実数体上で計算し，固有値に複素数が含まれる場合は $\mathbb{K} = \mathbb{C}$ として複素数体上で計算を実行せよ．

(1) $A = \begin{pmatrix} -1 & 2 \\ 1 & 0 \end{pmatrix}$ (2) $A = \begin{pmatrix} -2 & -1 \\ 1 & 1/2 \end{pmatrix}$ (3) $A = \begin{pmatrix} -2 & 5 \\ -1 & 2 \end{pmatrix}$

---

[解答]

(1) 固有値を求めると，$\lambda_1 = -2, \lambda_2 = 1$ である．したがって，固有空間 $V_{-2}(A)$ および固有空間 $V_1(A)$ への射影 $P_1, P_2$ は

$$P_1 = \frac{1}{\lambda_1 - \lambda_2}(A - \lambda_2 E) = \begin{pmatrix} 2/3 & -2/3 \\ -1/3 & 1/3 \end{pmatrix},$$

$$P_2 = E - P_1 = \begin{pmatrix} 1/3 & 2/3 \\ 1/3 & 2/3 \end{pmatrix}$$

で与えられる．またそのとき，$A^n$ は

$$A^n = (-2)^n \begin{pmatrix} 2/3 & -2/3 \\ -1/3 & 1/3 \end{pmatrix} + \begin{pmatrix} 1/3 & 2/3 \\ 1/3 & 2/3 \end{pmatrix}$$

となる．

(2) 固有値は $0, -3/2$ である．固有空間 $V_0(A), V_{-3/2}(A)$ への射影 $P_1, P_2$ はそれぞれ

$$P_1 = \frac{2}{3}\begin{pmatrix} -1/2 & -1 \\ 1 & 2 \end{pmatrix} = \begin{pmatrix} -1/3 & -2/3 \\ 2/3 & 4/3 \end{pmatrix},$$

$$P_2 = E - P_1 = \begin{pmatrix} 4/3 & 2/3 \\ -2/3 & -1/3 \end{pmatrix}$$

で与えられる．よって，$A^n$ は

$$A^n = 0^n P_1 + (-1)^n \left(\frac{3}{2}\right)^n P_2 = (-1)^n \left(\frac{3}{2}\right)^n \begin{pmatrix} 4/3 & 2/3 \\ -2/3 & -1/3 \end{pmatrix}$$

となる．

(3) 固有値は $\pm i$ である．したがって，固有空間 $V_i(A)$ への射影 $P$ は

$$P = \frac{1}{i - (-i)}(A + iE) = \frac{1}{2i}\begin{pmatrix} -2+i & 5 \\ -1 & 2+i \end{pmatrix} = \frac{1}{2}\begin{pmatrix} 1+2i & -5i \\ i & 1-2i \end{pmatrix}$$

$i$ と複素共役な固有値 $-i$ に属する固有空間への射影は $P$ の複素共役をとって $\overline{P}$ で与えられる．したがって，$A$ のスペクトル分解は

$$A = \frac{i}{2}\begin{pmatrix} 1+2i & -5i \\ i & 1-2i \end{pmatrix} + \frac{-i}{2}\begin{pmatrix} 1-2i & 5i \\ -i & 1+2i \end{pmatrix}$$

となる．$A^n$ は

$$A^n = \frac{i^n}{2}\begin{pmatrix} 1+2i & -5i \\ i & 1-2i \end{pmatrix} + \frac{(-i)^n}{2}\begin{pmatrix} 1-2i & 5i \\ -i & 1+2i \end{pmatrix}$$

もちろん $A^n$ は実行列であり，第 1 項の実部の 2 倍である． ∎

**例題 3.** 次の行列 $A$ は半単純であることを示し，そのスペクトル分解を求め，$A$ に対して $A^n$ を求めよ．

(1) $A = \begin{pmatrix} 2 & -1 & 4 \\ 0 & 1 & 4 \\ -3 & 3 & -1 \end{pmatrix}$ (2) $A = \begin{pmatrix} 5 & -2 & 4 \\ 2 & 0 & 2 \\ -2 & 1 & -1 \end{pmatrix}$

［解答］ (1) 前章の例題ですでに計算したことにより，$A$ の固有値は $\lambda_1 = -1, \lambda_2 = 1, \lambda_3 = 2$ で，これらはすべて相異なるので $A$ は半単純である．3 つの固有値に属する固有空間 $V_{-1}(A), V_1(A), V_2(A)$ への射影をそれぞれ，$P_1, P_2, P_3$ とおくと，

$$P_1 = \frac{1}{(-1-1)(-1-2)}(A-E)(A-2E) = \begin{pmatrix} -2 & 2 & -2 \\ -2 & 2 & -2 \\ 1 & -1 & 1 \end{pmatrix}$$

$$P_2 = \frac{1}{(1-(-1))(1-2)}(A-(-1)E)(A-2E) = \begin{pmatrix} 6 & -5 & 2 \\ 6 & -5 & 2 \\ 0 & 0 & 0 \end{pmatrix}$$

$$P_3 = \frac{1}{(2-(-1))(2-1)}(A-(-1)E)(A-E) = \begin{pmatrix} -3 & 3 & 0 \\ -4 & 4 & 0 \\ -1 & 1 & 0 \end{pmatrix}$$

$$= E - P_1 - P_2$$

で与えられる．$A$ のスペクトル分解と $A^n$ はそれぞれ

$$A = (-1)P_1 + P_2 + 2P_3, \quad A^n = (-1)^n P_1 + P_2 + 2^n P_2$$

となる．

(2) $A$ の固有値は $\lambda_1 = 1$, $\lambda_2 = 2$ であり，$\lambda_1 = 1$ は重根である．$A$ が半単純であるかどうかを調べるには，Ker $(A-E)$ (固有空間) の次元が 2 であるかどうかを調べればよい．

$$A - E = \begin{pmatrix} 4 & -2 & 4 \\ 2 & -1 & 2 \\ -2 & 1 & -2 \end{pmatrix}$$

であるから，rank $(A-E) = 1$ であることがわかり，$A$ が半単純であることが従う．$A$ の最少多項式は $h_A(t) = (t-1)(t-2)$ である．固有空間 $V_1(A), V_2(A)$ への射影を $P_1, P_2$ とおくと

$$P_1 = \frac{1}{1-2}(A-2E) = \begin{pmatrix} -3 & 2 & -4 \\ -2 & 2 & -2 \\ 2 & -1 & 3 \end{pmatrix}$$

$$P_2 = \frac{1}{2-1}(A-E) = E - P_1 = \begin{pmatrix} 4 & -2 & 4 \\ 2 & -1 & 2 \\ -2 & 1 & -2 \end{pmatrix}$$

である．$A$ のスペクトル分解と $A^n$ はそれぞれ

$$A = P_1 + 2P_2, \quad A^n = P_1 + 2^n P_2$$

である． ■

## 8.3 べき零変換とジョルダン分解

**定義 8.3.1** (べき零変換)**.** 線形変換 $F : V \to V$ が**べき零**であるとは，ある非負整数 $m$ について $F^m = 0$(零写像) が成り立つときをいう．また，$F$ がべき零変換であるとして，$F^q = 0$ となる最小の自然数 $q$ をべき零変換の**指数**と呼ぶ．

**命題 8.3.1.** 線形変換 $F : V \to V$ がべき零である必要十分条件は，固有多項式が $g_F(t) = t^n$ となることである．ここで，$\dim(V) = n$ である．

**証明:** まず，$F$ がべき零であるとして，そのすべての固有値が $0$ であることを示せば，固有多項式が $t^n$ であることが示される．$\boldsymbol{x} \in V(\boldsymbol{x} \neq 0)$ を $F$ の固有値 $\lambda$ に属する固有ベクトルとする．そのとき，

$$F(\boldsymbol{x}) = \lambda\boldsymbol{x},\ F^2(\boldsymbol{x}) = \lambda^2\boldsymbol{x}, \quad \ldots, \quad F^m(\boldsymbol{x}) = \lambda^m\boldsymbol{x}$$

である．仮定より，$F^m = 0$ であるから，$\lambda^m\boldsymbol{x} = 0$ である．$\boldsymbol{x} \neq 0$ であるから，$\lambda = 0$ を得る．これで命題の必要条件の部分が示された．

次に，$F$ の固有多項式が $t^n$ であれば，ケーリー・ハミルトンの定理により，$F^n = 0$ が従い，$F$ はべき零である．これで十分条件が示された． □

**補題 8.3.1.** $F, G : V \to V$ を可換なべき零変換とする．そのとき $F + G$ および $F \cdot G$ はべき零変換となる．

▲**問 2.** 補題 8.3.1 を示せ．

**定理 8.3.1.** $L: V \to V$ を線形写像とするとき，$L$ は互いに可換な半単純変換 $L_S: V \to V$ とべき零変換 $L_N: V \to V$ の和として表すことができ，その表し方は一意的である．

**証明**: 分解の仕方だけを説明し，一意性の証明は省略する．$V$ の一般化固有空間への直和分解を

$$V = W_1 \oplus W_2 \oplus \cdots \oplus W_s$$

とし，一般化固有空間 $W_i$ への射影を $P_i$ で表す．そのとき，

$$\begin{aligned} L_S &= \lambda_1 P_1 + \cdots + \lambda_s P_s \\ L_N &= L_{\lambda_1} P_1 + \cdots + L_{\lambda_s} P_s = (L - \lambda_1 \mathrm{I}_V)P_1 + \cdots + (L - \lambda_s \mathrm{I}_V)P_s \end{aligned}$$

とおく．明らかに，$L_S$ は半単純変換である．$L_N$ がべき零であることを示そう．$L_{\lambda_i} (i = 1, \ldots, s)$ が可換であることと，$P_i$ が射影であり，$P_i P_j = O (i \neq j)$，$P_i^2 = P_i$ を満たすことより，

$$L_N^m = (L - \lambda_1 \mathrm{I}_V)^m P_1 + \cdots + (L - \lambda_s \mathrm{I}_V)^m P_s$$

であることがわかる．今 $m = \max(k_1, \ldots, k_s)$ ($k_i$ は固有値 $\lambda_i$ の標数) とおけば，$L_N^m = O$ となる．よって，$L_N$ はべき零である． □

**定義 8.3.2.** 上記の定理 8.3.1 で与えられるような，一般の線形変換に対する，半単純変換と冪零変換の和への分解を**ジョルダン** (Jordan) **分解**または**一般化されたスペクトル分解**と呼ぶ．特に，行列 $A$ が与えられた時，行列 $A$ により定義される線形変換 $L_A: \mathbb{K}^n \to \mathbb{K}^n$ の Jordan 分解により，行列 $A$ は互いに可換な対角化可能行列 $S$ とべき零行列 $N$ の和として，$A = S + N$ と表すことができる．これを行列 $A$ のジョルダン分解という．

---

**例題 4.** 次の行列 $A$ に対して，そのジョルダン分解を求めよ．また，べき零部分に注意して，$A^n$ を計算せよ．

(1) $A = \begin{pmatrix} -1 & 2 \\ -2 & 3 \end{pmatrix}$ (2) $A = \begin{pmatrix} 1 & 3 & -2 \\ -3 & 13 & -7 \\ -5 & 19 & -10 \end{pmatrix}$

(3) $A = \begin{pmatrix} 2 & -1 & -1 \\ 0 & 3 & 1 \\ 0 & -1 & 1 \end{pmatrix}$

---

［解答］ (1) 固有値は 1 (重根) である．固有値 1 に属する一般化固有空間は全空間 $\mathbb{R}^2$ であり，$A$ のジョルダン分解は $A_N = A - E$ として

$$A = E + A_N = \begin{pmatrix} 1 & 0 \\ 0 & 1 \end{pmatrix} + \begin{pmatrix} -2 & 2 \\ -2 & 2 \end{pmatrix}$$

となる．明らかに $A_N^2 = O$ であるから，$E, A_N$ が可換であることに注意して，2 項定理を用いると，$A^n = (E + A_N)^n = E^n + nE^{n-1}A_N = E + nA_N$ を得る．

(2) この行列 $A$ の一般化固有空間への分解は，例題 1 で計算されている．固有値は $\lambda = 1$(重根) と $\lambda = 2$ であり，固有値 1 に属する一般化固有空間 $\tilde{V}_1$ への射影 $P_1$ と，固有値 2 に属する固有空間への射影 $P_2$ はそれぞれ

$$P_1 = -A(A-2E) = \begin{pmatrix} 0 & 2 & -1 \\ 1 & -1 & 1 \\ 2 & -4 & 3 \end{pmatrix}, \quad P_2 = (A-E)^2 = \begin{pmatrix} 1 & -2 & 1 \\ -1 & 2 & -1 \\ -2 & 4 & -2 \end{pmatrix}$$

である．したがって，$A$ のジョルダン分解におけるべき零部分は $A_N = (A-E)P_1 + (A-2E)P_2$ であり，$A = P_1 + 2P_2 + A_N$ となる．ここで，べき零部分 $A_N$ を具体的に計算すると

$$\begin{aligned} A_N &= \begin{pmatrix} 0 & 3 & -2 \\ -3 & 12 & -7 \\ -5 & 19 & -11 \end{pmatrix} \begin{pmatrix} 0 & 2 & -1 \\ 1 & -1 & 1 \\ 2 & -4 & 3 \end{pmatrix} \\ &\quad + \begin{pmatrix} -1 & 3 & -2 \\ -3 & 11 & -7 \\ -5 & 19 & -12 \end{pmatrix} \begin{pmatrix} 1 & -2 & 1 \\ -1 & 2 & -1 \\ -2 & 4 & -2 \end{pmatrix} \\ &= \begin{pmatrix} -1 & 5 & -3 \\ -2 & 10 & -3 \\ -3 & 15 & -9 \end{pmatrix} + \begin{pmatrix} 0 & 0 & 0 \\ 0 & 0 & 0 \\ 0 & 0 & 0 \end{pmatrix} = \begin{pmatrix} -1 & 5 & -3 \\ -2 & 10 & -3 \\ -3 & 15 & -9 \end{pmatrix} \end{aligned}$$

となる．実際 $A_N^2 = 0$ である．そのとき

$$\begin{aligned} A^n &= (P_1 + 2P_2 + A_N)^n \\ &= (P_1 + 2P_2)^n + n(P_1 + 2P_2)^{n-1}A_N \\ &= P_1 + 2^nP_2 + n(P_1 + 2^{n-1}P_2)A_N \end{aligned}$$

となる．

(3) (これも例題 1 で取り上げたものである)．

$A$ の固有値は $\lambda = 2$ で，3 重根である．よって一般化固有空間への射影は恒等変換であり，$A$ のジョルダン分解は $A = 2E + A_N$ となる．ここで，

$$A_N = A - 2E = \begin{pmatrix} 0 & -1 & -1 \\ 0 & 1 & 1 \\ 0 & -1 & -1 \end{pmatrix}$$

であり，$A_N^2 = O$ であることがわかる．よって，

$$A^n = (2E + N)^n = 2^n E^n + nE^{n-1}A_N = 2^n E + n2^{n-1}A_N$$

であることがわかる． ■

---

**例題 5.** 次の行列のジョルダン分解を求めよ．

$$(1)\quad A = \begin{pmatrix} 2 & 1 & 1 \\ 0 & 2 & 1 \\ 0 & 0 & 2 \end{pmatrix} \qquad (2)\quad B = \begin{pmatrix} 2 & 2 & 1 \\ 0 & 1 & 1 \\ 0 & 0 & 1 \end{pmatrix}$$

---

[解答]

(1) $A$ の固有値は 2 であって 3 重根である．よって，固有値 2 に属する一般化固有空間は $\mathbb{R}^3$ となるので，ジョルダン分解は $A = 2E + A_N$ となる．ここでべき零部分 $A_N$ は $A_N = A - 2E$ で与えられる．

$$A_N = \begin{pmatrix} 0 & 1 & 1 \\ 0 & 0 & 1 \\ 0 & 0 & 0 \end{pmatrix}$$

であり，$N^3 = 0$ である．

(2) 固有値は 1 (重根) と 2 である．まず，一般化固有空間への分解を構成する．

$$\frac{1}{(t-1)^2(t-2)} = \frac{-t}{(t-1)^2} + \frac{1}{(t-2)}$$

より，

$$1 = -t(t-2) + (t-1)^2$$

が得られるので，固有値 1 に属する一般化固有空間 $\tilde{V}_1$ への射影 $P_1$ と，固有値 2 に属する一般化固有空間 $\tilde{V}_2$ への射影 $P_2$ はそれぞれ

$$P_1 = -B(B-2E) = \begin{pmatrix} 0 & -2 & -3 \\ 0 & 1 & 0 \\ 0 & 0 & 1 \end{pmatrix}, \quad P_2 = (B-E)^2 = \begin{pmatrix} 1 & 2 & 3 \\ 0 & 0 & 0 \\ 0 & 0 & 0 \end{pmatrix}$$

で与えられる．$B$ の半単純部分 $B_S$ は

$$B_S = P_1 + 2P_2 = \begin{pmatrix} 2 & 2 & 3 \\ 0 & 1 & 0 \\ 0 & 0 & 1 \end{pmatrix}$$

となる．一方，べき零部分 $B_N$ は $B_N = B - B_S$ で計算され

$$B_N = \begin{pmatrix} 0 & 0 & -2 \\ 0 & 0 & 1 \\ 0 & 0 & 0 \end{pmatrix}$$

となる．実際 $B_N^2 = O$ であることが確かめられる．ここで与えられたジョルダン分解 $B = B_S + B_N$ は，$B$ を単純に対角行列とべき零行列に分解した

$$B = \begin{pmatrix} 2 & 0 & 0 \\ 0 & 1 & 0 \\ 0 & 0 & 1 \end{pmatrix} + \begin{pmatrix} 0 & 2 & 2 \\ 0 & 0 & 1 \\ 0 & 0 & 0 \end{pmatrix}$$

とは別物であることに注意しよう．上記の分解においては，第 2 項の行列 $N$ は $N^3 = O$ を満たし冪零ではあるが，$N^2 \neq O$ である． ∎

引き続き考えるべきは，一般化固有空間への直和分解 $V = W_1 \oplus W_2 \oplus \cdots \oplus W_s$ が与えられたとき，各一般化固有空間 $W_i$ の基底を上手に選んで，線形変換 $L : V \to V$ の行列表現をなるべく簡単な形で表すという問題である．このような簡単な行列表現は**ジョルダンの標準形**と呼ばれている．ジョルダンの標準形を得るための一般化固有空間の基底の選び方を提示することはかなり煩雑であり，本書では省略することとした．興味がある読者は巻末にある適当な参考書で学んでほしい．

# 参考文献

最後．いくつか参考書を挙げる．他にも良い本は数えきれないほどある．

(1) 三宅 敏恒著 「線形代数学 培風館 2008 年
(2) 金子 晃著 「線形代数講義」サイエンス社 2004 年
(3) 岩堀 長慶，近藤 武，伊原 信一郎，加藤 十吉共著 「線形代数学」裳華房，1982 年
(4) 松坂 和夫著 「線型代数入門」岩波書店 1980 年
(5) 齋藤 正彦著 「線型代数入門」東大出版会 1966 年
(6) 齋藤 正彦著 「線型代数演習」 東大出版会 1985 年
(7) 笠原 晧司著 「線型代数と固有値問題」現代数学社 1972 年

(1) は必要最小限のことをコンパクトにまとめた教科書．少ないページのなかにジョルダンの標準形まできちんと書かれている．欲をいうと，やや簡潔過ぎて少し読みにくいかもしれない．

(2) もジョルダンの標準形までをコンパクトにまとめているが，話題が豊富で，特異値分解やテンソル積などの話題も扱っている．

(3) も内容が豊富で，非負行列，グラフ理論，線形計画についての記述がある．

(4) はタイトルに「入門」とあるが，線形代数学全般について書かれた本格的な教科書である．かなり分厚いが入門を意図したものなので，記述は丁寧で読みやすい．

(5) は歴史的名著の一つとして挙げた．

(6) は (5) の著者によって書れた演習書で，やさしい問題から少し難しい問題まで多くの問題が解答付きで載せられているので便利である．

(7) は固有値問題に絞って解説したユニークな本であり，学生時代に読んだ際に，印象的であったことを思い出したので挙げた．

# 問題の解答

## 第1章

**練習 1.** $X = x - p,\ Y = y - q$ とおいて座標変換する．そのとき $(x, y)$ 座標の $(p, q)$ は $(X, Y)$ 座標では原点となる．方程式 (1.4) を $(X, Y)$ 座標で書き直す．$a(X+p)+b(Y+q) = \delta$ より $aX + bY = \delta - ap - bq$ となる．$(x, y)$ 座標から $(X, Y)$ 座標への変換は平行移動にすぎないので，距離を変えない．$(X, Y)$ 座標において，原点と上記直線の距離を求めると $\frac{|ap+bq-\delta|}{\sqrt{a^2+b^2}}$ を得る．

**練習 2.** (1) 1 次独立である．

(2) 1 次従属であり，$\boldsymbol{c} = -\boldsymbol{a} - \boldsymbol{b}$ が成り立つ．

**練習 3.** 方向ベクトルとして，$(2, 3, 4)$ をとることができる．よってこの直線 $L$ の方程式は

$$\frac{x-1}{2} = \frac{y-1}{3} = \frac{z-1}{4}$$

となる．$z = 0$ とおくことにより，$L$ と $xy$ 平面の交点は $(1/2, 1/4, 0)$ である．$L$ と $zx$ 平面との交点を求めるには，$y = 0$ とおくことにより，$(1/3, 0, -1/3)$ を得る．

**練習 4.** 原点から (1.9) で定義される平面に降ろした垂線を OH とおけば，$\overrightarrow{\mathrm{OH}} = k(a, b, c)$ とおくことができる．H が平面上にあるから，$a(ka) + b(kb) + c(kc) = d$ である．よって，$k = d/(a^2 + b^2 + c^2)$ となる．原点 O と直線の距離は $|\overrightarrow{\mathrm{OH}}|$ であるから，

$$D^2 = |\overrightarrow{\mathrm{OH}}|^2 = k^2(a^2 + b^2 + c^2) = \frac{d^2}{a^2 + b^2 + c^2}$$

を得る．これより，(1.10) が従う．$X = x - p, Y = y - q, Z = z - r$ とおくことにより定点 $(p, q, r)$ と平面の距離を求める問題は原点と平面の距離を求める問題に帰着される．答えは

$$\frac{|ap + bq + cr - d|}{\sqrt{a^2 + b^2 + c^2}}$$

**練習 5.** (1) 求める平面 $\pi_1$ の方程式を $ax + by + cz = d$ とおくと 3 点の座標を代入して $a + 2b + c = d,\quad 3a = d,\quad 2b + 2c = d$ を得る．これより $a = d/3, b = d/6, c = d/3$ となる．よって求める $\pi_1$ の方程式は $2x + y + 2z = 6$ となる．

(2) 求める平面 $\pi_2$ の方程式を，原点を通ることより，$a'x + b'y + c'z = 0$ とおく．$\pi_1$ と $\pi_2$ は垂直なので，その法線ベクトルが直交する．すなわち $2a' + b' + 2c' = 0$ が成り

立つ．さらに，点 $(1,2,1)$ を通ることより $a'+2b'+c'=0$ である．これより $b'=0$ と $a'+c'=0$ が従う．よって，$\pi_2$ の方程式は $x-z=0$ となる．
(3) 平面 $\pi_1$ と平行な平面 $\pi_3$ の方程式は $2x+y+2z=d$ とおくことができる．ここで $(1,0,-3)$ を代入して $d=-4$ を得る．よって $\pi_3$ の方程式は $2x+y+2z=-4$.
(4) 原点と平面 $\pi_1$ との距離は $D_1=6/3=2$ である．一方原点と平面 $\pi_3$ との距離は $D_2=4/3$ である．2 つの平面は原点を挟んで反対側にあるので，$\pi_1$ と $\pi_3$ の距離は $D=D_1+D_2=10/3$ である．
**練習 6.** (1) 直線 $L_1$ は点 $(1,2,3)$ を通り，方向ベクトルが $(2,1,2)$ で与えられるのでその方程式は次のようになる．

$$\frac{x-1}{2}=\frac{y-2}{1}=\frac{z-3}{2}$$

(2) $\pi_1$ との交点を求めるには $x=1+2s, y=2+s, z=3+2s$ を $2x+y+2z=6$ へ代入して $s=-4/9$ となる．よって $\mathrm{P}_1=(1/9,14/9,19/9)$ である．次に $\pi_3$ との交点を求めるには $x=1+2t, y=2+t, z=3+2t$ を $2x+y+2z=-4$ へ代入して $t=-14/9$ となる．よって $\mathrm{P}_3=(-19/9,4/9,-1/9)$ である．$|\overrightarrow{\mathrm{P}_1\mathrm{P}_3}|^2=(400+100+400)/81$ となる．したがって $|\overrightarrow{\mathrm{P}_1\mathrm{P}_3}|=10/3$ となる．
(3) $\mathrm{H}_1(x,y,z)$ は直線 $L_1$ 上にあるから $x=1+2t, y=2+t, z=3+2t$ とおくことができる．ここでベクトル $\overrightarrow{\mathrm{OH}_1}$ は直線 $L_1$ の方向ベクトルと垂直であるから

$$2(1+2t)+(2+t)+2(3+2t)=0$$

より，$t=-10/9$ を得る．よって，$\mathrm{H}_1=(-11/9,8/9,7/9)$ となる．従って $|\overrightarrow{\mathrm{OH}_1}|^2=(121+64+49)/81=26/9$ である．よって，$|\overrightarrow{\mathrm{OH}_1}|=\sqrt{26}/3$ であり，これが原点と直線の距離 (原点と直線上の点の最短距離) である．
**練習 7.** 点 $\mathrm{P}(x,y)$ の直線 $L$ 上への正射影を $\overline{\mathrm{P}}(\overline{x},\overline{y})$ とおけば，それは直線 $L$ 上にあるから $\overline{y}=m\overline{x}$ である．また直線 $\overline{\mathrm{P}}\mathrm{P}$ は直線 $L$ に垂直であるので，$1(\overline{x}-x)+m(\overline{y}-y)=0$ である．これに $\overline{y}=m\overline{x}$ を代入すれば $(1+m^2)\overline{x}=x+my$ となる．よって，$\overline{x}=x/(1+m^2)+my/(1+m^2)$ を得る．$\overline{y}=m\overline{x}$ と併せて必要な結果が得られる．
**練習 8.** $m=\tan\theta$ とおけば，$\cos^2\theta=1/(1+m^2)$ かつ，$\sin^2\theta=m^2/(1+m^2)$ であり，また，$m/(1+m^2)=\tan\theta/(1+\tan^2\theta)=\sin\theta\cos\theta$ であるから，(1.16) が従う．
**練習 9.** 点 $\mathrm{P}(x,y)$ の直線 $L: y=mx$ に関する対称点を $\overline{\mathrm{P}}(\overline{x},\overline{y})$ とおく．$\mathrm{P}\overline{\mathrm{P}}$ は $L$ と直交し，$\mathrm{P}\overline{\mathrm{P}}$ の中点が $L$ 上にある．よって，

$$1(\overline{x}-x)+m(\overline{y}-y)=0, \qquad \frac{\overline{y}+y}{2}=m\frac{\overline{x}+x}{2}$$

を得る．これらから，$\overline{x},\overline{y}$ を $x,y$ で表すと

$$\overline{x}=\frac{1-m^2}{1+m^2}x+\frac{2m}{1+m^2}y, \qquad \overline{y}=\frac{2m}{1+m^2}x-\frac{1-m^2}{1+m^2}y$$

となる．これから (1.17) が導かれる．次に，(1.17) で $m=\tan\theta$ とおくと，練習 8 で示したように $\cos^2\theta=1/(1+m^2)$, $\sin^2\theta=m^2/(1+m^2)$ である．よって，余弦の 2 倍角の公式により $(1-m^2)/(1+m^2)=\cos^2\theta-\sin^2\theta=\cos 2\theta$ である．また，練習 8 の結果と正弦の 2 倍角の公式より $2m/(1+m^2)=2\sin\theta\cos\theta=\sin 2\theta$ を得る．よって，(1.18) が従う．(1.18) を次のように書き直す．

$$M_L = \begin{pmatrix} \cos 2\theta & \sin 2\theta \\ \sin 2\theta & -\cos 2\theta \end{pmatrix} = \begin{pmatrix} \cos 2\theta & -\sin 2\theta \\ \sin 2\theta & \cos 2\theta \end{pmatrix} \begin{pmatrix} 1 & 0 \\ 0 & -1 \end{pmatrix}$$

よって，$M_L$ は，$x$ 軸に関する対称移動と原点に関する $2\theta$ の回転の合成として得られることがわかる．ここで，$\theta$ は直線 $L$ と $x$ 軸の正の方向とのなす角である．この 2 つの合成が $L$ に関する対称移動 $M_L$ に等しいことは，明らかである．

**練習 10.** 平面 $\pi$ の単位法線ベクトルは $\boldsymbol{n} = \boldsymbol{c}/|\boldsymbol{c}|$ で表すことができる．$E - 2\boldsymbol{n}{}^t\boldsymbol{n}$ へ，$\boldsymbol{n} = \boldsymbol{c}/|\boldsymbol{c}|$ を代入すれば次を得る．

$$M_\pi = E - \frac{2}{|\boldsymbol{c}|^2}\boldsymbol{c}{}^t\boldsymbol{c} = E - \frac{2}{(\boldsymbol{c}\cdot\boldsymbol{c})}\boldsymbol{c}{}^t\boldsymbol{c}$$

**練習 11.** (1) 単位法線ベクトルは $\boldsymbol{n} = {}^t(2/3, -2/3, -1/3)$.

(2) $\boldsymbol{n}{}^t\boldsymbol{n} = \dfrac{1}{9}\begin{pmatrix} 4 & -4 & -2 \\ -4 & 4 & 2 \\ -2 & 2 & 1 \end{pmatrix}$ (3) $P_\pi = E - \boldsymbol{n}{}^t\boldsymbol{n} = \begin{pmatrix} 5/9 & 4/9 & 2/9 \\ 4/9 & 5/9 & -2/9 \\ 2/9 & -2/9 & 8/9 \end{pmatrix}$

(4)

$$M_\pi = E - 2\boldsymbol{n}{}^t\boldsymbol{n} = \begin{pmatrix} 1/9 & 8/9 & 4/9 \\ 8/9 & 1/9 & -4/9 \\ 4/9 & -4/9 & 7/9 \end{pmatrix}$$

## 第 2 章

**練習 1.** (1) 正しくない．(2) 正しくない．(3) 正しい．

**問 1.** $n = r,\ m = s$

**問 2.** $\boldsymbol{ab}$ は $(1,1)$ 型．$\boldsymbol{ba}$ は $(n,n)$ 型．

**問 3.** $AB$ は $m \times r$ 行列であって，その $(i,j)$ 成分は $\boldsymbol{a}^i\boldsymbol{b}_j$ となる．

**練習 2.** 積が定義されるのは，$AC, CA, CB, CD, DA, DB$ である．それぞれ次のようになる．

$$AC = \begin{pmatrix} 0 & 2 & 3 \\ 0 & 4 & 6 \\ 0 & 6 & 9 \end{pmatrix} \qquad CA = 13 \qquad CB = \begin{pmatrix} 13 & 5 \end{pmatrix}$$

$$CD = \begin{pmatrix} 1 & 9 & -12 \end{pmatrix} \qquad DA = \begin{pmatrix} 2 \\ -7 \\ -1 \end{pmatrix} \qquad DB = \begin{pmatrix} 0 & 3 \\ -11 & 1 \\ 1 & -1 \end{pmatrix}$$

**練習 3.** $ABD, BDA, CBA, CBD, DAB$ の合計 5 個である．

**問 4.** ${}^t(AB)$ の $(i,j)$ 成分を調べる．そのためには $AB$ の $(j,i)$ 成分を調べればよいから，$\sum_{k=1}^{n} a_{jk}b_{ki}$ となる．一方，${}^tB{}^tA$ の $(i,j)$ 成分は $\sum_{k=1}^{n} b_{ki}a_{jk}$ となり，これは ${}^t(AB)$ の $(i,j)$ 成分と一致する．

**問 5.** クロネッカーの記号を用いると，$E_m = (\delta_{ik})\ (i,k = 1,\ldots,m)$ であるから，$E_mA$ の $(i,j)$ 成分をみると，$\sum_{k=1}^{m} \delta_{ik}a_{kj} = a_{ij}$ となり，これは $A$ の $(i,j)$ 成分に等しい．よって $E_mA = A$ となる．全く同様に $AE_n = A$ が示される．

**練習 4.** $N$ の冪零指数を $k$ とおくと，$N^{k-1} \neq O,\quad N^k = O$ が成り立つ．もし $N$ が正則だと仮定すると $N^k = O$ の両辺に $N^{-1}$ をかけると $N^{k-1} = O$ が得られるが，これは仮定と矛盾する.

**練習 5.** 行列の冪零指数は順にそれぞれ $2, 3, 2, 2$ である.

**練習 6.** $A$ を (狭義) 上三角行列とする. そのとき $j-i \leqq 0$ であれば $a_{ij}=0$ である. $A^k = (a_{ij}^{(k)})$ とおく. そのとき, $j-i \leqq k-1$ なら $a_{ij}^{(k)}=0$ であること $k$ に関する帰納法により示そう. 主張が $k$ 以下で成り立つとして, $A^{k+1}=(a_{ij}^{(k+1)})$ について考える. $a_{ij}^{(k+1)} = \sum_{m=1}^{n} a_{im}^{(k)} a_{mj}$ である. $j-i \leqq k$ すなわち $j \leqq i+k$ とする. $m$ に関する和において, 帰納法の仮定より $m-i \leqq k-1$ なら $a_{im}^{(k)}=0$ であり, $m-i \geqq k$ のとき, すなわち $m \geqq i+k$ のときは, $j \leqq i+k$ なので, $m \geqq j$ となり, $a_{mj}=0$ となる. よって, $j-i \leqq k$ なら $a_{ij}^{(k+1)}=0$ であることが示された. よって, 帰納法により, 示すべき主張が従う.

上で示したことより, $k \geqq n$ なら, $j-i \leqq k-1 \leqq n-1$ のとき, $a_{ij}^{(k)}=0$ となるが, $j-i \leqq n-1$ はすべての $i, j=1, \ldots, n$ について満たされている. よって $A^k=O$ が従い, $A$ はべき零でそのべき零指数は $n$ 以下となることが示された. べき零指数がちょうど $n$ になるようなべき零行列の例として次がある.

$$N = \begin{pmatrix} 0 & 1 & 0 & \ldots & 0 \\ 0 & 0 & 1 & \ldots & 0 \\ \vdots & \vdots & \ddots & \ddots & \vdots \\ \vdots & \vdots & & \ddots & 1 \\ 0 & 0 & \ldots & \ldots & 0 \end{pmatrix}$$

**練習 7.** (1) $A = E_3 + N = E_3 + \begin{pmatrix} 0 & 0 & -2 \\ 0 & 0 & 0 \\ 0 & 0 & 0 \end{pmatrix}$ とおくと, $A^{-1} = E_3 - N = \begin{pmatrix} 1 & 0 & 2 \\ 0 & 1 & 0 \\ 0 & 0 & 1 \end{pmatrix}$

(2) $B = E_3 + N = E_3 + \begin{pmatrix} 0 & 2 & 3 \\ 0 & 0 & 2 \\ 0 & 0 & 0 \end{pmatrix}$ とおくと, $B^{-1} = E_3 - N + N^2 = \begin{pmatrix} 1 & -2 & 1 \\ 0 & 1 & -2 \\ 0 & 0 & 1 \end{pmatrix}$

(3) $C_1 = \begin{pmatrix} 1 & 0 & 0 \\ 0 & 2 & 0 \\ 0 & 0 & 3 \end{pmatrix}$, $C_2 = \begin{pmatrix} 1 & 2 & 2 \\ 0 & 1 & 1 \\ 0 & 0 & 1 \end{pmatrix}$ とおくと $C = C_1 C_2$ なので, $C^{-1} = C_2^{-1} C_1^{-1} = \begin{pmatrix} 1 & -1 & 0 \\ 0 & 1/2 & -1/3 \\ 0 & 0 & 1/3 \end{pmatrix}$.

**練習 8.** ブロック分割

$$A = \left(\begin{array}{cc|cc} 0 & 1 & 1 & 0 \\ 1 & 0 & 0 & 1 \\ \hline 2 & 0 & 0 & 4 \\ 0 & 2 & 4 & 0 \end{array}\right) = \begin{pmatrix} A_1 & E_2 \\ 2E_2 & 4A_1 \end{pmatrix}$$

$$B = \left(\begin{array}{cc|cc} -3 & 3 & 1 & 0 \\ 3 & -3 & 0 & 1 \\ \hline 0 & 0 & 0 & -1 \\ 0 & 0 & -1 & 0 \end{array}\right) = \begin{pmatrix} -3E_2 + 3A_1 & E_2 \\ O_2 & -A_1 \end{pmatrix}$$

により． $AB = \begin{pmatrix} -3A_1 + 3E_2 & A_1 - A_1 \\ -6E_2 + 6A_1 & 2E_2 - 4E_2 \end{pmatrix} = \left(\begin{array}{cc|cc} 3 & -3 & 0 & 0 \\ -3 & 3 & 0 & 0 \\ \hline -6 & 6 & -2 & 0 \\ 6 & -6 & 0 & -2 \end{array}\right)$ を得る．

## 第3章

**練習 1.** (1) 拡大係数行列の行基本変形を行うと

$$\left(\begin{array}{ccc|c} 1 & -1 & -1 & 1 \\ 2 & -3 & 1 & 3 \\ 3 & -2 & 2 & 10 \end{array}\right) \longrightarrow \left(\begin{array}{ccc|c} 1 & 0 & 0 & 4 \\ 0 & 1 & 0 & 2 \\ 0 & 0 & 1 & 1 \end{array}\right)$$

となる．よって $x = 4, y = 2, z = 1$ を得る．

(2) 拡大係数行列の行基本変形を行うと

$$\left(\begin{array}{ccc|c} 1 & -1 & -1 & 1 \\ 2 & -3 & 1 & 3 \\ 1 & -2 & 2 & 2 \end{array}\right) \longrightarrow \left(\begin{array}{ccc|c} 1 & 0 & -4 & 0 \\ 0 & 1 & -3 & -1 \\ 0 & 0 & 0 & 0 \end{array}\right)$$

$z = c$ とおけば，一般的な解の表示は $x = 4c, y = -1 + 3c, z = c$ となる．

(3) 拡大係数行列の同値変形を行うと

$$\left(\begin{array}{ccc|c} 1 & -1 & -1 & 1 \\ 2 & -3 & 1 & 3 \\ 1 & -2 & 2 & 3 \end{array}\right) \longrightarrow \left(\begin{array}{ccc|c} 1 & 0 & -4 & 0 \\ 0 & 1 & -3 & -1 \\ 0 & 0 & 0 & 2 \end{array}\right)$$

最終行が表す方程式は $0 = 2$ であり，これより解が存在しない．

**練習 2.** 行簡約化の結果 $B$ のみを記す．

(1) $B = \begin{pmatrix} 1 & 0 & -2 \\ 0 & 1 & 3 \\ 0 & 0 & 0 \end{pmatrix}$ (2) $B = \begin{pmatrix} 1 & 0 & 0 \\ 0 & 1 & 0 \\ 0 & 0 & 1 \end{pmatrix}$

(3) $B = \begin{pmatrix} 1 & 0 & 0 & 0 \\ 0 & 1 & 0 & 0 \\ 0 & 0 & 1 & 0 \\ 0 & 0 & 0 & 1 \end{pmatrix}$ (4) $B = \begin{pmatrix} 1 & 0 & 0 & 1 & 0 \\ 0 & 1 & 0 & 1/2 & 1/2 \\ 0 & 0 & 1 & 1/2 & -1/2 \\ 0 & 0 & 0 & 0 & 0 \end{pmatrix}$

$A$ の階数はそれぞれ (1) rank $(A) = 2$ (2) rank $(A) = 3$ (3) rank $(A) = 4$ (4) rank $(A) = 3$ となる．

**問 1.** 省略する．

**問 2.** 省略する．

**問 3.** 省略する．

**練習 3.** (1) 拡大係数行列の行基本変形を行う．

$$\left(\begin{array}{ccc|c} 2 & -1 & 5 & -1 \\ 0 & 2 & 2 & 6 \\ 1 & 0 & 3 & 1 \end{array}\right) \longrightarrow \left(\begin{array}{ccc|c} 1 & 0 & 3 & 1 \\ 0 & 1 & 1 & 3 \\ 0 & 0 & 0 & 0 \end{array}\right)$$

$z = c$ とおけば，一般解は $x = 1 - 3c$, $y = 3 - c$, $z = c$ となる．

(2) 拡大係数行列の行基本変形を行う．

$$\left(\begin{array}{ccccc|c} 1 & 1 & 1 & 1 & 1 & 8 \\ 1 & 1 & 2 & 1 & 2 & 8 \\ 1 & 2 & 3 & 6 & -6 & 20 \end{array}\right) \longrightarrow \left(\begin{array}{ccccc|c} 1 & 0 & 0 & -4 & 9 & -4 \\ 0 & 1 & 0 & 5 & -9 & 12 \\ 0 & 0 & 1 & 0 & 1 & 0 \end{array}\right)$$

よって, $x_4 = c_1, x_5 = c_2$ とおくと, $x_1 = -4+4c_1-9c_1$, $x_2 = 12-5c_1+9c_2$, $x_3 = -c_2$ を得る．

(3) 拡大係数行列の行基本変形を行う．

$$\left(\begin{array}{cccc|c} 1 & 1 & 1 & 1 & 4 \\ 1 & 2 & 3 & 4 & 10 \\ 1 & 0 & -1 & -2 & 2 \end{array}\right) \longrightarrow \left(\begin{array}{cccc|c} 1 & 0 & -1 & -2 & 0 \\ 0 & 1 & 2 & 3 & 0 \\ 0 & 0 & 0 & 0 & 1 \end{array}\right)$$

拡大係数行列について rank $(A|\boldsymbol{b}) = 3$ であるが，係数行列について rank $(A) = 2$ であるから解は存在しない．

(4) 拡大係数行列の行基本変形を行う．

$$\left(\begin{array}{ccccc|c} 2 & -3 & 1 & -7 & 1 & -6 \\ 1 & 3 & -1 & 7 & 2 & 12 \\ 2 & -3 & 7 & 11 & -5 & -3 \end{array}\right) \longrightarrow \left(\begin{array}{ccccc|c} 1 & 0 & 0 & 0 & 1 & 2 \\ 0 & 1 & 0 & 10/3 & 0 & 7/2 \\ 0 & 0 & 1 & 3 & -1 & 1/2 \end{array}\right)$$

よって，$x_4 = c_1$, $x_5 = c_2$ とおけば，$x_1 = 2 + c_2$, $x_2 = 5 - 10c_1/3$, $x_3 = 5 - 3c_1 + c_2$, $x_4 = c_1$, $x_5 = c_2$ を得る．

**練習 4.** (1) $\boldsymbol{b} = {}^t(1, 0, 0)$ として，拡大係数行列の行基本変形を行う．最終結果は次のようになる．

$$\left(\begin{array}{ccccc|c} 1 & 0 & -3 & -2 & -1 & 5 \\ 0 & 1 & -3/2 & -3/2 & 1/2 & 1 \\ 0 & 0 & 0 & 0 & 0 & 0 \end{array}\right)$$

$x_3 = c_1, x_4 = c_2$, $x_5 = c_3$ とおけば，$x_1 = 5 + 3c_1 + 2c_2 + c_3$, $x_2 = 1 + 3c_1/2 + 3c_2/2 - c_3/2$ $x_3 = c_1$, $x_4 = c_2$, $x_5 = c_3$ を得る．

(2) $\boldsymbol{b} = {}^t(b_1, b_2, b_3)$ として，拡大係数行列の行基本変形を行う．最終結果だけを記す．

$$\left(\begin{array}{ccccc|c} 1 & 0 & -3 & -2 & -1 & 2b_2 - b_1 \\ 0 & 1 & -3/2 & -3/2 & 1/2 & (b_2 - b_1)/2 \\ 0 & 0 & 0 & 0 & 0 & 2b_1 - b_2 + b_3 \end{array}\right)$$

よって，方程式が解をもつための条件は $\underline{2b_1 - b_2 + b_3 = 0}$.

**練習 5.** 逆行列がある場合は答のみを記す.

(1) $A^{-1} = \begin{pmatrix} -4 & 2 & 1 \\ 3 & -1 & -1 \\ -1 & 0 & 1 \end{pmatrix}$.

(2) 行基本変形を行うと

$$\left(\begin{array}{ccc|ccc} 1 & 2 & 2 & 1 & 0 & 0 \\ 2 & 3 & 1 & 0 & 1 & 0 \\ 1 & 1 & -1 & 0 & 0 & 1 \end{array}\right) \longrightarrow \left(\begin{array}{ccc|ccc} 1 & 0 & -1 & -3 & 2 & 0 \\ 0 & 1 & 1 & 2 & -1 & 0 \\ 0 & 0 & 0 & 1 & -1 & 1 \end{array}\right)$$

これより，$A$ の逆行列は存在しない.

(3) $A^{-1} = \begin{pmatrix} 4/21 & 1/21 & 2/7 \\ -1/7 & -2/7 & 2/7 \\ -5/21 & 4/21 & 1/7 \end{pmatrix}$.

(4) $A^{-1} = \begin{pmatrix} -1 & 0 & -2 \\ -1 & -1 & 0 \\ -4 & -3 & -3 \end{pmatrix}$.

(5) 行基本変形を行うと

$$\left(\begin{array}{ccc|ccc} 1 & 1 & -1 & 1 & 0 & 0 \\ 0 & 2 & 1 & 0 & 1 & 0 \\ 2 & 4 & -1 & 0 & 0 & 1 \end{array}\right) \longrightarrow \left(\begin{array}{ccc|ccc} 1 & 1 & -1 & 1 & 0 & 0 \\ 0 & 1 & 1/2 & 0 & 1/2 & 0 \\ 0 & 0 & 0 & 2 & -1 & 1 \end{array}\right)$$

となり，$A$ に逆行列は存在しない.

**練習 6.**

(1) $W$ は $A = \begin{pmatrix} 1 & 1 & -1 \\ 2 & -1 & -1 \end{pmatrix}$ で定義される線形写像 $L_A : \mathbb{R}^3 \to \mathbb{R}^2$ の核となるので部分空間である.

(2) $\mathbf{0} = {}^t(0,0,0) \notin W$ であるから，部分空間ではない.

(3) $y^2 + 2yz + z^2 = (y+z)^2 = 0$ となる．よって $W$ を定義する条件は $y + z = 0$ と同値である．よって $W$ は部分空間である.

(4) $\boldsymbol{u} = {}^t(3,4,5)$, $\boldsymbol{v} = {}^t(5,12.13) \in W$ であるが，$\boldsymbol{u} + \boldsymbol{v} = {}^t(8,16.18) \notin W$ なので，部分空間ではない．実際 $W$ が表す図形は円錐面である．そのことから部分空間でないといってもよい.

**問 4.** $\mathbf{0} \in U+V$ は明らかである．$\boldsymbol{w} = \boldsymbol{u}+\boldsymbol{v} \in U+V$ とすると, $c\boldsymbol{w} = c\boldsymbol{u}+c\boldsymbol{v} \in U+V$ である．さらに $\boldsymbol{w} = \boldsymbol{u}+\boldsymbol{v}, \boldsymbol{w}' = \boldsymbol{u}'+\boldsymbol{v}' \in U+V$ であれば $\boldsymbol{w}+\boldsymbol{w}' = \boldsymbol{u}+\boldsymbol{u}'+\boldsymbol{v}+\boldsymbol{v}' \in U+V$ である．以上により $U+V$ は部分空間であることがわかる.

つぎに $U = \{c\,{}^t(1,0) | c \in \mathbb{R}\}$ および $V = \{c\,{}^t(0,1) | c \in \mathbb{R}\}$ はともに $\mathbb{R}^2$ の部分空間である．${}^t(1,0) \in U$, ${}^t(0,1) \in V$ に対して，${}^t(1,0) + {}^t(0,1) = {}^t(1,1) \notin U \cup V$ である．よって $U \cup V$ は部分空間にはならない.

**練習 7.** (ア). 行基本変形により次を得る.

$$\begin{pmatrix} 1 & 1 & -1 & 1 & -1 \\ 0 & 2 & 1 & 0 & 3 \\ 1 & 2 & 0 & 1 & 1 \\ 2 & 4 & 0 & 1 & 4 \end{pmatrix} \longrightarrow \begin{pmatrix} 1 & 0 & 0 & 0 & 1 \\ 0 & 1 & 0 & 0 & 1 \\ 0 & 0 & 1 & 0 & 1 \\ 0 & 0 & 0 & 1 & -2 \end{pmatrix}$$

よって，$\boldsymbol{v}_1, \boldsymbol{v}_2, \boldsymbol{v}_3, \boldsymbol{v}_4$ は 1 次独立であり，$\boldsymbol{v}_5 = \boldsymbol{v}_1 + \boldsymbol{v}_2 + \boldsymbol{v}_3 - 2\boldsymbol{v}_4$ となる．よって，$U + V = \mathbb{R}^4$ であり，$\dim(U + V) = 4$ となる．また，$V$ の生成元であって，$U$ の生成元 $\boldsymbol{v}_1, \boldsymbol{v}_2$ の 1 次結合で表すことができるものはないので $U \cap V = \{\mathbf{0}\}$ である．

(イ)．行基本変形により次を得る．

$$\begin{pmatrix} 1 & -2 & -2 & 0 & 1 \\ 0 & 1 & 2 & 2 & 0 \\ 2 & -3 & -2 & 2 & 2 \\ 1 & -1 & 1 & 2 & 2 \end{pmatrix} \longrightarrow \begin{pmatrix} 1 & 0 & 0 & 4 & -1 \\ 0 & 1 & 0 & 2 & -2 \\ 0 & 0 & 1 & 0 & 1 \\ 0 & 0 & 0 & 0 & 0 \end{pmatrix}$$

よって，$\boldsymbol{v}_1, \boldsymbol{v}_2, \boldsymbol{v}_3$ は 1 次独立であり，$\boldsymbol{v}_4 = 4\boldsymbol{v}_1 + 2\boldsymbol{v}_2$，$\boldsymbol{v}_5 = -\boldsymbol{v}_1 - 2\boldsymbol{v}_2 + \boldsymbol{v}_3$ となる．よって，$U + V$ の生成元は $\boldsymbol{v}_1, \boldsymbol{v}_2, \boldsymbol{v}_3$ であり，$\dim(U + V) = 3$ である．また，$V$ の生成元であって，$U$ の生成元 $\boldsymbol{v}_1, \boldsymbol{v}_2$ の 1 次結合で表すことができるものは $\boldsymbol{v}_4 = 4\boldsymbol{v}_1 + 2\boldsymbol{v}_2$ だけであり，$U \cap V$ の基底は $\boldsymbol{v}_4$ であり，$\dim(U \cap V) = 1$ となる．

**練習 8.** (1) 省略する．

(2) $\boldsymbol{x} = {}^t(x_1, x_2, x_3, x_4, x_5) \in \mathrm{Ker}\ A$ は，$x_3 = c_1$，$x_4 = c_2, x_5 = c_3$ とおけば，$\boldsymbol{x} = {}^t(-3c_1 + c_2 + 2c_3, -c_1 - c_2 - 3c_3, c_1, c_2, c_3)$ であるから，$\mathrm{Ker}\ (A)$ の基底として $\boldsymbol{v}_1 = (-3, -1, 1, 0, 0), \boldsymbol{v}_2 = {}^t(1, -1, 0, 1, 0)$，$\boldsymbol{v}_3 = {}^t(2, -3, 0, 0, 1)$ をとることができる．よって，$\mathrm{null}\ (A) = 3$ である．

(3) 列ベクトル表示で $A = (\boldsymbol{a}_1, \boldsymbol{a}_2, \boldsymbol{a}_3 . \boldsymbol{a}_4, \boldsymbol{a}_4)$ とおくと，$\mathrm{rank}\ (A) = 2$ であり，$A$ の列ベクトルのうちどの二つを選んでも 1 次独立であるから，$A$ の列ベクトルから 2 つ選ぶ全ての組合せ（10 通り）が当てはまる．

**練習 9.** (ア) 行列 $A$ の行基本変形を行うと

$$\begin{pmatrix} 1 & -2 & 1 & 0 & 0 \\ 1 & -2 & 1 & 0 & 1 \\ -2 & 4 & -2 & 0 & 2 \\ 1 & -1 & 2 & 1 & 1 \end{pmatrix} \longrightarrow \begin{pmatrix} 1 & 0 & 3 & 2 & 0 \\ 0 & 1 & 1 & 1 & 0 \\ 0 & 0 & 0 & 0 & 1 \\ 0 & 0 & 0 & 0 & 0 \end{pmatrix}.$$

$\mathrm{rank}\ (L_A) = 3$，$\mathrm{null}\ (L_A) = 2$. $\mathrm{Im}\ (L_A)$ の基底として，$\boldsymbol{a}_1 = {}^t(1, 1, -2, 1), \boldsymbol{a}_2 = {}^t(-2, -2, 4, -1), \boldsymbol{a}_5 = {}^t(0, 1, 2, 1)$ がとれ，$x_3 = c_1, x_4 = c_2$ とおくことにより，$\mathrm{Ker}\ (L_A)$ の一組の基底として ${}^t(-3, -1, 1, 0, 0), {}^t(-2, -1, 0, 1, 0)$ がとれる．

(イ) 行列 $A$ の行基本変形を行うと

$$\begin{pmatrix} 1 & 2 & 3 & 4 & 3 \\ 1 & 1 & 1 & 2 & 1 \\ 0 & 1 & 2 & 2 & 2 \\ 3 & 2 & 1 & 4 & 1 \end{pmatrix} \longrightarrow \begin{pmatrix} 1 & 0 & -1 & 2 & -1 \\ 0 & 1 & 2 & 2 & 2 \\ 0 & 0 & 0 & 0 & 0 \\ 0 & 0 & 0 & 0 & 0 \end{pmatrix}$$

$\mathrm{rank}\ (L_A) = 2$，$\mathrm{null}\ (L_A) = 3$. $\mathrm{Im}\ (L_A)$ の基底として，$\boldsymbol{a}_1 = {}^t(1, 1, 0, 3), \boldsymbol{a}_2 = {}^t(2, 1, 1, 2)$ がとれ，$\mathrm{Ker}\ (L_A)$ の一組の基底として ${}^t(1, -2, 1, 0, 0), {}^t(-2, -2, 0, 1, 0)$,

${}^t(1,-2,0,0,1)$ がとれる．
(ウ) 行列 $A$ の行基本変形は省略する．
rank $(L_A)=3$, null $(L_A)=2$. Im $(L_A)$ の基底として $\boldsymbol{a}_1={}^t(1,1,0,1), \boldsymbol{a}_2={}^t(2,3,1,3), \boldsymbol{a}_3={}^t(1,3,2,2)$ がとれ，Ker $(L_A)$ の一組の基底として ${}^t(0,-1,0,1,0)$, ${}^t(4,-2,0,0,1)$ がとれる．
(エ) 行列 $A$ の行基本変形は省略する．
rank $(L_A)=3$, null $(L_A)=2$. Im $(L_A)$ の基底として $\boldsymbol{a}_1={}^t(1,1,2,2), \boldsymbol{a}_2={}^t(2,1,0,3), \boldsymbol{a}_4={}^t(0,0,1,1)$ がとれ，Ker $(L_A)$ の一組の基底として ${}^t(1,-2,1,0,0)$, ${}^t(-2,1,0,2,1)$ がとれる．
(オ) 行列 $A$ の行基本変形は省略する．
rank $(L_A)=2$, null $(L_A)=3$. Im $(L_A)$ の基底として $\boldsymbol{a}_1={}^t(1,2,1,2), \boldsymbol{a}_2={}^t(1,3,0,1)$ がとれる．Ker $(L_A)$ の一組の基底として ${}^t(1,-1,1,0,0), {}^t(-1,0,0,1,0)$, ${}^t(1,1,0,0,1)$ がとれる．
**練習 10.** (1) 行列 $A$ の行基本変形を行うと

$$\begin{pmatrix} 1 & -2 & 2 & 1 \\ 2 & 2 & 6 & 3 \\ 3 & 0 & 8 & 4 \end{pmatrix} \longrightarrow \begin{pmatrix} 1 & -2 & 2 & 1 \\ 0 & 6 & 2 & 1 \\ 0 & 6 & 2 & 1 \end{pmatrix} \longrightarrow \begin{pmatrix} 1 & 0 & 8/3 & 4/3 \\ 0 & 1 & 1/3 & 1/6 \\ 0 & 0 & 0 & 0 \end{pmatrix}$$

よって, $x_3=c_1, x_4=c_2$ とおくことにより, Ker $(L_A)$ の元は ${}^t(-8c_1/3-4c_2/3, -c_1/3-c_2/6, c_1, c_2)$ と表すことができる．よって，Ker $(L_A)$ の基底として，${}^t(-8/3,-1/3,1,0)$, ${}^t(-4/3,-1/6,0,1)$ をとることができる．
(2) Im $(L_A)$ の基底として，$\boldsymbol{v}_1={}^t(1,2,3), \boldsymbol{v}_2={}^t(-2,2,0)$ をとることができる．
(3) $\boldsymbol{b}\in$ Im $(L_A)$ であればよい．よって (2) より $\boldsymbol{b}=a\boldsymbol{v}_1+b\boldsymbol{v}_2$ と表されればよいことになる．
**練習 11.** (1) 例題 10 で求めた Ker $(L_A)$ の基底を $\boldsymbol{u}_1, \boldsymbol{u}_2$ を用いると，3 つの方程式の一般解はそれぞれ，$\boldsymbol{e}_1+c_1\boldsymbol{u}_1+c_2\boldsymbol{u}_2$，$\boldsymbol{e}_2+c_1\boldsymbol{u}_1+c_2\boldsymbol{u}_2$，$\boldsymbol{e}_4+c_1\boldsymbol{u}_1+c_2\boldsymbol{u}_2$ である．
(2) $A\boldsymbol{x}=\boldsymbol{b}$ の一般解は，$k_1\boldsymbol{e}_1+k_2\boldsymbol{e}_2+k_3\boldsymbol{e}_4+c_1\boldsymbol{u}_1+c_2\boldsymbol{u}_2$ である．

## 第 4 章

**練習 1.** 第 1 列に関する線形性より

$$\begin{vmatrix} a_{11} & a_{12} & a_{13} \\ a_{21} & a_{22} & a_{23} \\ a_{31} & a_{32} & a_{33} \end{vmatrix} = a_{11}\begin{vmatrix} 1 & a_{12} & a_{13} \\ 0 & a_{22} & a_{23} \\ 0 & a_{32} & a_{33} \end{vmatrix} + a_{21}\begin{vmatrix} 0 & a_{12} & a_{13} \\ 1 & a_{22} & a_{23} \\ 0 & a_{32} & a_{33} \end{vmatrix} + a_{31}\begin{vmatrix} 0 & a_{12} & a_{13} \\ 0 & a_{22} & a_{23} \\ 1 & a_{32} & a_{33} \end{vmatrix}$$

を得る．右辺第 1 項を計算する．第 1 列を $a_{12}$ 倍および $a_{13}$ 倍してそれぞれ第 2 列と第 3 列から引き，まず第 2 列についての線形性を用い，引き続き第 3 列に関する線形性を用い，最後に列に関する交代性などを用いて

$$a_{11}\begin{vmatrix} 1 & a_{12} & a_{13} \\ 0 & a_{22} & a_{23} \\ 0 & a_{32} & a_{33} \end{vmatrix} = a_{11}\begin{vmatrix} 1 & 0 & 0 \\ 0 & a_{22} & a_{23} \\ 0 & a_{32} & a_{33} \end{vmatrix} = a_{11}a_{22}\begin{vmatrix} 1 & 0 & 0 \\ 0 & 1 & a_{23} \\ 0 & 0 & a_{33} \end{vmatrix} + a_{11}a_{32}\begin{vmatrix} 1 & 0 & 0 \\ 0 & 0 & a_{23} \\ 0 & 1 & a_{33} \end{vmatrix}$$

$$= a_{11}a_{22}\left( a_{23}\begin{vmatrix} 1 & 0 & 0 \\ 0 & 1 & 1 \\ 0 & 0 & 0 \end{vmatrix} + a_{33}\begin{vmatrix} 1 & 0 & 0 \\ 0 & 1 & 0 \\ 0 & 0 & 1 \end{vmatrix} \right)$$

$$+ a_{11}a_{32}\left(a_{23}\begin{vmatrix}1&0&0\\0&0&1\\0&1&0\end{vmatrix}+a_{33}\begin{vmatrix}1&0&0\\0&0&0\\0&1&1\end{vmatrix}\right)$$

$$= a_{11}a_{22}a_{33} - a_{11}a_{32}a_{23}$$

を得る．全く同様に計算すると第 2 項と第 3 項はそれぞれ

$$-a_{21}a_{12}a_{33} + a_{21}a_{32}a_{13}, \quad a_{31}a_{12}a_{23} - a_{31}a_{22}a_{13}$$

となる．これらをあわせてサラスの公式が得られる．

**問 1.** 省略する．

**練習 2.** (1) $-168$ (2) $-1080$ (3) 0

**練習 3.** (1) $-1500$ (2) $-21$

**練習 4.** $a^n + (-1)^{n+1}b^n$

**練習 5.** (1) $-1056$ (2) 30 (3) 90 (4) 0 (5) 5400 (6) 336 (7) 2

**問 2.** $i > j$ となる対は $n(n-1)/2$ 個ある．これら全てについて $(\lambda_i - \lambda_j) = -(\lambda_j - \lambda_i)(j < i)$ とすれば符号は $(-1)^{n(n-1)/2}$ だけ変化する．よって必要な結果が得られる．

**練習 6.** (1) は明らかである．(2) について，まずファンデルモンド行列式は次数が $n(n-1)/2$ 次の同次式であることに注意する．ファンデルモンド行列式の対角成分の積は $\lambda_2\lambda_3^2\cdots\lambda_n^{n-1}$ である．一方 $i > j$ についての差積 $\prod_{i>j}(\lambda_i - \lambda_j)$ は $n(n-1)/2$ 次の同次式であり，$\lambda_2\lambda_3^2\cdots\lambda_n^{n-1}$ の係数は 1 である．よって (1) の結果と併せてファンデルモンド行列式と $i > j$ に対する差積が等しいことが示される．

**練習 7.** (1) $(a+b+c)(-b^2+2bc-c^2-a^2+(b+c)a-bc)$
(2) $4abc$ (3) $-(a-b)^4$ (4) $(a-x)(b-y)(c-z)$ (5) $xyz$ (6) 0

**練習 8.** $-1$

**問 3.** $B = (\boldsymbol{b}_1, \ldots, \boldsymbol{b}_n)$ と列ベクトル表示すれば，積 $AB$ の列ベクトル表示は $AB(A\boldsymbol{b}_j, \ldots, \boldsymbol{b}_n)$ となる．これより，$\det(AB)$ が $B$ の列ベクトルについて $n$ 重線形交代形式であることは明らかである．

**問 4.** 前の例題 3 の結果を繰り返し用いることにより従う．

**練習 9.** 例題 3 の証明と同様である．$A_1, A_4$ を固定して，$\det(A)$ を $A_2 \in \mathrm{Mat}(s;\mathbb{R})$ の関数とみて $\psi_1(A_2) = \det(A)$ とおく．そのとき $A$ の列基本変形により

$$\psi(E_s) = \begin{vmatrix}A_1 & O_{r,s}\\A_4 & E_s\end{vmatrix} = \begin{vmatrix}A_1 & O_{r,s}\\O_{s,r} & E_s\end{vmatrix} = \det(A_1)$$

を得る．ここで，最後の等式を得るには，例題 3 にならえばよい．$\psi(A_2) = \det(A)$ は $A_2$ の列ベクトルについて $s$ 重線形で交代的であり，$\psi(E_s) = \det(A_1)$ を満たす．よって，$\det(A) = \psi(A_2) = \det(A_2)\psi(E_s) = \det(A_2)\det(A_1)$ であることがわかる．後半の主張は前半の主張から従う．

**練習 10.** (1) $E_4$ を 4 次の単位行列として

$$A^tA = \begin{pmatrix}a&-b&-c&-d\\b&a&-d&c\\c&d&a&-b\\d&-c&b&a\end{pmatrix}\begin{pmatrix}a&b&c&d\\-b&a&d&-c\\-c&-d&a&b\\-d&c&-b&a\end{pmatrix}$$

$$= (a^2 + b^2 + c^2 + d^2)E_4$$

(2) $\det(A{}^tA) = \det(A)\det({}^tA) = \det(A)^2 = (a^2 + b^2 + c^2 + d^2)^4$ よって，$\det(A) = \pm(a^2 + b^2 + c^2 + d^2)^2$ であるが，$a^4$ の係数を比較して $\det(A) = (a^2 + b^2 + c^2 + d^2)^2$ を得る．

**練習 11.** (1) $\det(A) = -1$ であり，余因子行列は $\tilde{A} = \begin{pmatrix} 4 & -2 & -1 \\ -3 & 1 & 1 \\ 1 & 0 & -1 \end{pmatrix}$ である．よって，逆行列は $A^{-1} = \begin{pmatrix} -4 & 2 & 1 \\ 3 & -1 & -1 \\ -1 & 0 & 1 \end{pmatrix}$ となる．

(2) $\det(A) = 4$ であり，余因子行列は $\tilde{A} = \begin{pmatrix} -1 & 2 & -1 \\ 2 & -8 & 10 \\ -1 & 10 & -13 \end{pmatrix}$ である，よって，逆行列は $\begin{pmatrix} -1/4 & 1/2 & -1/4 \\ 1/2 & -2 & 5/2 \\ -1/4 & 5/2 & -13/4 \end{pmatrix}$ となる．

(3) $\det(A) = -5$ であり，余因子行列は $\tilde{A} = \begin{pmatrix} -8 & -2 & 7 \\ -1 & 1 & -1 \\ 6 & -1 & -4 \end{pmatrix}$ である，よって，逆行列は $\begin{pmatrix} 8/5 & 2/5 & -7/5 \\ 1/5 & -1/5 & 1/5 \\ -6/5 & 1/5 & 4/5 \end{pmatrix}$ となる．

(4) $\det(A) = -6$ であり，余因子行列は $\tilde{A} = \begin{pmatrix} 6 & 9 & -3 \\ 14 & 16 & -4 \\ 2 & 1 & -1 \end{pmatrix}$ である．よって，逆行列は $\begin{pmatrix} -1 & -3/2 & 1/2 \\ -7/3 & -8/3 & 2/3 \\ -1/3 & -1/6 & 1/6 \end{pmatrix}$ となる．

**練習 12.** (1) $\det A = abc$ であるから，$A$ が正則であるための必要十分条件は $abc \neq 0$
(2) $A$ の余因子行列 $\tilde{A}$ は次のようになる．

$$\tilde{A} = \begin{pmatrix} bc & 0 & 0 \\ -cd & ac & 0 \\ de - bf & -ae & ab \end{pmatrix}$$

(3) $abc \neq 0$ ならば，逆行列 $A^{-1}$ は次のようになる．

$$A^{-1} = \frac{\tilde{A}}{\det(A)} = \begin{pmatrix} 1/a & 0 & 0 \\ -d/(ab) & 1/b & 0 \\ (de - bf)/(abc) & -e/(bc) & 1/c \end{pmatrix}$$

**練習 13.**

$$|A_1| = a(a^2+b^2+c^2+d^2)$$
$$|A_2| = b(a^2+b^2+c^2+d^2)$$
$$|A_3| = -c(a^2+b^2+c^2+d^2)$$
$$|A_4| = d(a^2+b^2+c^2+d^2)$$

である．よってクラーメルの公式から

$$x_1 = |A_1|/|A| = \frac{a}{a^2+b^2+c^2+d^2} \qquad x_2 = |A_2|/|A| = \frac{b}{a^2+b^2+c^2+d^2}$$
$$x_3 = |A_3|/|A| = \frac{-c}{a^2+b^2+c^2+d^2} \qquad x_4 = |A_4|/|A| = \frac{d}{a^2+b^2+c^2+d^2}$$

**練習 14.** (1) 係数行列の行列式は $10-3a$ であるから，$a \neq 10/3$ のとき，方程式は一意的な解をもつ．

$$x = \frac{2+2a-2a^2}{10-3a}, \quad y = \frac{7a-3}{10-3a}$$

(2) 係数行列の行列式は $a(a+1)(a-1) = a(a^2-1)$ であるから $a \neq -1, 0, 1$ のとき，方程式は一意的な解をもつ．クラーメルの公式により

$$x = \frac{a(a^2-a+2)}{a^2-1} \qquad y = \frac{-a(2a^2+a+1)}{a^2-1} \qquad z = \frac{a^2}{a-1}$$

**練習 15.** (1) ファンデルモンドの行列式であり，$\det(A) = (c-b)c - a(b-a)$ となる．従って $A$ が正則であるためには，$a, b, c$ が互いに異なればよい．

(2) (1) で与えた条件下で，クラーメルの公式により

$$x = \frac{(c-b)(c-d)(b-d)}{(c-b)(c-a)(b-a)} = \frac{(c-d)(b-d)}{(c-a)(b-a)}$$
$$y = \frac{(c-d)(c-a)(d-a)}{(c-b)(c-a)(b-a)} = \frac{(c-d)(d-a)}{(c-b)(b-a)}$$
$$z = \frac{(d-b)(d-a)(b-a)}{(c-b)(c-a)(b-a)} = \frac{(d-b)(d-a)}{(c-b)(c-a)}$$

を得る．

**問 5.** $\sigma = (i_1, i_2, \ldots, i_k)$ とおく．$\sigma^k$ により $i_1 \mapsto i_2 \mapsto \cdots \mapsto i_k \mapsto i_1$ となり，$i_1$ は $i_i$ に移される．全く同様に $\sigma^k : i_j \mapsto i_j (j = 1, \ldots, k)$ であるから $\sigma^k = \varepsilon$ であることが示される．

**練習 16.** (1) 省略

(2) $S_4$ において，長さ 2 の巡回置換 (互換) は $\binom{4}{2} = 6$ 個ある，$S_4$ において長さ 3 の巡回置換は，たとえば $\sigma = (123), \sigma^2 = (132)$ で使う文字を固定すると 2 個あり，文字の選び方は 4 通りあるので合計 8 個．$S_4$ において長さ 4 の巡回置換は 4 個の文字をすべて使うものしかない．その数は円順列の数 $(4-1)! = 6$ 通り．

(3) $S_4$ のなかで巡回置換の数は (2) の結果より 20 個ある．残る 4 個のうち一つは恒等置換であり，残る 3 個は $(ij)(kl)$ という形の置換である．但し $\{i, j, k, l\} = \{1, 2, 3, 4\}$ である．

**問 6.** 省略

**問 7.** 省略

**問 8.** $\tau$ を互換とすれば，$\sigma \mapsto \tau \cdot \sigma$ は偶置換の全体から奇置換全体への全単射を与える(奇置換全体から偶置換全体への全単射でもある)．よって偶置換の数と奇置換の数は等しく $n!/2$ 個ずつある．

## 第5章

**問 1.** 省略する．

**問 2.** 省略する．

**練習 1.** (1) $n$ 変数の $k$ 次単項式は $x_1^{\alpha_1}x_2^{\alpha_2}\cdots x_n^{\alpha_n}$ $(\alpha_1+\alpha_2+\cdots+\alpha_n=k)$ と表すことができる．このような単項式は $n$ 個のものから重複を許して $k$ 個選ぶ重複組み合わせの数だけあり，これらの単項式が $\mathbb{K}[x_1,\ldots,x_n]^{(k)}$ の基底となる．このような単項式の数は ${}_nH_k=\binom{n-k+1}{k}$ となる．

(2) 変数 $x_1,\ldots,x_n$ に関する $m$ 次以下の単項式は，別の変数 $y$ を準備して，$\alpha+\alpha_1+\cdots+\alpha_n=m$ として，$m$ 次の単項式 $y^{\alpha}x_1^{\alpha_1}\cdots x_n^{\alpha_n}$ と 1 対 1 対応している．よって，$m$ 次以下の単項式の数は，(1) の結果から $n+1$ 個の要素から重複を許して $m$ 個選ぶ重複組合せの数となり，${}_nH_m=\binom{n+m}{m}$ となる．

**練習 2.** 省略する．

**問 3.** 明らかである．

**練習 3.** $A=\begin{pmatrix} a & b \\ c & d \end{pmatrix}$ として $V$ の基底 $\boldsymbol{E}_1,\boldsymbol{E}_2,\boldsymbol{E}_3,\boldsymbol{E}_4$ に対して

$$\mathcal{R}_A(\boldsymbol{E}_1)=\begin{pmatrix} a & b \\ 0 & 0 \end{pmatrix}=a\boldsymbol{E}_1+b\boldsymbol{E}_2 \qquad \mathcal{R}_A(\boldsymbol{E}_2)=\begin{pmatrix} c & d \\ 0 & 0 \end{pmatrix}=c\boldsymbol{E}_1+d\boldsymbol{E}_2$$

$$\mathcal{R}_A(\boldsymbol{E}_3)=\begin{pmatrix} 0 & 0 \\ a & b \end{pmatrix}=a\boldsymbol{E}_3+b\boldsymbol{E}_4 \qquad \mathcal{R}_A(\boldsymbol{E}_4)=\begin{pmatrix} 0 & 0 \\ c & d \end{pmatrix}=c\boldsymbol{E}_3+d\boldsymbol{E}_4$$

となるので，線形変換 $\mathcal{R}_A$ の，基底 $\boldsymbol{E}_1,\ldots,\boldsymbol{E}_4$ に関する表現行列は

$$\begin{pmatrix} a & c & 0 & 0 \\ b & d & 0 & 0 \\ 0 & 0 & a & c \\ 0 & 0 & b & d \end{pmatrix}$$

**問 4.** $P=(\boldsymbol{p}_1,\ldots,\boldsymbol{p}_n)$ とおく．$P$ が正則でないと仮定すると，$P$ の列ベクトルが 1 次従属になるので，

$$P\begin{pmatrix} c_1 \\ \vdots \\ c_n \end{pmatrix}=\mathbf{0}$$

となる $\boldsymbol{c}={}^t(c_1,\ldots,c_n)\neq\mathbf{0}$ が存在する．このベクトル $\boldsymbol{c}$ について，

$$(\overline{\boldsymbol{u}}_1,\ldots,\overline{\boldsymbol{u}}_n)\begin{pmatrix} c_1 \\ \vdots \\ c_n \end{pmatrix}=(\boldsymbol{u}_1,\ldots,\boldsymbol{u}_n)P\begin{pmatrix} c_1 \\ \vdots \\ c_n \end{pmatrix}=\mathbf{0}$$

が成り立ち，$\overline{\boldsymbol{u}}_1, \ldots, \overline{\boldsymbol{u}}_n$ が 1 次従属であることが従うが，それは $\overline{\boldsymbol{u}}_1, \ldots, \overline{\boldsymbol{u}}_n$ が基底であることに矛盾する．

**練習 4.** (1) 表現行列 $A$ は $A = \begin{pmatrix} a+d & b & 0 \\ c & a+1 & 2b \\ 1 & 0 & a+2 \end{pmatrix}$ である．

(2) 表現行列 $B$ は $B = \begin{pmatrix} 1 & 0 & 0 \\ 0 & 2 & 0 \\ 0 & 0 & 3 \end{pmatrix}$ となる．

**練習 5.** (1) $T(1) = 1,\ T(x) = 2x + 2,\ T(x^2) = x^2 + 2(x+2)x + 2(-x/2 + 3/2) = 3x^2 + 3x + 3$ であるから $T$ の $1, x, x^2$ に関する表現行列 $A$ は

$$A = \begin{pmatrix} 1 & 2 & 3 \\ 0 & 2 & 3 \\ 0 & 0 & 3 \end{pmatrix}$$

(2) 明らかである．
(3) $T(1) = 1, T(2+x) = 2 + x + (x+2) = 2(2+x)$ であり，$T(9 + 6x + 2x^2) = 27 + 18x + 6x^2 = 3(9 + 6x + 2x^2)$ であるから，$T$ の与えられた基底に関する表現行列は

$$B = \begin{pmatrix} 1 & 0 & 0 \\ 0 & 2 & 0 \\ 0 & 0 & 3 \end{pmatrix}$$

となる．

## 第 6 章

**問 1.** $g_A(t) = \det(tE - A) = t^n + g_{n-1}t^{n-1} + \cdots + g_0$ において $t = 0$ とおけば $\det(-A) = (-1)^n \det(A) = g_0$ であることがわかる．次に $g_A(t)$ の $t^{n-1}$ の係数を調べる．行列式の値は各行から列が重複をしないように選んだ要素の積の符号付きの和である．$t$ は対角成分にしかないので $t^{n-1}$ を得るには対角成分から $t$ を $n-1$ 個選ぶ必要がある．そのとき積に含まれるもう一つの項は必然的に対角成分であり $t - a_{jj}$ $(j = 1, \ldots, n)$ となる．これから $-a_{jj}$ が $t^{n-1}$ の係数として現れることがわかる．以上の議論により $g_{n-1} = -\mathrm{tr}(A)$ であることがわかる．

**練習 1.** 省略する．

**練習 2.**

(1) $T(1) = p + (x^2 + qx + r) = (p+r) + qx + x^2,\quad T(x) = px + x = (p+1)x,\quad T(x^2) = px^2 + 2x^2 = (p+2)x^2$ より $T$ の表現行列は $A = \begin{pmatrix} p+r & 0 & 0 \\ q & p+1 & 0 \\ 1 & 0 & p+2 \end{pmatrix}$ となる．

$T$ の固有値は $p+r, p+1, p+2$ である．

(2) 固有値が重根でないための条件は $r \neq 1, 2$ である．

(3) $r \neq 1, 2$ と仮定する．$V_{p+r}(A)$ は，ベクトル ${}^t(1, q/(r-1), 1/(r-2))$ で生成され，$V_{p+r}(T)$ は $1 + qx/(r-1) + x^2/(r-2)$ で生成される．$V_{p+1}(A)$ は，ベクトル

${}^t(0,1,0)$ で生成され，$V_{p+1}(T)$ は $x$ で生成される．$V_{p+2}(A)$ は，ベクトル ${}^t(0,0,1)$ で生成され，$V_{p+2}(T)$ は $x^2$ で生成される．

(4) $r=1$ のときを考える．そのとき $A$ の固有値は $p+1$(重根) および $p+2$ である．$V_{p+2}(A)$ は，${}^t(0,0,1)$ で生成される．$V_{p+1}(A)$ の固有空間は $q=0$ なら ${}^t(0,1,0)$ と ${}^t(-1,0,1)$ で生成され，$q\neq 0$ なら ${}^t(0,1,0)$ だけで生成される．$V_{p+2}(T)$ は $q=0$ なら $x$ と $-1+x^2$ で生成され，$q\neq 0$ なら $x$ だけで生成される．$r=2$ の場合は $r=1$ の場合と全く同様である．

**練習 3.** 省略する（必要なことはほとんど問題中に記されている）

**問 2.**

$$\det(tE_n-A)=\begin{vmatrix} tE_r-B & -C \\ -O_{n,-r,r} & tE_{n-r}-D \end{vmatrix}=|tE_r-B||tE_{n-r}-D|=g_B(t)g_D(t)$$

**練習 4.** $A_1, A_2, A_3$ の固有多項式はそれぞれ，
$g_{A_1}(t)=(t-3)(t-2)(t+1)$，$g_{A_2}(t)=(t-2)(t-1)(t+1)$ および $g_{A_3}(t)=(t-3)(t-2)(t-1)$ となる．固有空間はそれぞれ

$$V_3(A_1)=\{c\,{}^t(3,4,1)\},\quad V_2(A_1)=\{c\,{}^t(1,1,0)\},\quad V_{-1}(A_1)=\{c\,{}^t(-2,-2,1)\}$$
$$V_2(A_2)=\{c\,{}^t(-2,-2,1)\},\quad V_1(A_2)=\{c\,{}^t(1,1,0)\},\quad V_{-1}(A_2)=\{c\,{}^t(3,4,1)\}$$
$$V_3(A_3)=\{c\,{}^t(1,1,0)\},\quad V_2(A_3)=\{c\,{}^t(-3,-1,1)\},\quad V_1(A_3)=\{c\,{}^t(-2,-1,1)\}$$

である．よって，$A_1, A_2, A_3$ は対角化可能で，それぞれ

$$P_1=\begin{pmatrix}3&1&-2\\4&1&-2\\1&0&1\end{pmatrix},\quad P_2=\begin{pmatrix}-2&1&3\\-2&1&4\\1&0&1\end{pmatrix},\quad P_3=\begin{pmatrix}1&-3&-2\\1&-1&-1\\0&1&1\end{pmatrix}$$

とおくと

$$P_1^{-1}A_1P_1=\begin{pmatrix}3&0&0\\0&2&0\\0&0&-1\end{pmatrix},\ P_2^{-1}A_2P_2=\begin{pmatrix}2&0&0\\0&1&0\\0&0&-1\end{pmatrix},\ P_3^{-1}A_3P_3=\begin{pmatrix}3&0&0\\0&2&0\\0&0&1\end{pmatrix}$$

**練習 5.** 固有多項式はそれぞれ

$$g_{B_1}=(t-1)^2(t-3),\quad g_{B_2}=(t-1)^2(t-3),\quad g_{B_3}=(t-2)^2(t+1)$$

となり，固有空間はそれぞれ

$$V_1(B_1)=\{c_1\,{}^t(-2,1,0)+c_2\,{}^t(0,0,1)\},\quad V_3(B_1)=\{c\,{}^t(3,-1,1)\}$$
$$V_1(B_2)=\{c_1\,{}^t(-1/2,1,0)+c_2\,{}^t(-1/2,0,1)\},\quad V_3(B_2)=\{c\,{}^t(-1/2,1/2,1)\}$$
$$V_2(B_3)=\{c_1\,{}^t(1,0,1)+{}^t(2,1,0)\},\quad V_{-1}(B_3)=\{c\,{}^t(-1/2,-1/2,1)\}$$

である．よって，$B_1, B_2, B_3$ は対角化可能で

$$P_1=\begin{pmatrix}-2&0&3\\1&0&-1\\0&1&1\end{pmatrix},\quad P_2=\begin{pmatrix}-1/2&-1/2&-1/2\\1&0&1/2\\0&1&1\end{pmatrix},\quad P_3=\begin{pmatrix}1&2&-1/2\\0&1&-1/2\\1&0&1\end{pmatrix}$$

とおくと

$$P_1^{-1}B_1P_1 = \begin{pmatrix} 1 & 0 & 0 \\ 0 & 1 & 0 \\ 0 & 0 & 3 \end{pmatrix},\ P_2^{-1}B_2P_2 = \begin{pmatrix} 1 & 0 & 0 \\ 0 & 1 & 0 \\ 0 & 0 & 3 \end{pmatrix},\ P_3^{-1}B_3P_3 = \begin{pmatrix} 2 & 0 & 0 \\ 0 & 2 & 0 \\ 0 & 0 & -1 \end{pmatrix}$$

**練習 6.** 固有多項式はそれぞれ $g_{B_1'}(t) = (t-1)^2(t-2)$, $g_{B_2'}(t) = (t-1)^3$, $g_{B_3'}(t) = (t-2)^3$, $g_{B_4'}(t) = (t-1)^2(t-2)$ となり，固有空間はそれぞれ

$$\begin{aligned} &V_1(B_1') = \{c\,{}^t(-1,1,1)\}, \quad V_2(B_1') = \{c\,{}^t(-2/3,1/3,1)\} \\ &V_1(B_2') = \{c\,{}^t(1,1,0)\} \\ &V_3(B_3') = \{c_1\,{}^t(1,0,0) + c_2\,{}^t(0,-1,1)\} \\ &V_1(B_4') = \{c\,{}^t(0,1,1)\}, \quad V_2(B_4') = \{c\,{}^t(1,0,1)\} \end{aligned}$$

である．よって，いずれの場合も固有ベクトルからなる $\mathbb{R}^3$ の基底をとることができないので対角化はできない．

**練習 7.** 固有多項式はそれぞれ

$$\begin{aligned} &g_{A_4}(t) = (t-4)(t-1)t, && g_{B_4}(t) = (t-2)^2(t-1) \\ &g_{B_5}(t) = (t+3)^2(t-1) && g_{B_5'}(t) = (t+3)^2(t-1) \end{aligned}$$

となり，固有空間はそれぞれ

$$\begin{aligned} V_4(A_4) &= \{c\,{}^t(-3,-2,1)\}, \quad V_1(A_4) = \{c\,{}^t(0,1,1)\}, \quad V_0 = \{c\,{}^t(1/5,2/5,1)\} \\ V_2(B_4) &= \{c_1\,{}^t(1,1,0) + {}^t(-2,0,1)\}, \quad V_1(B_4) = \{c\,{}^t(-2,1,1)\} \\ V_{-3}(B_5) &= \{c_1\,{}^t(1,1,0) + c_2\,{}^t(1,0,1)\}, \quad V_1(B_5) = \{c\,{}^t(-1/2,-1,1)\} \\ V_{-3}(B_5') &= \{c\,{}^t(1,0,1)\}, \quad V_1(B_5') = \{c\,{}^t(-1/2,-1,1)\} \end{aligned}$$

である．$A_4, B_4, B_5$ は対角化可能で，$B_5'$ は対角化できない．

$$P_4 = \begin{pmatrix} -3 & 0 & 1/5 \\ -2 & 1 & 2/5 \\ 1 & 1 & 1 \end{pmatrix}, \quad Q_4 = \begin{pmatrix} 1 & -2 & -2 \\ 1 & 0 & 1 \\ 0 & 1 & 1 \end{pmatrix}, \quad Q_5 = \begin{pmatrix} 1 & 1 & -1/2 \\ 1 & 0 & -1 \\ 0 & 1 & 1 \end{pmatrix}$$

とおくと $A_4, B_4, B_5$ は対角化されて

$$P_4^{-1}A_4P_4 = \begin{pmatrix} 4 & 0 & 0 \\ 0 & 1 & 0 \\ 0 & 0 & 0 \end{pmatrix}, \quad Q_4^{-1}B_4Q_4 = \begin{pmatrix} 2 & 0 & 0 \\ 0 & 2 & 0 \\ 0 & 0 & 1 \end{pmatrix},$$

$$P_5^{-1}B_3P_5 = \begin{pmatrix} -3 & 0 & 0 \\ 0 & -3 & 0 \\ 0 & 0 & 1 \end{pmatrix}$$

となる．

## 第7章

**問 1.** 双線形性は明らかである．内積の対称性は $G$ が対称行列であることより従う．内積の正定値性は，$G$ が正定値 (対称) 行列であることからか従う．

**問 2.** (1) $f(x)$ は $[a,b]$ で恒等的に零ではないと仮定する．そのとき $c \in [a,b]$ が存在して，$f(c) \neq 0$ となる．必要なら $-f(x)$ を取り直すことにより $f(c) = d > 0$ としてよい．(i)$c \in (a,b)$ のときを考える．$f(x)$ は連続関数だから，適当な区間 $[c-\delta, c+\delta] \subset [a,b]$ が存在して $x \in [c-\delta, c+\delta]$ について $f(x) \geqq d/2$ となる．よって，

$$\int_a^b f(x)^2\,dx \geqq \int_{c-\delta}^{c+\delta} f(x)^2\,dx \geqq (d/2)^2 2\delta = d^2\delta/2 > 0$$

を得る．これは仮定に矛盾する．$c = a$ または $c = b$ で $f(c) > 0$ の場合も同様に矛盾が導かれる．

(2) 双線形性，対称性は明らかである．正値性は (1) の結果から従う．

**問 3.** $\boldsymbol{v}_{k+1}$ なら $\boldsymbol{v}_{k+1}$ は $\boldsymbol{e}_1, \ldots, \boldsymbol{e}_k$ の 1 次結合で表すことができる．一方 $\boldsymbol{e}_1, \ldots, \boldsymbol{e}_k$ は元の基底の一部である $\boldsymbol{w}_1, \ldots, \boldsymbol{w}_k$ の 1 次結合として表すことができる．よって，$\boldsymbol{v}_{k+1}$ は $\boldsymbol{w}_1, \ldots, \boldsymbol{w}_k$ の 1 次結合として表すことができる．

**練習 1.** (1) まず，$\boldsymbol{u}_1 = \boldsymbol{v}_1/||\boldsymbol{v}_1|| = {}^t(1/\sqrt{2}, 0, 1/\sqrt{2}, 0)$ である．

$$\tilde{\boldsymbol{v}}_2 = \boldsymbol{v}_2 - (\boldsymbol{v}_2, \boldsymbol{u}_1)\boldsymbol{u}_1 = {}^t(1/2, 0, -1/\sqrt{2}, -1)$$

より，$\boldsymbol{u}_2 = \tilde{\boldsymbol{v}}_2/||\tilde{\boldsymbol{v}}_2|| = (1/\sqrt{6}, 0, -1/\sqrt{6}, -2/\sqrt{6})$．次に

$$\tilde{\boldsymbol{v}}_3 = \boldsymbol{v}_3 - (\boldsymbol{v}_3, \boldsymbol{u}_1)\boldsymbol{u}_1 - (\boldsymbol{v}_3, \boldsymbol{u}_2)\boldsymbol{u}_2 = {}^t(1, 1, -1, 1)$$

より，$\boldsymbol{u}_3 = \tilde{\boldsymbol{v}}_3/||\tilde{\boldsymbol{v}}_3|| = (1/2, 1/2, -1/2, 1/2)$．最後に

$$\tilde{\boldsymbol{v}}_4 = \boldsymbol{v}_4 - (\boldsymbol{v}_4, \boldsymbol{u}_1)\boldsymbol{u}_1 - (\boldsymbol{v}_4, \boldsymbol{u}_2)\boldsymbol{u}_2 - (\boldsymbol{v}_4, \boldsymbol{u}_3)\boldsymbol{u}_3 = \boldsymbol{0}$$

より，$\boldsymbol{v}_4$ が $\boldsymbol{u}_1, \boldsymbol{u}_2, \boldsymbol{u}_3$ の 1 次結合として表すことができる．よって，$\dim(V) = 3$ であり，$V$ の正規直交基底は $\boldsymbol{u}_1, \boldsymbol{u}_2, \boldsymbol{u}_3$ である．

(2) まず，$\boldsymbol{u}_1 = \boldsymbol{v}_1/||\boldsymbol{v}_1|| = {}^t(1/\sqrt{(2)}, 1/\sqrt{2}, 0, 0)$ である．

$$\tilde{\boldsymbol{v}}_2 = \boldsymbol{v}_2 - (\boldsymbol{v}_2, \boldsymbol{u}_1)\boldsymbol{u}_1 = {}^t(1, -1, -1, 1)$$

より，$\boldsymbol{u}_2 = \tilde{\boldsymbol{v}}_2/||\tilde{\boldsymbol{v}}_2|| = (1/2, -1/2, -1/2, 1/2)$．

$$\tilde{\boldsymbol{v}}_3 = \boldsymbol{v}_3 - (\boldsymbol{v}_3, \boldsymbol{u}_1)\boldsymbol{u}_1 - (\boldsymbol{v}_3, \boldsymbol{u}_2)\boldsymbol{u}_2 = \boldsymbol{0}$$

より，$\boldsymbol{v}_3$ は $\boldsymbol{u}_1, \boldsymbol{u}_2$ の 1 次結合であるから $\boldsymbol{v}_3$ を $V$ の基底から取り除き，$\boldsymbol{v}_4$ を改めて $\boldsymbol{v}_3$ とおく．

$$\tilde{\boldsymbol{v}}_3 = \boldsymbol{v}_3 - (\boldsymbol{v}_3, \boldsymbol{u}_1)\boldsymbol{u}_1 - (\boldsymbol{v}_3, \boldsymbol{u}_2)\boldsymbol{u}_2 = {}^t(1/2, -1/2, 1, 0)$$

より，$\boldsymbol{u}_3 = \tilde{\boldsymbol{v}}_3/||\tilde{\boldsymbol{v}}_3|| = (1/\sqrt{6}, -1/\sqrt{6}, 2/\sqrt{6}, 0)$ を得る．$\dim(V) = 3$ であり，$V$ の正規直交基底は $\boldsymbol{u}_1, \boldsymbol{u}_2, \boldsymbol{u}_3$．

**練習 2.** まず，$\int_0^1 1^2\,dx = 1$ より，$||1|| = 1$ である．よって，$f_0(x) = 1$ とおく．次に $x - (x, 1)1 = x - \int_0^1 x\,dx = x - 1/2$ である．ここで，$||x-1/2||^2 = \int_0^1 (x-1/2)^2 dx = 1/12$ であるから $f_1(x) = \sqrt{3}(2x-1)$ を得る．次に

$$x^2 - (x^2, f_0)f_0 - (x^2, f_1)f_1 = x^2 - x + \frac{1}{6}$$

を得る．ここで，$||x^2-x+1/6||^2=\int_0^1(x^2-x+1/6)^2\,dx=1/180$ であるから，$f_2(x)=6\sqrt{5}(x^2-x+1/6)$ を得る．以上で $\mathbb{R}[x]_2$ の正規直交基底 $f_0(x), f_1(x), f_2(x)$ が得られる．

**練習 3.** (1) 任意の $\boldsymbol{x}={}^t(x_1,x_2,x_3)$ に対して

$$^t\boldsymbol{x}G\boldsymbol{x}=4x_1^2+x_2^2+2x_2x_3+5x_3^2=x_1^2+(x_2+x_3)^2+4x_3^2\geqq 0$$

等号は明らかに $x_1=x_2=x_3=0$ のときである．

(2) 標準基底 $\boldsymbol{e}_1,\boldsymbol{e}_2,\boldsymbol{e}_3$ から出発して正規直交基底 $\boldsymbol{u}_1,\boldsymbol{u}_2,\boldsymbol{u}_3$ を構成する．$||\boldsymbol{e}_1||=4$ であるから，$\boldsymbol{u}_1={}^t(1/2,0,0)=\frac{1}{2}\boldsymbol{e}_1$ とおく．次に、$\boldsymbol{e}_2-(\boldsymbol{e}_2,\boldsymbol{u}_1)_G\boldsymbol{u}_1=\boldsymbol{e}_2$ であり，$||\boldsymbol{e}_2||=1$ であるから，$\boldsymbol{u}_2=\boldsymbol{e}_2={}^t(0,1,0)$ とおく．最後に

$$\boldsymbol{v}_3=\boldsymbol{e}_3-(\boldsymbol{e}_3,\boldsymbol{u}_1)_G\boldsymbol{u}_1-(\boldsymbol{e}_3,\boldsymbol{u}_2)_G\boldsymbol{u}_2={}^t(0,-1,1)$$

ここで，$||\boldsymbol{v}_2||^2=4$ であるから，$\boldsymbol{u}_3={}^t(0,-1/2,1/2)$ である．

**問 4.** (1) は定義である．(2) を仮定する．列ベクトル表示で $A=(\boldsymbol{a}_1,\ldots,\boldsymbol{a}_n)$ とおくと，列ベクトルは正規直交基底であるから $(\boldsymbol{a}_i,\boldsymbol{a}_j)=\delta_{ij}$ である．一方 ${}^tAA$ の $(i,j)$ 成分は ${}^t\boldsymbol{a}_i\boldsymbol{a}_j=(\boldsymbol{a}_i,\boldsymbol{a}_j)$ であるから，${}^tAA=E_n$ が成り立つ．

(3) を仮定すると上記の議論と同様にして，$A{}^tA=E_n$ を得る．右逆行列が存在すればそれは逆行列に等しいから ${}^tA=A^{-1}$ であり，$A$ は直交行列となる．

**問 5.** $A\in \mathrm{O}(n;\mathbb{R})$ とする．一般に $\det{}^tA=\det A$ が成り立ち，直交行列は ${}^tAA=E_n$ を満たすので，$1=\det({}^tAA)=\det({}^tA)\det(A)=\det(A)^2$ となる．よって直交行列に対して $\det(A)=\pm1$ が成り立つ．

**練習 4.**

$$A=\begin{pmatrix}1/\sqrt{3} & 0 & \pm2/\sqrt{6}\\ 1/\sqrt{3} & 1/\sqrt{2} & \mp1/\sqrt{6}\\ -1/\sqrt{3} & 1/\sqrt{2} & \pm1/\sqrt{6}\end{pmatrix}\qquad B=\begin{pmatrix}\sin\theta\cos\varphi & \cos\theta\cos\varphi & \pm\cos\varphi\\ \sin\theta\sin\varphi & \cos\theta\sin\varphi & \mp\sin\varphi\\ \cos\theta & -\sin\theta & 0\end{pmatrix}$$

**問 6.** $\boldsymbol{v}=\boldsymbol{u}$ とればよい．

**練習 5.** 任意の $\boldsymbol{u},\boldsymbol{v}\in V$ に対して

$$(T_1T_2(\boldsymbol{u}),\boldsymbol{v})=(T_2(\boldsymbol{u}),S_1(\boldsymbol{v}))=(\boldsymbol{u},S_2S_1(\boldsymbol{u}))$$

であり，随伴変換は一意的であるから，$(T_1T_2)^*=S_2S_1$ を得る．

**練習 6.** (1) は例題 4 と同様にすれば容易に示せるので省略する．

(2) 一般に正定値対称行列 $G$ を用いて内積を $(\boldsymbol{x},\boldsymbol{y})_G={}^t\boldsymbol{x}G\boldsymbol{y}$ で定義するとき，$A\in \mathrm{Mat}(n;\mathbb{R})$ で表される線形変換 $L_A:\mathbb{R}^n\to\mathbb{R}^n$ に対して，その随伴変換を表す行列を $A^*$ とすれば

$$(A\boldsymbol{x},\boldsymbol{y})_G={}^t\boldsymbol{x}{}^tAG\boldsymbol{y}={}^t\boldsymbol{x}GG^{-1}{}^tAG\boldsymbol{y}=(\boldsymbol{x},G^{-1}{}^tAG\boldsymbol{x})_G$$

であるから，$A^*=G^{-1}{}^tAG$ であることがわかる．よって $A,G$ を代入して計算すると

$$A^*=\frac{1}{4}\begin{pmatrix}5a-b+5c-d & 5a-b+25c-5d\\ -a+b-c+d & -a+b-5c+5d\end{pmatrix}$$

を得る．

(3) $A=A^*$ となるためには $a-b+5c-d=0$ が必要十分．

(4) 練習 9 の計算と全く同様の計算で $\mathbb{R}^2$ の正規直交基底 $\boldsymbol{u}_1={}^t(1,0)$, $\boldsymbol{u}_2=(-1/2,1/2)$ が得られる．

(5) $\mathbb{R}^2$ の正規直交基底 $\boldsymbol{u}_1, \boldsymbol{u}_2$ に関する $L_A$ の表現行列 $B$ を求める．

$$P = \begin{pmatrix} 1 & -1/2 \\ 0 & 1/2 \end{pmatrix} \text{ とおけば } B = P^{-1}AP = \begin{pmatrix} a+c & (-a+b-c+d)/2 \\ 2c & -c+d \end{pmatrix}$$

となる．$B$ が対称行列となるとなるための条件は $2c = (-a+b-c+d)/2$ であるが，これを書き直すと $a-b+5c-d=0$ となり，$A = A^*$ となるための条件と同値であることがわかる．特に $a=2, b=1, c=0, d=1$ を代入すれば $B = \begin{pmatrix} 2 & 0 \\ 0 & 1 \end{pmatrix}$ を得る．

**練習 7.** (1) $V^{\perp}$ を定義する方程式は

$$\begin{cases} x_1 \quad -2x_2 \quad \quad +x_4 \quad +2x_5 = 0 \\ x_1 \quad +2x_2 \quad +2x_3 \quad +3x_4 \quad = 0 \end{cases}$$

である．この方程式を解くと，解空間の基底 $\boldsymbol{v}_3 = {}^t(-2,-1,2,0,0), \boldsymbol{v}_4 = {}^t(-4,-1,0,2,0)$, $\boldsymbol{v}_5 = {}^t(-2,1,0,0,2)$ を得る．

(2) $V, V^{\perp}$ の基底をシュミットの直交化法を用いて正規直交化すればよい．まず，$V$ の基底 $\boldsymbol{v}_1, \boldsymbol{v}_2$ はすでに直交しているので，正規化して $\boldsymbol{u}_1 = \frac{1}{\sqrt{10}}\boldsymbol{v}_1$, $\boldsymbol{u}_2 = \frac{\sqrt{2}}{6}\boldsymbol{v}_2$ を得る．次に $V^{\perp}$ の基底 $\boldsymbol{v}_3, \boldsymbol{v}_4, \boldsymbol{v}_5$ をグラムシュミットの直交化法で正規直交化すると

$$\begin{aligned} \boldsymbol{u}_3 &= {}^t(-2/3, -1/3, 2/3, 0, 0) \\ \boldsymbol{u}_4 &= (-1/\sqrt{3}, 0, -1/\sqrt{3}, 1/\sqrt{3}, 0) \\ \boldsymbol{u}_5 &= (-1/\sqrt{15}, 2/\sqrt{15}, 0, -1/\sqrt{15}, 3/\sqrt{15}) \end{aligned}$$

を得る．

(3) $\boldsymbol{v} \in \mathbb{R}^5$ に対して正射影 $P_V(\boldsymbol{v})$ および $P_{V^{\perp}}(\boldsymbol{v})$ はそれぞれ次で与えられる．

$$\begin{aligned} P_V(\boldsymbol{v}) &= (\boldsymbol{v}, \boldsymbol{u}_1)\boldsymbol{u}_1 + (\boldsymbol{v}, \boldsymbol{u}_2)\boldsymbol{u}_2 \\ P_{V^{\perp}}(\boldsymbol{v}) &= (\boldsymbol{v}, \boldsymbol{u}_3)\boldsymbol{u}_3 + (\boldsymbol{v}, \boldsymbol{u}_4)\boldsymbol{u}_4 + (\boldsymbol{v}, \boldsymbol{u}_5)\boldsymbol{u}_5 \end{aligned}$$

**練習 8.** $(\boldsymbol{w}_i, \boldsymbol{w}_j) = \delta_{ij}$ であるから，次を得る．

$$\begin{aligned} ||\boldsymbol{v} - \boldsymbol{v}||^2 &= (\boldsymbol{v} - \boldsymbol{w}, \boldsymbol{v} - \boldsymbol{w}) = (\boldsymbol{v}, \boldsymbol{v}) - 2(\boldsymbol{v}, \boldsymbol{w}) + (\boldsymbol{w}, \boldsymbol{w}) \\ &= (\boldsymbol{v}, \boldsymbol{v}) - 2\sum_{i=1}^{k} x_i(\boldsymbol{v}, \boldsymbol{w}_i) + \sum_{i=1}^{k} x_i^2 \\ &= \sum_{i=1}^{k}(x_i - (\boldsymbol{v}, \boldsymbol{w}_i))^2 - \sum_{i=1}^{k}(\boldsymbol{v}, \boldsymbol{w}_i)^2 + (\boldsymbol{v}, \boldsymbol{v}) \end{aligned}$$

(2) これが最小値をとるのは，$x_i = (\boldsymbol{v}, \boldsymbol{w}_i)$ であるとき，すなわち $\boldsymbol{w}$ が $\boldsymbol{v}$ の $W$ への正射影であるときである．

**練習 9.** 例題 2 で $\mathbb{R}[x]_2$ において，与えられた内積に関する正規直交基底 $f_0(x) = 1/\sqrt{2}$, $f_1(x) = \sqrt{6}x/2$, $\frac{3\sqrt{10}}{4}(x^2 - 1/3)$ が得た．練習 9 によれば，$||f - g||^2$ が最小値をとる $g$ は $f$ の $\mathbb{R}[x]_2$ への正射影である．$f$ の正射影 $g(x)$ を計算すると次を得る．

$$g(x) = (g, f_0)f_0 + (g, f_1)f_1 + (g, f_2)f_2 = x^2 + \frac{3}{5}x + 1$$

**練習 10.** (1) 固有多項式は $g_A(t)=(t+1)(t-3)$ であり，固有値は $-1,3$ である．固有空間の基底を正規化して

$$P=\begin{pmatrix}-1/\sqrt{2} & 1/\sqrt{2}\\ 1/\sqrt{2} & 1/\sqrt{2}\end{pmatrix} \text{とおけば}, P^{-1}AP={}^tPAP=\begin{pmatrix}-1 & 0\\ 0 & 3\end{pmatrix}$$

と対角化される．

(2) 固有多項式は $g_A(t)=t(t-3)(t-4)$ であり，固有値は $0,3,4$ である．固有空間の基底を正規化して $P=\begin{pmatrix}-1/\sqrt{6} & 1/\sqrt{3} & -1/\sqrt{2}\\ -1/\sqrt{6} & 1/\sqrt{3} & 1/\sqrt{2}\\ 2/\sqrt{6} & 1/\sqrt{3} & 0\end{pmatrix}$ とおけば，$P^{-1}AP={}^tPAP=$ $\begin{pmatrix}0 & 0 & 0\\ 0 & 3 & 0\\ 0 & 0 & 4\end{pmatrix}$ と対角化される．

以下同様であるから結果のみを記す．

(3) 固有値は $-2,1,4$ であり，

$$P=\begin{pmatrix}1/3 & 2/3 & 2/3\\ 2/3 & 1/3 & -2/3\\ 2/3 & -2/3 & 1/3\end{pmatrix} \qquad P^{-1}AP={}^tPAP=\begin{pmatrix}-2 & 0 & 0\\ 0 & 1 & 0\\ 0 & 0 & 4\end{pmatrix}$$

(4) 固有値は $-3,1,3$ であり，

$$P=\begin{pmatrix}-1/\sqrt{6} & -1/\sqrt{2} & 1/\sqrt{3}\\ -1/\sqrt{6} & 1/\sqrt{2} & 1/\sqrt{3}\\ 2/\sqrt{6} & 0 & 1/\sqrt{3}\end{pmatrix} \qquad P^{-1}AP={}^tPAP=\begin{pmatrix}-3 & 0 & 0\\ 0 & 1 & 0\\ 0 & 0 & 3\end{pmatrix}$$

(5) 固有値は $-1,1,6$ であり，

$$P=\begin{pmatrix}1/\sqrt{14} & -3/\sqrt{10} & 1/\sqrt{35}\\ -2/\sqrt{14} & 0 & 5/\sqrt{35}\\ 3/\sqrt{14} & 1/\sqrt{10} & 3/\sqrt{35}\end{pmatrix} \qquad P^{-1}AP={}^tPAP=\begin{pmatrix}-1 & 0 & 0\\ 0 & 1 & 0\\ 0 & 0 & 6\end{pmatrix}$$

(6) 固有値は $1, 1\pm\sqrt{2}$ であり，

$$P=\begin{pmatrix}-1/\sqrt{2} & 1/2 & 1/2\\ 0 & -1/\sqrt{2} & 1/\sqrt{2}\\ 1/\sqrt{2} & 1/2 & 1/2\end{pmatrix} \qquad P^{-1}AP={}^tPAP=\begin{pmatrix}1 & 0 & 0\\ 0 & 1-\sqrt{2} & 0\\ 0 & 0 & 1+\sqrt{2}\end{pmatrix}$$

**練習 11.** (1) 固有多項式は $g_A(t)=(t-1)^2(t+1)$ である．固有値は $1,-1$ で $1$ が重根である．固有空間の基底を求めると

$$V_1(A)=\{c_1{}^t(1,0,1)+c_2(0,1,0)|c_1,c_2\in\mathbb{R}\}, \qquad V_{-1}(A)=\{c^t(-1,0,1)|c\in\mathbb{R}\}$$

となる．$V_1(A)$ の基底はすでに直交しており，これを正規化したものと，$V_{-1}$ の基底を正規化したものをあわせて $P=\begin{pmatrix}1/\sqrt{2} & 0 & -1/\sqrt{2}\\ 0 & 1 & 0\\ 1/\sqrt{2} & 0 & 1/\sqrt{2}\end{pmatrix}$ とおけば，$P^{-1}AP={}^tPAP=$

$$\begin{pmatrix} 1 & 0 & 0 \\ 0 & 1 & 0 \\ 0 & 0 & -1 \end{pmatrix}.$$

(2) 固有多項式は $g_A(t) = (t-3)^2(t-6)$ である．固有値は $3, 6$ である．$V_3(A)$ の基底をグラムシュミットの正規直交化法で正規直交基底に変換し，$V_6(A)$ の正規化した基底とあわせて $P = \begin{pmatrix} -1/\sqrt{2} & -1/\sqrt{6} & 1/\sqrt{3} \\ 1/\sqrt{2} & -1/\sqrt{6} & 1/\sqrt{3} \\ 0 & 2/\sqrt{6} & 1/\sqrt{3} \end{pmatrix}$ とおけば $P^{-1}AP = {}^tPAP = \begin{pmatrix} 3 & 0 & 0 \\ 0 & 3 & 0 \\ 0 & 0 & 6 \end{pmatrix}$.

(3) 固有多項式は $g_A(t) = (t-1)^2(t-10)$ である．固有値は $1, 10$ である．$V_1(A)$ の基底をグラムシュミットの正規直交化法で正規直交基底に変換し，これと $V_{10}(A)$ の正規化した基底とあわせて

$$P = \begin{pmatrix} -2/\sqrt{5} & 2\sqrt{5}/15 & -1/3 \\ 1/\sqrt{5} & 4\sqrt{5}/15 & -2/3 \\ 0 & \sqrt{5}/3 & 2/3 \end{pmatrix} \text{とおけば,} P^{-1}AP = {}^tPAP = \begin{pmatrix} 1 & 0 & 0 \\ 0 & 1 & 0 \\ 0 & 0 & 10 \end{pmatrix}.$$

(4) 固有方程式は $g_A(t) = (t-2)^2(t+4)$ である．固有値は $2, -4$ である．$V_2(A)$ の基底をグラムシュミットの正規直交化法で正規直交基底に変換し, $V_{-4}(A)$ の正規化した基底とあわせて $P = \begin{pmatrix} -1/\sqrt{2} & 1/\sqrt{3} & 1/\sqrt{6} \\ 0 & 1/\sqrt{3} & -2/\sqrt{6} \\ 1/\sqrt{2} & 1/\sqrt{3} & 1/\sqrt{6} \end{pmatrix}$ とおけば $P^{-1}AP = {}^tPAP = \begin{pmatrix} 2 & 0 & 0 \\ 0 & 2 & 0 \\ 0 & 0 & -4 \end{pmatrix}$.

(5) 固有多項式は $g_A(t) = t(t-3)^2$ である．固有値は $3, 0$ である．$V_3(A)$ の基底をグラムシュミットの正規直交化法で正規直交基底に変換し, それと $V_0(A)$ の正規化した基底をあわせて $P = \begin{pmatrix} 1/\sqrt{2} & -1/\sqrt{6} & 1/\sqrt{3} \\ 1/\sqrt{2} & 1/\sqrt{6} & -1/\sqrt{3} \\ 0 & 2/\sqrt{6} & 1/\sqrt{3} \end{pmatrix}$ とおけば，$P^{-1}AP = {}^tPAP = \begin{pmatrix} 2 & 0 & 0 \\ 0 & 2 & 0 \\ 0 & 0 & 0 \end{pmatrix}$.

(6) 固有多項式は $g_A(t) = (t-a+1)^2(t-a-2)$ であり，固有値は $a-1, a+2$ である．

$$P = \begin{pmatrix} -1/\sqrt{2} & -1/\sqrt{6} & 1/\sqrt{3} \\ 1/\sqrt{2} & -1/\sqrt{6} & 1/\sqrt{3} \\ 0 & 2/\sqrt{6} & 1/\sqrt{3} \end{pmatrix} \text{とおけば,} P^{-1}AP = {}^tPAP = \begin{pmatrix} a-1 & 0 & 0 \\ 0 & a-1 & 0 \\ 0 & 0 & a+2 \end{pmatrix}.$$

# 索　引

## 欧　文



## あ　行



## か　行

## さ 行



## た 行



## な 行



## は 行

## ま　行



## や　行



## ら　行

**著者略歴**

渡　邊　芳　英
わた　なべ　よし　ひで

1978年　京都大学大学院工学研究科数理工学専攻修士課程修了
工学博士
広島大学助手，同助教授を経て
1996年　同志社大学工学部教授

**主要著書**

可積分系の応用数理（共著，裳華房）
パワーアップ複素関数（共立出版）

齋　藤　誠　慈
さい　とう　せい　じ

1989年　大阪大学大学院工学研究科応用物理学専攻博士課程修了
工学博士
大阪大学助教授を経て
2007年　同志社大学工学部教授

**主要著書**

フーリエ解析へのアプローチ（裳華房）
不確実・不確定性の数理（大阪大学出版会）
常微分方程式とラプラス変換（裳華房）

© 渡邊芳英・齋藤誠慈　2015

2015年4月17日　初 版 発 行
2022年4月13日　初版第4刷発行

理工系基礎 線形代数学

著　者　渡　邊　芳　英
　　　　齋　藤　誠　慈
発行者　山　本　　　格

発行所　株式会社　培　風　館
東京都千代田区九段南4-3-12・郵便番号 102-8260
電 話(03)3262-5256(代表)・振 替 00140-7-44725

中央印刷・牧 製本

PRINTED IN JAPAN

ISBN978-4-563-00474-3 C3041